RECHERCHES

EXPÉRIMENTALES ET CLINIQUES

SUR LA SENSIBILITÉ

RECHERCHES

EXPÉRIMENTALES ET CLINIQUES

SUR LA

SENSIBILITÉ

PAR

Le Dr Charles RICHET,

Ancien interne lauréat des hôpitaux de Paris,
Licencié ès-sciences.

PARIS

GEORGES MASSON ÉDITEUR

LIBRAIRE DE L'ACADÉMIE DE MÉDECINE

Boulevard Saint-Germain, en face de l'Ecole de Médecine.

—

1877

A MON PÈRE

A. RICHET

Professeur à la Faculté de médecine de Paris,
Chirurgien de l'hôtel-Dieu.

A MON GRAND-PÈRE

CH. RENOUARD,

Membre de l'Institut,
Procureur général à la Cour de cassation.

Cette étude est le résultat d'un assez long travail. Néanmoins, je ne me dissimule pas son insuffisance, et je reconnais que, malgré mes efforts, ce n'est qu'une ébauche.

Qu'il me soit permis d'insister sur l'idée qui m'a guidé.

Cette idée, c'est l'union intime et nécessaire de la pathologie et de la physiologie. C'est cette doctrine que M. Claude Bernard, suivant la trace des Harvey, des Hunter, des Haller et des Scarpa, n'a cessé de développer et de propager, et qui, grâce à lui, est devenue une vérité presque banale.

Il est donc aussi déraisonnable de soutenir la prééminence de la medecine, que la prééminence de la physiologie. L'une et l'autre sont deux formes d'une même science, la biologie, avec cette différence que le médecin se préoccupe avant tout de guérir, et le physiologiste de savoir.

Rien ne serait plus inutile que d'insister sur ce point, tant l'accord est général, et l'assentiment unanime. Les phénomènes normaux, et les phénomènes pathologiques sont des phénomènes vitaux, soumis aux mêmes conditions, aux mêmes lois, et s'éclairant réciproquement.

C'est pourquoi j'ai réuni ici les faits cliniques que j'ai observés aux faits expérimentaux que j'ai eu l'occasion d'étudier, et je me suis plu à les confondre et à les mélanger,

convaincu qu'une bonne observation vaut une bonne expérience, dont elle n'est qu'une variété.

Pour ce qui touche mon sujet, il est plus étendu que je
ne l'aurais voulu, et pourtant moins complet que je le dé-
sirais. J'avais d'abord espéré prendre isolément toutes
les modifications de la sensibilité générale, et mettre à
profit les nombreuses observations que j'avais recueillies
dans cette intention. Mais peu à peu le cadre que j'avais
choisi s'est élargi, et j'ai été forcé de me restreindre. Je
n'ai pu traiter avec tous les détails nécessaires certaines
questions telles que le toucher, le sens musculaire, et la
sensibilité excito-motrice : je le regrette d'autant plus que
ce sont des sujets fort obscurs et méritant de nouvelles
recherches.

Sans doute, je me suis laissé parfois entraîner à admettre des hypothèses, mais j'en ai été aussi peu prodigue
que possible, sachant combien elles sont vaines et dange-
reuses. D'ailleurs je ne les ai jamais présentées comme
des certitudes, mais seulement comme des probabilités

J'ai surtout insisté sur les faits qui me paraissaient
obscurs. Il arrive souvent que lorsqu'un phénomène est
inexplicable, on l'explique, et qu'on se contente de l'explication : elle devient presque une vérité à force d'être
répétée et reproduite partout. Je crois qu'il est utile de
réagir contre cette tendance paresseuse de l'esprit à s'ac-
commoder d'explications hardies à la fois et embarrassées
qui n'expliquent rien, qui s'appuient sur une erreur pour
soutenir une vérité, et qui repassent de livre en livre sans
qu'on puisse découvrir d'où elles viennent. Rien n'est plus
fâcheux que de tels encombrements dans la science, et il
est parfois nécessaire de faire des exécutions.

On pourrait aussi me reprocher d'avoir fait de la psychologie, mais la psychologie tend tous les jours à devenir une science de plus en plus précise, et on peut prévoir
le moment où elle sera une des branches les plus intéressantes de la physiologie. L'homme est à la fois corps par
son sang et ses muscles, et esprit par son cerveau. L'é-
tude du mouvement musculaire et du sang a été faite, et elle
est à peu près terminée. L'étude des mouvements du cerveau, de la perception, de la sensation, de l'habitude, de
l'attention, de la mémoire est tout entière à faire, ce qui ne
signifie pas qu'elle est impossible, et elle ne sera fructueuse
que si l'on emploie la méthode expérimentale, rigoureusement expérimentale.

Le sujet que j'ai pris, quelque vaste qu'il soit, serait
fort restreint, si l'on se bornait aux données fournies par
les livres classiques sur la sensibilité en général. Il m'a
donc fallu, pour traiter la question dans son ensemble,
réunir des faits épars, et les grouper dans un cadre qui
n'existait pas encore, tâche aussi délicate que périlleuse. En
présence de la difficulté de ma tâche, j'espère qu'on m'ac-
cordera une indulgence qui m'est si nécessaire.

Qu'il me soit permis, en terminant, de remercier
M. le professeur Verneuil et M. le professeur Marey qui
par leurs conseils et leur enseignement m'ont été un si
utile appui. Ils savent qu'ils n'ont pas d'élève plus dé-
voué et plus reconnaissant.

RECHERCHES

EXPÉRIMENTALES ET CLINIQUES

SUR

LA SENSIBILITÉ

*Scientia magis ex errore
quam ex confusione.*
BACON.

———

La sensibilité est cette fonction par laquelle les êtres vivants sont en rapport avec les objets extérieurs, et sont ébranlés par eux. Elle nous met aussi en rapport avec nos propres organes, en sorte qu'on pourrait distinguer une sensibilité externe, et une sensibilité interne, plus obtuse et plus imparfaite.

Envisagée ainsi, la sensibilité a trois termes : l'extrémité du nerf, modifiée de manière à renforcer ou perfectionner l'excitation ; le tronc nerveux qui est un simple conducteur; et les centres nerveux qui conduisent et perçoivent l'excitation.

Nous ne savons presque rien des fonctions spéciales des organes terminaux : aussi étudierons-nous seulement la sensibilité d'abord dans les nerfs, et ensuite dans les centres.

Nous ne traiterons pas des sensibilités spéciales, telles que l'odorat, la vue, l'ouïe et le goût, et nous n'envisagerons que la sensibilité dite générale.

PREMIÈRE PARTIE

De la sensibilité comme fonction des nerfs.

CHAPITRE PREMIER.

DE LA PAIRE NERVEUSE ET DE LA SENSIBILITÉ RÉCURRENTE.

C'est au commencement de ce siècle qu'on a découvert que parmi les nerfs, les uns étaient destinés au mouvement, les autres au sentiment. Galien qui avait fait sur la moelle épinière une série d'expériences si curieuses et si bien conduites, avait presenti cette double fonction des troncs nerveux (1), mais au point de vue d'une démonstration expérimentale, il n'avait rien fait pour déterminer quels étaient les uns, et quels étaient les autres. Il en était de même d'Alex. Walker (2) qui, en 1809, supposa, sans preuves à l'appui, que les racines antérieures et les cordons antérieurs de la moelle épinière avaient une fonction différente de celle des cordons postérieurs et des racines postérieures. Ce n'était qu'un pressentiment de la vérité plutôt que la vérité elle même, car, n'ayant pas expérimenté,

---

(1) Galien *De anatome administr.*, liv. \III, chap. 5 et suiv.
(2) *Archives of universal sciences.* juillet 1809, t III. p. 172.

Walker supposa que les racines antérieures étaient destinées au sentiment.

L'hypothèse de Walker fut reprise deux ans après par Charles Bell (1) et définitivement démontrée en 1822 par Magendie. Grâce à Claude Bernard, Vulpian et Flint, il est aujourd'hui bien démontré (2) que l'honneur de cette découverte fondamentale revient surtout à Magendie. En effet le livre de Bell ne fut tiré qu'à une centaine d'exemplaires, pour être distribué à ses amis. D'ailleurs, tout en renfermant des vues ingénieuses, et relatant quelques expériences remarquables, il est loin de démontrer avec précision le rôle de chacune des racines nerveuses. Bell est préoccupé avant tout des fonctions du cerveau et du cervelet. Le cerveau est l'organe de la vie, « Into it all the nerves from the external organs of the senses enter, and from it all the nerves which are agents of the will pass out », c'est-à-dire qu'il est le point de départ des nerfs

(1) *An idea of a new anatomy of the Brain, submitted for the observations of his Friends.* Londou. 1811.

(2) Voici les sources où on trouvera des renseignements suffisants sur l'historique de la question :

Alex. Shaw. *Narrative of the discoveries of Ch. Bell on the nervous system,* 1839. — Churchill. *Documents and dates of modern discoveries.* 1839.

Vulpian. *Leçons sur la physiologie générale et comparée du système nerveux.* Paris, 1866.

Flint. *Considérations historiques sur les propriétés des racines des nerfs rachidiens (Journal de l'anatomie,* 1868, t. V, p. 520).

Cl. Bernard. *Leçons sur les propriétés du système nerveux,* 1858, t. I, p. 11; *Rapport sur les progrès et la marche de la physiologie générale en France,* 1867, p. 12 et 154.

Milne Edwards. *Leçons sur la physiologie et l'anatomie comparées,* t. XI, p. 362.

moteurs et le point d'arrivée des nerfs sensitifs. Ces nerfs sensitivo-moteurs sont justement les racines antérieures rachidiennes. Quant aux racines postérieures, Bell leur assignait des fonctions qui nous paraissent aujourd'hui plus ou moins dévolues au grand sympathique. Elles régissent les actions du corps, et président aux fonctions des viscères.

Ce n'est pas à ce seul livre que se bornent les titres de Charles Bell, antérieurs aux titres de Magendie. En effet en 1821, il publia dans les *Philosophical transactions* (1) un mémoire se rapportant à peu près au même sujet. Par malheur, ce mémoire est peu répandu, et on comprend facilement l'erreur des auteurs qui ont cru que Charles Bell avait découvert la paire nerveuse sensitivo-motrice, si on sait que le mémoire de 1821 n'est guère connu que par la réimpression que Charles Bell en a donnée en 1844 (2) avec celle d'autres mémoires. L'édition de 1821 est la seule valable, puisqu'elle est la seule antérieure aux travaux de Magendie, et elle est loin d'être identique à ce qui fut réimprimé plus tard. Or, dans cette édition, on ne trouve rien de caractéristique relativement aux fonctions distinctes des deux racines rachidiennes. On y voit rapportées ces fameuses expériences sur la section du nerf facial et de la branche maxillaire du trijumeau. Mais il y est dit que le nerf facial est un nerf respirateur, c'est-à-dire moteur des

(1) *On the nerves, giving an account of some experiment on tneir structures and functions, which lead to a new arrangement of the system*, 1821. partie I, p. 238 et suiv.

(2) *The nervous system of the human body, as explaned in series of papers read before the Rogal Society of London.* Londres, 1844. third édition.

muscles de la respiration, tandis que la branche maxillaire du trijumeau donne le mouvement aux muscles masticateurs et la sensibilité à la face.

Evidemment ces faits sont vrais, mais de là à généraliser et à conclure que les racines antérieures sont motrices et les racines postérieures sensitives, il y a un pas immense, et ce pas, c'est Magendie qui l'a fait.

Magendie, en août 1822 (1), ayant mis à nu le canal rachidien d'un animal vivant, coupa les racines postérieures et vit le membre auquel le tronc nerveux se distribuait, privé de sensibilité, tandis que la section des racines antérieures supprimait le mouvement : il en conclut que les racines postérieures paraissent plus particulièrement destinées à la sensibilité, tandis que les antérieures semblent plus spécialement liées avec le mouvement. Dans aucun des écrits de Charles Bell antérieur à 1822, on ne trouve une affirmation aussi nette et aussi claire.

Quoique on ait parfois prétendu le contraire, Magendie se rendait compte du fait essentiel qu'il avait conquis à la science, et n'a jamais abandonné ses droits. « M. Bell, dit-il (2), conduit par ses ingénieuses idées sur le système nerveux, a été bien près de découvrir les fonctions des racines spinales ; toutefois, le fait que les antérieures sont destinées au mouvement, tandis que les postérieures appartiennent plus particulièrement au sentiment, paraît lui avoir échappé. » Plus tard, il disait en parlant de cette découverte qui lui fut tant disputée et reconnue si tardivement : « C'est bien mon œuvre, et elle doit rester comme

(1) *Expériences sur es fonctions des racines des nerfs rachidiens (Journal de physiologie*, 1822, t. II, p. 276).
(2) *Loc. cit.*, p. 371.

une des colonnes du monument qu'élève depuis le commencement de ce siècle la physiologie française» (1). La postérité confirmera le jugement que Magendie portait sur son œuvre (2).

Si nous avons insisté ici sur l'historique de cette découverte, c'est que dans la plupart des ouvrages étrangers ou même français, antérieurs au livre de Vulpian, on attribue à Charles Bell toute la gloire de la découverte des fonctions des nerfs rachidiens, et qu'il est nécessaire de rendre à Magendie la part essentielle qu'il a eue à cette découverte. D'ailleurs elle devait subir d'autres vicissitudes, puisque, même après le mémoire de Magendie, elle fut, sinon contestée, au moins ébranlée par Magendie lui-même.

En effet cet auteur (3), en 1839, déclare qu'il n'y a rien d'absolu dans la distinction des deux fonctions des racines nerveuses, et que les racines antérieures sont quelquefois sensibles. Ce fait, resté inexplicable pour Magendie, c'est Longet, qui vraisemblablement (4) en a le premier donné l'explication rationnelle : selon ce savant physiologiste, la sensibilité de la racine antérieure lui est donnée par la racine postérieure, c'est une sensibilité récurrente qui, lorsque la racine antérieure est coupée, se manifeste seulement dans son bout périphérique, et disparaît dès

---

(1) Cité par Vulpian. *Loc. cit.*, p. 129.

(2) Voir aussi : Magendie. *Comptes-rendus de l'Académie des sciences,* 1847, p. 257.

(3) *Leçons sur les fonctions et les maladies du système nerveux,* 1839.

(4) *Comptes-rendus de l'Académie des sciences,* juin 1839, p. 884 et 949 (*Gazette des hôpitaux,* 1839), et *Recherches expérimentales et pathologiques sur les propriétés et les fonctions des faisceaux de la moelle épinière et des racines des nerfs rachidiens* (*Archives génér. de méd* mars 1841)

que la racine postérieure est sectionnée. Cependant Longet, n'ayant pas su préciser les conditions nécessaires à
la présence de cette sensibilité récurrente, ne la retrouva
pas dans les expériences subséquentes qu'il fit, et après
l'avoir reconnue et expliquée, il la nia formellement (1).
Mais Cl. Bernard, reprenant les expériences de Magendie
et de Longet lui-même, retrouva en 1847 cette sensibilité
récurrente (2), et fit connaitre avec précision dans quelles
circonstances elle peut être constatée.

Pour observer la sensibilité récurrente, il faut que la
sensibilité générale ne soit pas épuisée. Or l'ouverture du
canal rachidien est une opération longue, pénible, extrê-
ment douloureuse, et pendant laquelle se produisent souvent d'abondantes hémorrhagies. Les lapins meurent tous
pendant l'opération. Chez les grenouilles, ainsi que J.
Müller (3) l'a constaté il y a longtemps, les racines antérieures sont insensibles. Il faut donc opérer sur des chats,
ou mieux encore sur des chiens qui résistent plus de
temps. Quand l'opération est terminée, il ne faut pas
chercher à faire l'expérience immédiatement, car alors
elle ne réussit jamais, et c'est ce qui avait tout d'abord
fait croire à Longet et à Cl. Bernard que la sensibilité récurrente n'existait pas. Il faut recoudre la peau du dos par-
dessus le canal rachidien ouvert, et laisser respirer l'animal deux ou trois heures. Quant au choix du sujet, il

(1) *Traité d'anatomie et de physiologie du système nerveux.* Paris.

(2) *Comptes-rendus de l'Académie des sciences,* 1847, p. 104 : *Leçons
sur la physiologie et la pathologie du système nerveux.* Paris. 1858, t. I.
p. 33 et suiv.

(3) *Nouvelles expériences sur l'effet que produit l'irritation mécanique
et galvanique sur les racines des nerfs spinaux* (*Annales des sciences naturelles,* 1831. t. XXII, p. 95).

faut prendre de jeunes chiens, vivaces, bien portants, d'une race robuste, préparés par une alimentation convenable et un repas copieux.

Dans ces conditions on trouve que la racine postérieure est très-sensible, et que la racine antérieure est sensible aussi, quoique beaucoup moins. Si on éthérise légèrement l'animal, la sensibilité récurrente disparaît la première, puis celle de la peau, puis celle des racines postérieures. A mesure que les effets de l'éthérisation se dissipent, la sensibilité revient, mais dans l'ordre inverse ; c'est la sensiblité des racines antérieures qui reparaît la dernière.

Le fait fondamental c'est que la section de la racine postérieure fait immédiatement disparaître la sensibilité de la racine antérieure correspondante, et qu'en explorant la racine antérieure on trouve le bout central insensible, tandis que le bout périphérique a conservé sa sensibilité. La conclusion qu'il faut en tirer est très-simple. Les racines postérieures sont primitivement sensitives, comme les racines antérieures sont motrices, mais un certain nombre de filets sensitifs, après s'être dirigés vers la périphérie, reviennent aux centres nerveux, et au lieu de repasser par le tronc postérieur, repassent par le tronc antérieur, auquel ils communiquent une certaine sensibilité très-bien nommée sensibilité récurrente.

C'est pourquoi tous les physiologistes sont convenus d'appeler *paire nerveuse* les deux racines rachidiennes se correspondant anatomiquement et physiologiquement : la racine antérieure recevant le sentiment de la racine postérieure qui lui est contiguë. Pour les nerfs rachidiens rien n'est plus facile à déterminer, mais pour les nerfs crâniens il y a encore beaucoup d'incertitude à cet égard, et les expériences contradictoires de Longet, de Cl. Bernard, de Brown-Séquard et de Schiff n'ont pas encore donné des faits en dehors de toute contestation. D'ailleurs, comme nous ne traitons pas ici des nerfs sensitifs, mais de la sensibilité, nous laisserons cette discussion de côté et nous dirons seulement que parmi les nerfs crâniens, il, en est de moteurs, il en est de sensitifs, mais que presque tous les nerfs moteurs crâniens sont aussi sensibles, soit dès leur origine, soit après avoir reçu des filets récurrents sensitifs du nerf sensitif correspondant.

Les données physiologiques si peu précises et si peu nombreuses que nous avons sur les fonctions nerveuses des invertébrés, ne permettent pas d'établir d'assimilation utile entre le système rachidien des vertébrés, et la chaîne ganglionnaire des articulés et des mollusques. Newport (1), Longet (2), Grant (3) et Valentin (4) avaient cru reconnaître une différence entre les faisceaux dorsaux et les faisceaux sternaux de la chaîne ganglionnaire. Pour Newport notamment, qui a fait sur ce sujet les premières et les plus intéressantes expériences, les faisceaux dorsaux seraient les représentants des cordons antérieurs, et les faisceaux sternaux ceux des cordons postérieurs, justifiant ainsi la brillante hypothèse de Geoffroy Saint-Hilaire sur le *renversement* des articulés. Mais d'autres physiologistes, entre autres Milne Edwards (5), Gersin (6) et Vul-

<hr>

(1) *Philosophical transactions*, 1834, p. 407.

(2) *Anatomie et physiologie du système nerveux*, t. II, p. 662.

(3) *The Lancet*, juillet 1834.

(4) *De functionibus nervorum cerebralium et nervi sympathici*. Berne, 1849, p. 7 et suiv.

(5) *Hist. natur. des crustacés*, t. I, p. 149.

(6) *Recherches sur les fonctions du système nerveux dans les animaux articulés* (*Bull. de la Société vaudoise des sciences naturelles*, 1857, t. V).

pian (1) ont infirmé ces expériences. D'un autre côté, plus récemment, Faivre (2) a trouvé sur des insectes que la surface supérieure des ganglions prothoraciques et thoraciques était motrice, et la surface inférieure sensitive, chacune de ces deux parties donnant naissance à des nerfs de fonctions différentes. On le voit, rien n'est moins connu que la sensibilité et la motricité des nerfs chez les insectes : quant aux mollusques, nous n'avons rien de précis à en dire.

Pour ce qui concerne les vertébrés, la sensibilité récurrente n'existe guère que chez les mammifères, car chez les poissons, Wagner (3), Stannius (4) et A. Moreau (5) n'en ont pas trouvé de traces, Vulpian (6) ne l'a pu constater chez les oiseaux, et Müller (7) ne l'a jamais rencontrée chez les batraciens.

Aussi pouvons-nous dire que la découverte de la sensibilité récurrente, tout en ayant un certain intérêt, et en expliquant fort bien les apparentes irrégularités qui avaient tant embarrassé Magendie et Longet, n'est pas un des faits les plus importants de la physiologie générale du système nerveux. Mais plus récemment un nouveau

(1) *Leçons sur le système nerveux*, p. 44 et suiv.

(2) *Recherches expérimentales sur la sensibilité et l'excitabilité dans les différentes parties du système nerveux des dytiques (Comptes-rendus de l'Académie des sciences*, 1863, t. LVI, p. 472; *Recherches sur le ganglion frontal (Revue des cours scientifiques*, juillet 1876).

(3) *Handwörterbuch der Physiologie*, t. III, p. 363.

(4) *Das peripherische nervensystem der Fische*, p. 114.

(5) *De la distinction anatomique et physiologique des nerfs du sentiment et du mouvement chez les poissons (Bullet. de la Société de biologie*, 1860, 2ᵉ série, t. III, p. 159, et *Ann. des sciences natur.*, 4ᵉ série, t. XXIII, p. 380).

(6) *Loc. cit.*, p. 153.

(7) *Loc. cit.*

fait, qui avait passé inaperçu, est venu étendre au delà des étroites limites où elle semblait confinée la récurrence de la sensibilité.

Les physiologistes qui se sont occupés de cette question n'avaient guère cherché à déterminer exactement le point où dans le nerf mixte se fait la récurrence des fibres sensitives. Longet (1) avait vu que cette récurrence se faisait tout près du ganglion; Brown-Séquard (2) n'admettait pas que la douleur fût produite par le seul pincement de la racine antérieure, selon lui le pincement de cette racine provoque une contraction musculaire spasmodique, et c'est ce spasme, cette crampe, qui est douloureuse par la compression des nerfs sensitifs intra-musculaires. Cl. Bernard, après avoir coupé des nerfs mixtes, a trouvé la racine antérieure insensible, et il en a conclu que la récurrence se faisait *probablement* à la périphérie, mais qu'en tout cas la communication des propriétés de la racine postérieure à la racine antérieure est spéciale et n'établit la solidarité physiologique qu'entre les deux racines correspondantes de la même paire. Ailleurs (4) il revient sur le même sujet et reconnaît que le retour de la sensibilité se fait plus loin que dans les plexus, et qu'on retrouverait la sensibilité récurrente dans tous les nerfs qui s'anastomosent entre eux, et principalement dans les nerfs crâniens. D'ailleurs Philipeaux et Vulpian (5) ont constaté directement que le bout périphérique de l'hypoglosse est sensible après sa section, ce qui s'explique à

---

(1) *Loc. cit.* et *Traité de physiologie*, t. III, p. 109, 3e édit.
(2) *Comptes-rendus de la Société de biologie*, t II, p. 171.
(3) *Loc. cit.* t. I, p. 28.
(4) *Loc. cit.*, t. II, p. 460.
(5) *Mém. de la Soc. de biologie*, 1859, p. 384.

merveille par les nombreuses anastomoses de ce nerf avec les troncs sensitifs crâniens ou rachidiens. Enfin je mentionnerai encore l'opinion de Gubler (1), sur les cellules sous-cutanées placées à la périphérie, identiques aux cellules grises de la moelle et transformant le courant sensitif en courant moteur, et réciproquement.

Ainsi, jusque en 1867, on regardait la sensibilité récurrente comme dépendant, d'une part, des anastomoses anatomiques pour les nerfs crâniens, d'autre part, pour les nerfs rachidiens des anastomoses siégeant probablement à la périphérie, mais ne dépassant pas les limites de la paire nerveuse qui constitue une unité physiologique.

C'est avec un juste sentiment d'orgueil filial que je rappellerai ici l'histoire des faits qui ont permis à mon père de généraliser la récurrence de la sensibilité, de façon à établir d'une manière irréfutable qu'il existe entre les nerfs appartenant même à des paires nerveuses différentes, des anastomoses plus ou moins visibles, mais en tout cas donnant au tronc périphérique une sensibilité évidente.

En 1864 Laugier vint annoncer à l'Académie des sciences qu'il avait, dans un cas de section complète du médian par un corps tranchant, affronté les deux bouts du nerf et que la réunion s'était faite par première intention : le soir même la sensibilité de la main dans la sphère d'innervation du médian avait reparu (2). Le fait de Laugier étonna beaucoup les physiologistes et certains auteurs, en particulier Vulpian (3), élevèrent quelques doutes sur

(1) *Gaz. méd. de Paris*, 1859, p. 628, et *Bullet. de la Soc. de biologie*, 1859.
(2) *Bullet. de la Soc. de chirurgie*, juin 1864. Un cas analogue avait été vu par Nélaton et sommairement publié.
(3) *Loc. cit.*, p. 268.

son authenticité. Mais en novembre 1867 (1), mon père eut l'occasion de voir une malade ayant aussi le nerf médian complètement sectionné. Avant de tenter la suture, il voulut s'assurer des propriétés du nerf, et il vit avec étonnement que le bout périphérique du nerf médian était extrêmement sensible, et que, dans la main, quoique le tronc du nerf fût complètement sectionné, il n'y avait nulle part d'analgésie ni d'anesthésie. Depuis, des observations assez nombreuses sont venues confirmer ce premier fait (2) pour le rendre absolument incontestable.

Ainsi, à partir de ce moment (3), la question de la sensibilité récurrente prenait une tout autre face. Au lieu de considérer seulement les racines rachidiennes, on songeait aux troncs nerveux eux-mêmes : ce qui est vrai pour

(1) *Union méd.*, 1867, t. II, p. 270 et 444.

(2) Létiévant. *Traité des sections nerveuses.* Paris, 1872.

Filhol. *De la sensibilité récurrente dans la main.* Thèse inaugurale. Paris, 1874.

A. Richet. *Journal l'Ecole de médecine*, 1874 (*Comptes-rendus de l'Acad. des sciences*, 1875, t. LXXXI, p. 217, et *Journal d'anatomie et de la physiologie*, 1875, XI, p. 549.)

Cartaz. Th. inaugur. Paris, 1876.

Paulet. *Union méd.*, mars 1868.

Weir Mitchell. *Traité des sections des nerfs.* Trad. franç., 1874.

(3) Le fait de Létiévant, malgré les prétentions mal dissimulées de l'auteur à la priorité, est bien postérieur, puisque *observé* le 22 décembre 1867, c'est-à-dire un mois après la *publication* de l'observation de mon père, il ne fut *publié* qu'en décembre 1868 dans le *Bulletin de la Soc. de chirurgie*. Au demeurant, le livre de Létiévant est fort intéressant et mérite d'être consulté. Cartaz (Th. inaug., p. 11, Paris, 1875) dit, sans qu'on puisse guère comprendre le sens de ses paroles : « M. Richet n'apportait qu'une hypothèse. » Il est cependant dit dans la même thèse que le fait de M. Richet était un fait bien observé. Il est au moins étrange qu'un fait bien observé ne soit qu'une hypothèse.

les nerfs purement moteurs, devenait aussi vrai pour les nerfs mixtes. Le bout périphérique des nerfs mixtes est sensible à cause des anastomoses périphériques, et il est impossible d'éteindre la sensibilité d'une région par la section d'un seul tronc nerveux. Guidés par les observations chirurgicales que nous venons de rapporter plus haut, Arloing et Tripier ont fait, pour vérifier sur les animaux les faits observés sur l'homme, une nombreuse série d'expériences qui leur ont donné les résultats les plus concluants.

Comme ces expériences sont très-importantes dans l'étude de la sensibilité, nous allons rapidement en exposer les résultats. Chez les chiens et les chats il est impossible de détruire la sensibilité d'un des doigts de la patte par la section isolée d'un des troncs nerveux. Si, au lieu de couper un gros tronc, on coupe un nerf plus éloigné des centres, par exemple, un des nerfs collatéraux des doigts, la sensibilité n'est en rien modifiée, quel que soit le nerf que l'on coupe ; mais si on coupe les quatre nerfs collatéraux de ce doigt, il devient insensible, la membrane interdigitale restant sensible. Que si on laisse intact un seul des nerfs collatéraux, la sensibilité de l'index est conservée (1).

Il était intéressant de rechercher la sensibilité du bout périphérique des nerfs coupés : c'est ce qu'ont fait Arloing et Tripier, et ils ont obtenu un résultat paradoxal en apparence, et cependant très-explicable. Si on fait la section nerveuse au-dessus du coude, le bout périphérique du nerf coupé est à peu près insensible. Il n'en est pas de

(1) *Archives de physiologie normale et pathologique*, 1869 (*Comptes-rendus de l'Acad. des sciences*, 1868. *Archives de physiologie*, 1876, p. 11 et suiv.

même si la section est faite plus bas, de sorte que, plus on
se rapproche de la périphérie, plus le bout périphérique du
nerf coupé est sensible. Si on coupe, par exemple, l'un des
nerfs au poignet, pour que le bout périphérique de ce ner
soit trouvé insensible, il faut couper les trois nerfs médian,
cubital et radial qui se distribuent dans la main. Si, après
la section d'une des branches d'un des nerfs de la main,
on fait plus haut la section du nerf lui-même, du cubital
par exemple, il n'y a de sensible que le bout périphérique
de la branche sectionnée du cubital sectionné également.
Ce fait démontre que la sensibilité récurrente de ces nerfs
leur vient de la périphérie, et que les fibres récurrentes
sensitives, au lieu de revenir dans la moelle par les racines
antérieures, comme le pensait Cl. Bernard, disparaissent
graduellement dans le nerf mixte à mesure qu'on s'éloigne
de sa terminaison cutanée, soit qu'elles se perdent dans
le nerf lui-même (*nervi nervorum*), soit qu'elles se distribuent aux tissus voisins du trajet de ce nerf. Chez les
solipèdes, comme chez les carnassiers, la sensibilité récurrente existe, et cela non-seulement sur les nerfs mo-
eurs, mais aussi sur les nerfs mixtes et même purement
sensitifs, comme les nerfs sensitifs crâniens, le trijumeau
par exemple.

Pour contrôler les résultats donnés par la sensibilité des
téguments et des bouts périphériques des nerfs sectionnés,
il est indispensable de recourir à l'examen microscopique
des nerfs. En effet, on sait depuis le travail fondamental
de Waller, que, lorsqu'on sépare un nerf de son centre
trophique, les tubes nerveux dégénèrent ; ce centre trophique paraît être la moelle pour les nerfs moteurs, le ganglion
rachidien placé sur le trajet des racines postérieures pour

les nerfs sensitifs. Au bout de trois semaines environ, s'il n'y avait pas de fibres sensitives récurrentes, le tronçon nerveux sectionné et séparé du centre n'aurait plus une seule fibre nerveuse intacte. De fait, c'est le contraire qui arrive presque toujours, de sorte que nous pouvons, par la présence des fibres nerveuses restées intactes dans un nerf moteur coupé à son origine près de la moelle, contrôler les résultats de l'expérimentation et reconnaître qu'il n'était pas simplement moteur, mais qu'il contenait aussi des fibres sensitives (1).

N'ayant pas fait d'expériences sur ce sujet, j'ai dû me contenter d'exposer le résultat des expériences faites par les différents physiologistes ; mais les faits qu'ils ont mis en lumière peuvent être éclairés par certains faits cliniques que j'ai eu l'occasion d'observer.

Je commencerai d'abord par les faits les plus simples et les plus communs. Lorsque une incision, soit accidentelle, soit opératoire, a été faite à la peau, elle a évidemment intéressé des troncs nerveux qui distribuaient la sensibilité aux parties sous-jacentes, en sorte qu'il devrait y avoir des zones d'anesthésie plus ou moins étendues, selon la profondeur et les dimensions de la section. Or il n'en est rien. J'ai bien souvent essayé de rechercher un affaiblissement de la sensibilité après les grandes incisions, je n'ai jamais rien trouvé de semblable. Loin de là, il semble, au contraire, qu'il y ait hyperesthésie. Ainsi, une incision

(1) Remak (*Zur vicarienden functionen der peripheren nerven ; Berl. Klin. Woch.*, 1874, n° 48) admet que les nerfs peuvent se suppléer dans leur action, ce qui est une autre forme de la sensibilité récurrente. Après une plaie du radial, il a trouvé le bout périphérique de ce nerf presque insensible, tandis que la région innervée par le radial avait conservé sa sensibilité.

faite dans un phlegmon ne fait qu'accroître, pour un moment au moins, l'hypéresthésie.

Il faut donc conclure de ce premier fait que pour les petits rameaux nerveux, il n'y a, pour ainsi dire, pas de direction principale dans la sensibilité. Elle se dirige également dans les deux sens ; et, si on les sectionne, ces rameaux restent par leurs deux bouts également en rapport avec les centres, tout comme, dans certaines régions, les artères coupées fournissent du sang par le bout périphérique aussi bien que par le bout central.

Si nous passons maintenant aux nerfs un peu plus volumineux, nous retrouvons encore la sensibilité récurrente quoique elle soit bien atténuée. Je ne parlerai pas des nerfs de la main qui, comme tous les auteurs l'ont constaté depuis 1867, ont des anastomoses plus ou moins visibles et possèdent à un très-haut degré la sensibilité de retour. Je prendrai de préférence un nerf presque exclusivement sensitif, et n'ayant que bien peu d'anastomoses visibles, je veux parler du nerf dentaire inférieur.

Ce nerf, émané du trijumeau, entre dans un long canal osseux creusé dans l'épaisseur de l'os maxillaire, fournit des filets aux bulbes dentaires du rebord alvéolaire correspondant et sort un peu en dehors du menton pour se distribuer à la peau de cette partie, en formant un plexus anastomotique avec les branches terminales du facial et qu'on a nommé plexus mentonnier. En somme, ce nerf donne à lui seul la sensibilité à toute la peau de la lèvre inférieure, du menton, et de la partie inférieure de la joue. Les branches labiales se distribuent au plan profond comme au plan superficiel.

La situation de ce nerf explique comment il ne peut y

avoir de fracture avec déplacement, de nécrose ou de section de l'os dans une opération, sans que le nerf dentaire soit atteint ; et cependant c'est à peine si l'insensibilité de la région innervée par le dentaire inférieur a été signalée par les auteurs classiques : c'est évidemment parce que la sensibilité de retour rendait à la peau du côté malade une sensibilité suffisante pour qu'on ne puisse y constater d'anesthésie notable.

C'est pourquoi, dans les fractures du maxillaire inférieur, l'insensibilité n'a été signalée que comme une complication accidentelle par Bérard (1), Foucher (2) et Robert (3).

Dans la nécrose, pourvu que l'affection dépasse le bord alvéolaire, il est évident qu'il doit y avoir une portion du nerf détruite en même temps que la portion osseuse. Voici quelques observations qui peuvent servir à l'histoire de cette complication de la nécrose du maxillaire.

X... atteinte d'ostéopériostite de la mâchoire, et de nécrose consécutive, a une région non pas insensible, mais *engourdie*, qui va suivant une ligne oblique en bas et en dehors de la commissure labiale au rebord inférieur du maxillaire. Cette zone s'arrête en dedans, un peu en dehors de la ligne médiane. Nulle part la sensibilité n'est complètement abolie, mais dans la région susdite, elle a considérablement diminué. Toutes les sensations sont engourdies et confuses. La sensation tactile (de contact léger) n'a pas disparu. La sensibilité à la pression est

(1) *Gaz. des hôp.*, 1841, p. 411.
(2) *Union méd.*, 1851.
(3) *Gaz. des hôp.*, 1859 (voir l'article *Maxillaires* (os), (*Pathologie*) de Guyon, dans le *Dict. encyclopédique*, II série, t. V, p. 298).

intacte. Il n'y a pas de thermo-anesthésie, mais un peu de pallesthésie (insensibilité au chatouillement). Une piqûre superficielle n'éveille pas de sensations douloureuses, mais pour peu que la piqûre soit profonde, la douleur est très-nette. Le lendemain, après l'extraction du séquestre, il n'y a aucun changement notable dans la sensibilité. La sensibilité tactile est toujours obtuse : cependant la malade distingue bien la tête de la pointe de l'épingle et reconnaît les pointes de Weber à une distance de 15 millimètres. Peu à peu, à mesure que la maladie marche vers la guérison, la zone anesthésique diminue graduellement ; finalement cette zone n'est plus qu'un petit triangle à base inférieure, s'étant lentement rétréci sur les côtés.

G... est atteint d'ostéite du maxillaire avec fistules multiples, et a une nécrose très-étendue de l'os maxillaire. Cependant la région mentonnière des deux côtés a gardé sa sensibilité normale. En dehors, au contraire, au-dessous de la commissure labiale, est une région *hypoesthésique*. La piqûre superficielle n'est pas douloureuse. Le contact léger n'est pas senti. Mais une épingle enfoncée profondément est douloureuse. La température est bien appréciée. La pression d'une portion superficielle de la peau n'éveille pas de douleurs, mais la région profonde est assez sensible. Le contact des dents est très-bien senti. L'extraction du séquestre est faite à la fin de janvier 1876 par M. Verneuil. Trois mois après, le malade ayant été retenu à l'hôpital par des complications assez graves, je l'examine de nouveau avant son départ. La zone hypoesthésique est rétrécie, ce n'est plus qu'un petit espace triangulaire placé en bas de la commissure. La piqûre superficielle n'est pas sentie. La piqûre profonde est douloureuse. Il y a en ce point du chatouillement et des *fourmis*, suivant l'expression même du malade.

J'ai encore vu, cette année, à l'Hôtel-Dieu, un malade atteint de nécrose du maxillaire, et présentant absolument les mêmes phénomènes : engourdissement de la sensibilité tactile superficielle, conservation de la sensibilité douloureuse profonde et de la sensibilité aux températures.

Ainsi ces faits montrent qu'après la destruction du nerf dentaire inférieur, la sensibilité ne disparaît pas. Elle est diminuée, affaiblie, elle a perdu sa finesse, sa *fleur*, si je puis dire, mais elle n'est pas éteinte. Il n'y a pas d'anesthésie, mais de l'hypoesthésie, et pour que les sensations puissent encore arriver aux centres, il faut nécessairement que le nerf facial, le nerf dentaire du côté opposé, le nerf lingual même, fournissent aux branches du bout périphérique du dentaire inférieur détruit la sensibilité récurrente.

Nous voyons aussi que la régénération de la sensibilité ne se fait pas par des îlots isolés. Il semble que la sensibilité de retour aille toujours en augmentant d'importance et d'étendue, gagnant du terrain dans tous les sens.

Cependant la sensibilité est diminuée, et c'est ce qui explique comment, dans les cas de caries dentaires douloureuses, la section du nerf maxillaire inférieur a pu amener une heureuse sédation des phénomènes douloureux. Dans cinq cas de section du nerf maxillaire inférieur pour névralgie traumatique, rapportés par Weir Mitchell (1), il y eut soulagement immédiat, mais dans aucun de ces cas la

____

(1) *Lésion des nerfs*, trad. franç., p. 320 et suiv.

guérison ne fut durable, et au bout de six semaines pour
un cas, de un an et plus pour les autres, la douleur reparut.
Dans quelques autres cas plus récents il y a eu guérison (1), mais on ne sait si la guérison s'est maintenue.
Dans un cas il y a eu mort par méningite (2).

La section du nerf buccal n'a pas donné des résultats
plus constants (3). Elle compte quatre succès (4), deux
insuccès et demi-succès. Mais je ne saurais, sans m'étendre
au delà des limites que je me suis assignées, entrer ici dans
la discussion des faits particuliers de névrotomie. La
question a d'ailleurs été souvent et bien traitée (5). Je dirai seulement que la section du nerf diminue tout d'a-
bord la sensibilité, ce qui était d'ailleurs évident, même
sans qu'il fût besoin d'une démonstration. Aussi les névro-
tomies faites pour des névralgies réussissent presque toujours fort bien au début ; mais plus tard ces névralgies
récidivent comme si le retour de la sensibilité normale
était impossible et entraînait nécessairement le retour de
la sensibilité pathologique.

Wagner, sur 135 cas, a noté 74 succès complets, 46 demi-

(1) Szeparowicz. *Névralgie du maxillaire inférieur ; résection intrabuc-
cale* (*Wien. med. Wochenschrift*, 1873, n° 30). — Memel. *Deutsche Klin.*,
1875, n° 2. — Schœnhorn. *Berl. Klin. Wochensblatt*, janvier 1875, n° 2. —
Schupert. *Deutsche Zeitschrift für chirurgie*, décembre 1873, n°s 5 et 6.

(2) Dumreicher et Nicoladini. *Wien. med. Wochenschrift*, 1874, p. 935.

(3) Panas. *Arch. gén. de méd.*, févr. 1874, p. 181.

(4) Nélaton. *Bull. gén. de thérap.*, 1864, p. 403. — Voisard. Th. inaug.,
Strasbourg, 1864. — Goux. *Ibid.*, 1866. — Létiévant. *Traité des sections
nerveuses.*

(5) Beau. *Union méd.*, 1851. — Létiévant. *Traité des sections des nerfs.*
— Weir Mitchell. *Lésions des nerfs.* — Faucon. *Des résections nerveuses.*
Th. inaug. Strasbourg, 1869. — Vulpian. *Préface du Traité des sections
des nerfs de Weir Mitchell,* p. 5 et 9.

succès, 21 récidives. Létiévant, sur 99 malades, compte 64 succès et 35 insuccès ; c'est donc à peu près la proportion de 1 à 3.

Les opérateurs se sont rarement attachés à rechercher l'état de la sensibilité après la section du nerf. Aussi, sur ce point si embarrassant, n'avons-nous que des données assez imparfaites. En général la sensibilité disparaît immédiatement dans toute l'étendue du nerf sectionné, mais cette disparition semble liée au choc, et à la commotion subie par le nerf : en un mot il y a là une véritable stupeur locale, qui disparaît les jours suivants, et la sensibilité revient bien avant que la régénération nerveuse ait pu se faire. D'ailleurs je serais fort disposé à n'ajouter que peu de valeur aux observations un peu anciennes, datant d'une époque où la sensibilité récurrente périphérique n'était pas connue.

En tout cas, l'irritabilité douloureuse disparaît presque immédiatement, et si elle revient, ce n'est qu'au bout d'un temps très-long : ce qui semble démontrer que la cause même de la douleur siége dans le système nerveux périphérique, et non dans les centres comme l'ont prétendu quelques auteurs.

A ces faits de névrotomie, il faut rattacher les faits connus sous le nom de distension des nerfs et que Callender semble avoir le premier mis en pratique (1), après quelques essais incomplets tentés par Nüssbaum. Plus récemment, MM. Marchand et Terrillon, prosecteurs des

____

(1) Billroth. *Arch. für klinische Chirurgie*, 1872, 379. — Nüssbaum. *Zeitschrift für Chirurgie*, sept. 1872, p. 450. — Callender. *Trans. of the clin. Society*, VII. p. 100 (*The Lancet*, juin 1875, p. 883).

hôpitaux, ont, à l'instigation de M. Verneuil, fait pour étudier la distension des nerfs quelques expériences sur les animaux (1), plus complètes que les faits de Tillaux (2) et de Weir Mitchell (3) sur la *contusion nerveuse.*

Les expériences de Marchand et Terrillon prouvent qu'après un fort écrasement du nerf sciatique, la sensibilité peut disparaître définitivement; mais que si l'écrasement est modéré, ces tubes nerveux échappent à la destruction, ainsi que l'examen histologique fait au bout de quelques jours le démontre nettement. Toutefois la sensibilité semble disparaître d'abord, comme si le nerf avait été frappé de *commotion,* par suite de l'ébranlement que le traumatisme lui a fait subir; mais elle reparaît les jours suivants.

Dans les deux opérations d'écrasement du nerf, que je proposerais volontiers d'appeler névrotripsie, exécutées par M. Verneuil, il y eut non pas de l'anesthésie, mais de l'hyperesthésie de la région innervée par le nerf écrasé.

Ces deux observations sont très-exactement rapportées dans la thèse de Duvault (4). Aussi n'insisterai-je que sur le point spécial de la sensibilité récurrente.

X..., atteinte de cancer du sein récidivé, opérée le 15 mars, souffre extrêmement, et a une névralgie avec spasme musculaire rebelle à tout traitement médical. Le 27 mars, M. Verneuil met à nu le nerf musculo-cutané, et passant une sonde cannelée sous le nerf, l'écrase avec

---

() Elles sont relatées dans la thèse intéressante de Duvault : *De la distension des nerfs.* Th. inaug., Paris, 1876.

(2) *Des plaies des nerfs.* Th. d'agrégat., 1868.

(3) *Lésions des nerfs,* p. 100.

(4) *Loc. cit.,* p. 65 et 68.

force contre l'instrument. Le lendemain les douleurs ont cessé, le spasme a diminué, mais sans être aboli. Il y a un œdème considérable de tout le membre. Aucun point n'est insensible, au contraire toute la surface cutanée du bras est hypéresthésiée, tout au plus y a-t-il au-dessus de l'épitrochlée une zone étroite et allongée d'insensibilité superficielle. La piqûre profonde y est cependant aussi bien sentie que partout ailleurs. Malheureusement la malade mourut au bout de quelques jours.

L'autre cas est plus démonstratif encore au point de vue de l'hypéresthésie consécutive.

A la suite d'une plaie contuse des doigts. Let... est pris de spasme traumatique et de névrite intense. M. Verneuil se décida à lui pratiquer la névrotripsie. Le nerf médian et le nerf cubital sont fortement pressés sur la sonde cannelée. Le lendemain, l'amélioration du malade est bien marquée au point de vue de la névralgie. Il ne souffre presque plus. Le pouce est sensible en tous ses points, comme l'index, le médius. Il n'y a que le bord externe de la dernière phalange qui ait une sensibilité un peu obtuse. En aucun point de la main, il n'y a d'analgésie profonde. Depuis cette époque la sensibilité est revenue complètement. J'ai revu le malade ces jours-ci, et il n'a aucun point d'anesthésie.

Comment peut-on expliquer que l'anesthésie complète n'ait pas été le résultat de l'écrasement des nerfs? Il est très-possible que quelques fibres nerveuses aient échappé au violent écrasement du nerf; mais est-ce suffisant pour expliquer l'absence presque complète d'analgésie et surtout l'hypéresthésie? Au contraire, la sensibilité récurrente, admise toujours par tant d'auteurs, surtout pour les nerfs du membre supérieur, explique fort bien tous les symptômes.

Quant à l'hyperesthésie, elle existait déjà avant l'opération. Tout au plus pourrait-on dire que la névrotripsie ne l'a pas fait disparaître : cependant elle a eu cet avantage incontestable de faire cesser le spasme traumatique et la névralgie proprement dite.

D'ailleurs, ce qui justifie cette hypothèse, c'est un fait dans lequel la sensibilité récurrente existait manifestement et où la section du nerf a été complète.

Il s'agit d'un malade atteint de névrôme du nerf accessoire du sciatique poplité externe. Après l'ablation du névrôme, il n'y eut en aucun point de la jambe, soit anesthésie, soit analgésie. Au contraire la partie externe de la jambe était notablement hyperesthésiée, et le moindre contact provoquait, surtout à la région supérieure, des douleurs très-vives.

Il faut joindre ces faits de conservation de la sensibilité aux faits relatés plus haut de névrotomie ou de plaies des nerfs. Tous ces faits s'éclairent réciproquement, et nous pouvons maintenant les résumer au point de vue, qui nous importe en ce moment, de la physiologie pathologique.

1° La section d'un tronc nerveux volumineux entraîne la paralysie de la sensibilité ;

2° L'anesthésie sera d'autant moins complète que la région malade était plus douloureuse. En tout cas, la section fait disparaître la douleur pendant un temps variable ;

3° La section d'un nerf, qui n'est ni le tronc principal ni le tronc unique d'un membre, n'entraîne jamais l'anesthésie complète de la région à laquelle il se distribue ;

4° La section d'un nerf fait disparaître pendant quelque temps les douleurs névralgiques dont il peut être le siége ; mais s'il y a hypéresthésie avant l'opération, l'opération ne fait pas toujours disparaître l'hypéresthésie ;

5° La section d'un ou de plusieurs petits filets nerveux n'entraîne aucune modification dans la sensibilité de la peau.

Dans tous les cas, en exceptant la section d'un gros tronc nerveux, unique pour un membre, la sensibilité ne tarde pas à revenir graduellement, par le développement progressif de la sensibilité récurrente, même si on a eu soin de réséquer une portion du nerf, ce qui ne permet pas l'hypothèse d'une régénération dans le nerf lui-même.

Mais nous pouvons nous placer à un point de vue plus général et plus particulièrement physiologique. La sensibilité arrive uniquement aux centres par les racines sensitives : accessoirement quelques filets sensitifs sont contenus dans les racines motrices ; mais ils ne reviennent pas aux centres par cette voie, et suivent toujours la même voie, c'est-à-dire la voie des racines postérieures.

Le fait important, le fait capital, est qu'à la périphérie il n'existe pour ainsi dire plus de sens à la conduction de la sensibilité. Il n'y a plus de bout central et de bout périphérique. Il y a deux bouts également rattachés aux centres, et ayant presque autant d'importance l'un que l'autre.

A mesure qu'on s'éloigne de la périphérie cutanée, la distinction entre le bout central et le bout périphérique devient de plus en plus nette. Pour la face, pour le membre supérieur, par suite des anastomoses sensitives qui se sont faites entre les gros troncs, cette distinction n'a pas le temps de devenir complète, et le bout périphérique d'un nerf coupé est toujours sensible. Toujours la région qu'il innerve conserve un certain degré de sensibilité.

C'est aux histologistes à prouver par l'étude minutieuse des terminaisons nerveuses périphériques, comme Robin (1) l'a prouvé pour les nerfs de la main, qu'il y a des anses terminales aux nerfs sensitifs, et que là l'anastomose des nerfs est la règle. Notre but dans ce premier chapitre était seulement de montrer l'importance de la sensibilité récurrente périphérique, bien différente de la sensibilité récurrente rachidienne, et que tout chirurgien doit connaître pour comprendre les accidents consécutifs aux traumatismes des nerfs.

CHAPITRE II.

DE L'EXCITABILITÉ DES NERFS SENSITIFS, ET DU COURANT NERVEUX SENSITIF.

Ainsi que nous venons de le voir, il y a dans un nerf mixte deux phénomènes à étudier : le courant centripète, c'est-à-dire la fonction du nerf sensitif, et le courant centrifuge, fonction du nerf moteur. Mais ici les mots semblent faire défaut, notre ignorance au sujet de la fonction nerveuse est si profonde que, par analogie, on est forcé

(1) *Gaz. des hôpitaux*, 1867, p. 556.

de se servir de termes empruntés à la physique, et on dit en physiologie un courant nerveux comme on dit en physique un courant électrique. L'expression a été adoptée par M. Claude Bernard (1), et elle a maintenant droit de cité.

Nous ne savons guère s'il convient d'établir une différence entre les courants nerveux sensitifs et les courants nerveux moteurs. Pour Vulpian (2), ce sont deux phénomènes identiques, deux mises en jeu semblables d'une seule et même propriété du nerf, la neurilité. Cette hypothèse n'a guère été contestée : cependant on ne peut aller aussi loin que son auteur, et admettre qu'il y ait suppléance possible entre deux nerfs d'ordre aussi différent. M. Claude Bernard, après avoir étudié la mort du nerf sensitif, qui diffère totalement de la mort du nerf moteur, dit formellement (3) :

« L'opinion que les nerfs de mouvement et de sensibilité peuvent se suppléer réciproquement, je la considère non-seulement comme erronée, mais même comme opposée aux progrès de la physiologie générale. »

Or presque tout ce qui a trait à l'excitabilité des nerfs se rapporte aux nerfs moteurs, et la raison en est facile à comprendre. Avec le nerf moteur on a un témoin fidèle et irrécusable, c'est le muscle qui traduit avec précision tous les phénomènes qui se sont passés dans le nerf. Au contraire avec le nerf sensitif la réaction est presque impossible à apprécier, l'état psychique de l'animal en expérience jouant un rôle inconnu et considérable.

(1) *Leçons sur les propriétés des tissus vivants*, 1860, p. 318.
(2) *Leçons sur le système nerveux*, *passim*.
(3) *Rapport sur les progrès de la physiologie*, p. 30.

Nous allons cependant énumérer quelques-uns des faits classiques relatifs à l'excitation et à l'excitabilité des nerfs de sentiment, nous étudierons ensuite les effets sensitifs produits, autrement dit les sensations provoquées dans les centres par l'excitation des nerfs centripètes.

A. *De l'excitabilité.* — Il est tout naturel d'admettre que tous les agents qui agissent sur le nerf moteur agissent aussi sur le nerf sensitif. C'est un fait qui a été si souvent démontré que ce n'est plus une hypothèse.

Il y a donc pour exciter les nerfs sensitifs des agents mécaniques, des agents chimiques, des agents physiques, et aussi des agents physiologiques.

Les excitants mécaniques sont ceux qui agissent le plus souvent sur les nerfs sensitifs à l'état normal. En effet, le sens du toucher est le résultat d'excitations mécaniques agissant sur les nerfs sensitifs, et la plupart des modifications de la sensation tactile semblent dues à des jugements du cerveau sur l'excitation transmise.

On sait, depuis les expériences de Heidenhain, qu'en excitant un nerf moteur par une série de petits chocs, on obtient les mêmes résultats que par l'excitation électrique, il est donc tout naturel que l'excitation mécanique produise les mêmes effets sur le nerf sensitif.

Seulement, ce qui est plus remarquable, c'est la facilité extrême avec laquelle la plus faible impression mécanique agit sur le nerf sensitif. Que si par exemple on cherche un point de la peau très-limité, et qu'on le touche le plus légèrement possible, il y aura perception, c'est-à-dire excitation cérébro-spinale consécutive à l'excitation du nerf. Une impression périphérique extrêmement faible agit sur le nerf sensitif. Cette excitation n'agirait pas sur le nerf moteur d'une grenouille, lequel est cependant si excitable. Il semble donc au premier abord que le nerf sensitif soit plus sensible aux excitations mécaniques que le nerf moteur.

Toutefois cette conclusion serait prématurée, et il me suffira de rapprocher le fait que je viens de mentionner d'une expérience de Longet, qui, après la section de la moelle dorsale, a vu que l'excitation d'un point limité de la peau produisait des mouvements réflexes plus énergiques que l'excitation des racines postérieures n'en pouvait provoquer. J'ai fait souvent une expérience analogue, déjà signalée par Volkmann. En empoisonnant une grenouille avec la strychnine et mettant le nerf sciatique à nu, l'attouchement du nerf ne produit pas le tétanos qui survient instantanément dès qu'un point quelconque de la peau innervée par ce même sciatique se trouve effleuré.

C'est qu'en effet il y a à la périphérie cutanée une série de petits appareils destinés à renforcer la sensation tactile. Pour les sensibilités spéciales, la rétine et l'organe de Corti ont des fonctions analogues. Si la lumière agissait directement sur le tronc du nerf optique, il est très-probable qu'il n'y aurait pas de sensation lumineuse, et il ne faut pas s'étonner plus de voir la peau sentir quand le nerf ne sent pas, que de voir la rétine excitée par la lumière, tandis que le nerf optique ne serait pas excité.

D'ailleurs, pour les parties innervées par des nerfs sensitifs, et autres que la peau, la sensibilité au contact est très-faible, et il faut une excitation mécanique assez forte pour déterminer une sensation sur une plaie granuleuse. Aussi n'est-il pas exact de dire que le nerf sensitif est plus excitable; il est plus excité par suite du renforcement périphérique que donnent à l'excitation les corpuscules de Krause, de Meissner, de Pacini, etc. Nous reviendrons sur ce sujet à propos du sens du toucher.

Les excitants chimiques agissent fortement sur le nerf sensitif. Cl. Bernard fait remarquer avec raison (1) que les irritants chimiques du nerf sensible sont particulièrement des acides. Les alcalis n'agissent sur lui que lorsque ils sont capables de corroder son tissu, ce qui constitue une action chimique, mais non physiologique. Le fait est important à noter dès maintenant, et à rapprocher de cette donnée bien connue qu'à l'état normal la réaction du nerf est alcaline.

Si on plonge la patte d'une grenouille décapitée dans une solution saline ou acide, il y aura un mouvement réflexe plus ou moins rapide selon l'intensité de l'excitation. C'est un moyen que L. Türck (2) a mis en usage pour étudier l'action réflexe, et il en a fait une méthode générale que d'autres auteurs, après lui, ont employée pour mesurer non-seulement l'action réflexe, mais encore l'excitation des nerfs par telle ou telle substance (3).

Nous ne pouvons insister sur ces faits, nous nous contenterons de dire que plus l'action exosmotique d'une substance est considérable, plus elle agit fortement sur le nerf.

Quant aux excitants physiques, la chaleur, la lumière

(1) *Leçons sur les propriétés des tissus vivants*, p. 325.
(2) Türck. *Zeitschrift der. Ges. der Aerste zu Wien*, 1850
(3) Büchner. *Zeitschrift für Biologie*, X. p. 37, et XI, p. 374. — Harless. *Mém. de l'Acad. de Bavière*, 1858, p. 66. —Baxt. *Travaux du laboratoire de Ludwig*, 1871, XI, 69. — Sanders-Ezn. Ibidem. 1867.

et l'électricité, leur action sur les nerfs a été si longue-
ment étudiée que nous ne pouvons entreprendre même
d'en donner un résumé. Aussi nous bornerons-nous à citer
quelques faits spéciaux aux nerfs sensitifs.

Il est possible que la lumière agisse sur des nerfs sensitifs autres que le nerf optique, et ce serait un sujet bien
intéressant d'expériences. Mais jusqu'ici c'est une question qui n'a pas même été effleurée.

La chaleur et le froid ont une action évidente sur les
nerfs sensibles comme sur les nerfs moteurs, et si on
plonge, d'après le procédé de Türck, des grenouilles décapitées dans de l'eau qu'on refroidit ou qu'on échauffe, les
réflexes obtenus témoignent de la sensibilité.

Cependant la sensibilité à la chaleur semble s'exercer par
des nerfs distincts des nerfs tactiles (1), et j'ai souvent fait
une expérience qui confirme le fait. Si, sur une grenouille
empoisonnée par la strychnine, on approche de la peau un
corps en ignition, on peut décomposer et détruire la peau
sans provoquer de réflexes, pourvu qu'on ait soin de ne
pas donner de sensation de contact. Sur le nerf sciatique
on a les mêmes résultats, et rien n'est plus curieux que
de voir le plus léger effleurement de la membrane interdigitale produire un tétanos généralisé, tandis que le nerf
qui conduit cette impression peut être entièrement détruit
par le fer rouge sans provoquer le moindre réflexe.

Heinzmann (2) s'est demandé si les faits mis en lumière
par Afanasief et Rosenthal pour le nerf moteur, pour-
raient s'appliquer au nerf sensitif. Des changements de

(1) Voyez le chapitre II de la seconde Partie.
(2) *Ueber die Wirkung allmäliger aenderungen auf die Empfindungs-
nerven* (*Arch. de Pflüger*, 1872, t. VI, p. 222.

température très-lents peuvent arriver au point de détruire le nerf, sans qu'il y ait une seule contraction, pourvu que l'élévation ou l'abaissement de température se fassent avec une extrême lenteur. En expérimentant sur des grenouilles, Heinzmann a vérifié l'exactitude de ce fait pour les nerfs sensibles. Des grenouilles décapitées ou intactes pouvaient être soit cuites, soit congelées, sans réaction et sans réflexe. Si la température croissait ou décroissait de moins de 1⫽200 à 1⫽250 de degré par seconde, il y avait des effets sensitifs produits. Malheureusement les expériences de Heinzmann sur les animaux supérieurs et sur l'homme ne sont pas suffisantes.

Tous ces faits sont confirmatifs de ce que du Bois-Reymond et Pflüger nous ont appris sur l'excitation et l'excitabilité des nerfs ; et ce sont deux lois très-importantes que je me permettrais volontiers de traduire dans un langage plus clair que celui de ces savants physiologistes,

1° Tout changement d'état dans un nerf est un excitant de ce nerf.

2° Pour qu'un changement d'état excite un nerf, il faut qu'il soit brusque, un changement d'état graduel ne produisant aucun effet.

Il est très-probable que ces lois s'appliquent aussi bien au nerf sensitif qu'au nerf moteur, et à ce titre, nous devions les rappeler ici.

L'électricité est l'excitant nerveux par excellence ; et pour connaître son mode d'action, ce n'est pas la pénurie des documents qui est un obstacle. Peu de sujets ont été l'objet d'autant de travaux.

L'électricité peut agir de deux manières différentes selon la nature des courants.

L'électricité de la pile a une action très-complexe. Selon Matteucci (1), si ce courant est très-fort, il y a sensation au moment de la clôture, sensation qui dure quelque temps après la clôture, tant que le circuit est établi, et sensation au moment de la rupture. Quand le courant est inverse, la sensation est plus vive à la clôture : quand le courant est direct, plus vive à la rupture. Longet (2) admet que la douleur se montre au début du passage des courants direct et inverse, à l'interruption du courant inverse, et, le circuit étant fermé, pendant les premiers moments du passage continu de l'un ou de l'autre courant.

Longet et Matteucci admettent encore que l'excitation d'un nerf mixte donne des résultats différents de l'excitation d'un nerf uniquement moteur, mais cette remarque a été combattue par Rousseau (3) et Claude Bernard (4).

Cl. Bernard a montré en outre (5) que selon qu'une grenouille est vivace ou épuisée, il y avait contraction à la clôture ou à la rupture ; si le nerf est intact, il y a contraction à la clôture du courant.

Mais il est toujours difficile de savoir si la sensibilité est éveillée ou non, à moins qu'on n'expérimente sur l'homme. Valentin (6) a pris la sensibilité de la langue comme point de comparaison avec l'irritabilité électrique des muscles

(1) *Leçons sur les phénomènes physiques des corps vivants.* Paris, 1847, p. 228.

(2) Rousseau, Lesure, Martin-Magron. *Mém. de la Soc. de Biolog.*, 1857, p. 223. Verneuil. *Rapport sur ce Mémoire.* Ibid., p. 247. Lesure, Th. inaug. Paris, 1857.

(3) *Traité de physiologie*, 3ᵉ édit., III, p. 188.

(4) *Leçons sur le système nerveux*, I, p. 166.

(5) *Loc. cit.*, p. 192.

(6) *Zeitschrift für Biologie*, IX, p. 93.

de la grenouille, et il a vu qu'avec le courant de pile on n'éprouvait pas la plus légère sensation, quand déjà les muscles de la grenouille réagissaient très-nettement.

Pour le passage d'un courant d'induction il n'en serait pas ainsi, et les courants d'induction agiraient mieux sur la sensibilité que les courants de pile.

En tout cas, nous savons depuis les recherches de du Bois-Reymond et surtout de Pflüger que lorsque un nerf est excité directement par un courant de pile, le nerf est *polarisé* dans l'un et dans l'autre sens. Cette polarisation est ce qu'on appelle l'*électrotonus* du nerf, et paraît se produire aussi bien pour le nerf sensitif que pour le nerf moteur. L'excitabilité du nerf est diminuée du côté du pôle positif (anélectrotonus) et augmentée du côté du pôle négatif (catélectrotonus). Chauveau (1) avec beaucoup d'auteurs (2) a remarqué que, dans le cas de courants continus assez forts pour être perçus, la douleur était toujours beaucoup plus vive du côté du pôle négatif.

Enfin, d'après du Bois-Reymond, si on fait passer par un nerf un courant très-faible, et qu'on augmente lentement la force du courant, on arrivera à pouvoir détruire le nerf sans qu'il y ait de réaction musculaire (?).

Pour expliquer ces différents phénomènes, du Bois admet que les molécules nerveuses sont composées d'une infinité de petits éléments électro-moteurs dont chacun est constitué par deux molécules dipolaires. Dans l'électrotonus, la disposition de ces éléments électriques prend un

(1) *Journal de la physiologie*, 1859, t. II, p. 495.
(2) Martin Magron et Fernet. *Influence de la polarisation dans l'électrisation du système nerveux (Comptes-rendus de l'Acad. des sciences*, 1860, p. 580).

sens différent. Cette théorie, très–hypothétique, très-ingénieuse, a rencontré une vive opposition même en Allemagne, et quelques physiologistes, Hermann (1), Legros et
Onimus, prétendent que les phénomènes électriques observés dans le nerf sont la conséquence des phénomènes chimiques de combustion organique (2).

Les courants d'induction agissent énergiquement sur les
nerfs sensitifs, peut-être plus, d'après Valentin, que sur les
nerfs moteurs. J'ai fait plusieurs recherches à ce sujet, on
les trouvera au début de la 2e partie de ce travail. J'ai
hésité à les placer dans la première partie. En effet, les
phénomènes de la sensibilité tiennent beaucoup moins au
nerf qu'au centre percepteur, et ce sont bien plutôt des
réactions centrales que des réactions périphériques.

B. *Du courant nerveux* (Reizwelle). — Les effets du courant nerveux sensitif sont objectifs et subjectifs.

Les effets objectifs sont des modifications chimiques et
physiques dans le nerf, les effets subjectifs une sensation
dans les centres.

Les changements chimiques sont encore peu connus.
D'après Funke, un nerf fatigué serait acide.

Les effets physiques sont une augmentation de chaleur,
et un changement dans l'état électrique (3).

---

(1) *Untersuchungen zur Physiol. der muskeln und nerven.* Berlin
1867.

(2) Voy. *Journ. d'anatomie*, 1869, t. VI, p. 221.

(3) Malheureusement presque tous les faits relatifs à l'état électrique des
nerfs et des muscles ont été découverts en Allemagne : mais récemment un
de nos compatriotes, M. Lippmann, vient de construire un galvanomètre
très-ingénieux, qui donne des indications instantanées, et qui pourra être
employé fructueusement pour l'électro-nervie. Th. inaug. pour le doctorat,
ès sciences. Paris, 1876.

La production de chaleur a été constatée par tous les auteurs qui l'ont cherchée, c'est-à-dire par Helmholtz, Œhl, et surtout Valentin et Schiff (1), Schiff en mesurant cette augmentation de chaleur au moyen d'une pile thermo · électrique, a vérifié l'exactitude des faits qu'il étudiait en opérant tantôt sur des nerfs intacts, tantôt sur des nerfs écrasés qu'il prenait comme moyen de contrôle : le résultat de ses expériences est que le nerf s'échauffe quand il est excité.

Le changement de l'état électrique d'un nerf, au moment du passage du courant nerveux, avait été entrevu par du Bois-Reymond qui avait constaté une analogie remarquable entre les phénomènes nerveux et les phénomènes musculaires. Mais c'est Bernstein qui a le premier mesuré ce phénomène auquel il a appliqué, après du Bois, le nom de variation négative (negative Schwankung) (2). Les expériences qu'il a faites tout d'abord sur ce sujet sont loin d'être concluantes, et lui ont été durement, mais justement, reprochées par Hermann (3). Depuis, un grand nombre d'expérimentateurs ont étudié la question (4), en sorte que maintenant la variation négative est assez bien connue (5).

La variation négative se manifeste aussi bien dans le sens centripète que dans le sens centrifuge. Elle n'est donc pas la propriété exclusive du nerf moteur, quoique elle ait été étudiée surtout dans cet ordre de nerfs. Sa

(1) *Arch de physiologie*, 1869, t. II, p. 158.
(2) *Arch. de Pflüger*, 1866, t. I, p. 201.
(3) *Ibid. Zur audfklärung und abwehr.*, 1874, t. IX, p. 30.
(4) Gruenhagen. *Arch. de Pflüger*, t. VI, p. 157. — Valentin. *Zeitschrift für Biologie*, t. VIII, p. 2.
(5) Holmgren l'a constatée dans le nerf optique.

vitesse est considérable, et sa durée très-courte. Quand un nerf est écrasé ou lié, elle ne peut plus se produire, ce qui démontre bien évidemment que le courant nerveux, s'il produit un courant électrique, n'est pas par lui-même un courant électrique. Quels que soient les courants qu'on emploie, la variation négative est identique à elle-même. La clôture, la rupture des courants de pile ou des courants d'induction amènent tous la même variation négative. Elle est à peu près nulle dans le segment médian de tout tronçon nerveux que l'on irrite à l'un de ses bouts et présente son maximum d'intensité à la portion terminale. Gruenhagen a démontré que la variation négative n'était pas la somme d'une série d'excitations, qu'elle ne dépassait jamais 0,13 du courant nerveux primitif, et qu'elle n'augmentait pas avec le nombre des interruptions électriques excitatrices.

Les effets de la variation négative, démontrés d'abord par du Bois, et étudiés avec beaucoup de soin par Cl. Bernard (1) sont faciles à observer sur la grenouille. Si on prend un sciatique de grenouille avec son muscle, et si on le place au-dessus d'un autre sciatique semblable qu'on excite, au moment où le courant nerveux passe, la modification électrique qui se produit dans le premier amène une excitation du sciatique juxtaposé.

En somme, les phénomènes sont assez faciles à expliquer dans leur ensemble. A l'état normal, et pendant le repos, il y a un certain état électrique du nerf. Cet état électrique change par l'excitation, et le courant nerveux sensitif qui se produit est la conséquence, peut-être la cause, de ces altérations matérielles du nerf. Echauffe-

(1) *Leçons sur le système nerveux*, t. I, p. 160.

ment, variation négative, modifications chimiques, courant nerveux, tous ces phénomènes sont connexes, et peuvent être envisagés comme les transformations d'une seule et même force.

Il ne faudrait pas confondre cette variation négative avec le courant nerveux proprement dit. La variation négative est un phénomène électrique, le courant nerveux est un phénomène d'ordre physiologique. D'ailleurs la vitesse de ces deux mouvements est tout à fait différente, ainsi que le prouvent les nombreuses recherches contemporaines faites en vue de déterminer la vitesse de l'agent nerveux.

C'est l'illustre physicien Helmholtz qui a le premier mesuré cette vitesse. Cependant Haller (1) avait, par un procédé aussi ingénieux qu'imparfait, la lecture d'un livre à haute voix, calculé cette vitesse nerveuse et l'avait trouvée de 50 mètres par seconde, approximation très-grande des résultats réels calculés depuis. Les résultats d'Helmholtz s'appliquent surtout au nerf moteur (2) et il a trouvé d'abord une vitesse de 26.4 par seconde, en calculant par la méthode de Pouillet. Plus tard, en employant la méthode graphique, il arriva au chiffre de 27.25 par seconde.

Après Helmholtz, un grand nombre d'auteurs ont étudié le sujet, Fick (3), Harless (4), Thiry (5), Munk (6),

(1) *Elementa physiologiæ*, l. X, sect. viii, p. 373, t. VI, édit. de Lausanne.
(2) *Müller's arch.*, 1850.
(3) *Vierteljahrschrift der naturforschende Gesellschaft in Zürich*, 1862, p. 307.
(4) *Mém. de l'Acad. de Bavière*, 1862, t. IX, p. 316.
(5) *Journ. de Henle*, 1864, t. XXI, p. 300.
(6) *Arch. de Reichert*, 1860, p. 798.

Hirsch (1), Shelske (2), Marey (3), Donders (4), Bloch (5) et Baxt (6). Quelques-uns des résultats obtenus ont trait à la vitesse de l'agent nerveux sensitif, les autres pour la plupart sont des évaluations de la vitesse de l'agent nerveux moteur.

Marey a essayé de mesurer la vitesse du courant nerveux sensitif, par la vitesse des actions réflexes sur la grenouille, il a trouvé ainsi une vitesse de plus de 30 mètres par seconde (7). Mais il faut noter que pour rendre les mouvements réflexes plus faciles à produire, il empoisonnait la grenouille avec la strychnine, et que cette intoxication peut changer les conditions physiologiques. D'ailleurs, il remarque que la strychine semble augmenter la vitesse du nerf. Enfin, il faut tenir compte dans toute action réflexe du temps perdu dans la moelle, l'action des centres nerveux qui transforme le courant nerveux étant certainement beaucoup plus lente que le courant nerveux lui-même.

Shelske opérait sur lui-même et il procédait de la manière suivante. Il faisait agir une décharge électrique sur un point du corps éloigné du centre et notait le temps qui s'écoulait avant la perception de la sensation. Puis il faisait agir la même excitation en un point des téguments

(1) *Chronologische Versuche über die Geschwindigkeit*, etc. Neufchatel, 1861, *Arch. des sciences phys. et natur. de Genève*, 1862, p. 160.
(2) *Arch. de Reichert*, 1864, p. 151.
(3) *Du mouvement dans les fonctions de la vie*, 1868, p. 410 et suiv.
(4) *Journ. de l'anatomie*, 1869, et *Arch. de Reichert*, 1868, p. 657.
(5) *Arch. de physiologie*, 1875, t. VII, p. 588.
(6) *Mém. de l'Acad. des sciences de Berlin*, avril 1867.
(7) *Loc. cit.*, p. 441.

plus rapproché des centres, il notait encore le temps, et remarquait que la sensation était perçue beaucoup plus vite. Il est arrivé ainsi à une vitesse de 29,60 (1) à 31,05.

Malheureusement, d'une part les expériences de Shelske ne sont pas assez nombreuses, de l'autre elles ont un vice capital qui suffit pour leur ôter beaucoup de valeur. En effet, le courant sensitif passe dans un cas par le nerf sciatique et toute la moelle, dans l'autre cas, par un nerf très-court, et une portion très-courte de la moelle. On n'a donc pas la vitesse du courant nerveux sensitif dans les nerfs seuls, puisque on n'a pas tenu compte du retard, certain d'après Helmholtz, qu'a subi le courant nerveux sensitif en passant dans la moelle.

Je ferai de bien plus graves reproches au travail de Bloch. D'abord il a par son procédé trouvé une vitesse de 132 mètres par seconde, et ce chiffre est si différent de tous les autres, qu'il faut accueillir cette détermination avec la plus grande réserve. Helmholtz, Marey et Schelske ayant trouvé près de 30 mètres, il est permis de douter de l'exactitude de la méthode de Bloch qui a trouvé 132 mètres pour les nerfs, et 156 pour la moelle, quand Helmholtz n'avait trouvé que 10 à 15 mètres pour la vitesse de la moelle.

Sans entrer dans l'examen détaillé des expériences et des procédés de Bloch, je dirai que la critique qu'il porte contre les expériences de Schelske est probablement erronée. Selon lui, l'excitation de la main est plus vite sentie que

(1) Shelske, rappelant qu'Helmholtz avait d'abord trouvé 60 mètres par seconde, suppose qu'il y a eu dans les calculs multipliés une erreur de chiffres, une division par 2 oubliée par exemple, et admet que le nombre qu'il a trouvé s'accorde avec le nombre trouvé par Helmholtz.

l'excitation du visage. Ainsi le choc reçu par le nez n'est traduit par un mouvement qu'après un temps de 13 à 17 centièmes de seconde, tandis qu'un choc reçu par la main est signalé après un temps de 11 à 14 centièmes de seconde. Vraisemblablement pour un tel résultat la méthode est défectueuse.

A posteriori, l'insuffisance de sa méthode est facile à prouver d'abord par le grand nombre de calculs nécessaires, ce qui transforme une petite erreur en une erreur formidable, ensuite parce qu'elle repose sur une donnée psychique dont nous ignorons tout à fait la réalité et qu'il est fort difficile d'apprécier. Deux chocs produits à deux moments différents en deux points différents et étant perçus simultanément, la différence de temps entre les deux excitations mesure la durée nécessaire pour le passage du courant nerveux d'un point à l'autre. Qui ne voit combien cette appréciation de simultanéité est difficile à porter ?

En présence de résultats si discordants, 132 mètres (Bloch), 60 mètres (Helmholtz), 32 mètres (Marey), 29 mètres (Schelske), j'ai pensé qu'il était nécessaire de faire quelques expériences aussi rigoureuses que possible, et rien ne pouvait mieux nous prévenir des erreurs que l'étude attentive des procédés employés par nos devanciers.

1º La vitesse de la sensibilité ne peut être étudiée que sur l'homme ; car sur les animaux on est forcé de mettre en jeu l'activité de la moelle pour l'action réflexe, et le temps de passage dans la moelle retarde le courant nerveux ;

2º Cette vitesse ne peut être comparée qu'en prenant deux points d'un même nerf, inégalement distants de la moelle, mais dans lesquels le passage du courant à travers la moelle occupe nécessairement le même temps ;

3° Il faut calculer rigoureusement et comparativement l'*équation personnelle*, et on ne peut mesurer la vitesse sensitive qu'après un très-grand nombre d'expériences faites sur le même individu ;

4° Il faut des appareils précis et à signaux instantanés,

La méthode que j'ai employée réalise, j'espère, toutes ces conditions. En effet, les signaux étaient des signaux électriques, la vitesse de l'électricité étant telle que le retard est négligeable Comme appareils enregistreurs j'employais le cylindre de Marey. Un diapason vibrant 500 fois par seconde contrôlait la régularité de ce cylindre.

Comme moyen d'excitation, le cylindre portait une goupille, qui, toujours au même moment de sa révolution, venait rompre le courant de pile et produisait d'une part un mouvement dans le signal, d'autre part une secousse perçue par le sujet en expérience. Au moment où le sujet percevait, il pouvait sans le moindre effort rompre à son tour le courant de pile, au moyen d'un petit ressort placé à portée de sa main et tout près de lui.

La distance séparant la ligne des premiers signaux électriques (ligne des excitations) de la ligne des seconds signaux (ligne des sensations), traduit par une quantité évaluable en secondes et fractions de seconde, la durée de différents mouvements qui sont les suivants :

α. Transmission de l'excitation à la moelle (courant sensitif nerveux) ;

ϐ. Transmission dans la moelle (courant sensitif médullaire) ;

γ. Perception dans le cerveau, travail du cerveau pour élaborer une excitation des nerfs moteurs (1);

δ. Transmission du courant moteur dans la moelle et dans les nerfs moteurs (courant moteur nerveux, courant moteur médullaire).

ε. Mouvements musculaires déterminant la pression du ressort et la rupture du courant de pile.

Or, comme nous ne cherchions à connaître que la durée du premier mouvement, il fallait éliminer la durée de tous les autres. Pour cela deux conditions seulement sont nécessaires :

1° Prendre le même nerf sensitif à des points différents;

2° Annihiler l'influence de l'équation personnelle.

Cette équation personnelle, qui a été étudiée avec tant de soin dans ces derniers temps par Wolff, Donders (2), Exner (3), Hirsch (4), Wundt (5), Vierordt (6), exige pour être rendue constante plusieurs conditions, et j'ai fait sur ce sujet, dans le laboratoire de M. Marey, de nombreuses expériences, qui s'accordent complètement avec les résultats des autres auteurs.

En premier lieu, il faut une attention soutenue que la présence d'une personne étrangère ne vienne pas distraire. Le moindre bruit, une parole, une mouche qui vole, retardent d'une quantité notable le signal qu'on doit donner.

En second lieu, il faut que la série d'excitations succes-

---

(1) C'est particulièrement ce travail qu'on appelle l'équation personnelle.
(2) *Journ. de l'anatomie*, 1868, p. 676.
(3) *Arch. de Pflüger*, VII, p. 657.
    Moleschott's Untersuchungen, IX, p. 200.
(5) *Grundzüge der physiologischen Psychologie.* p. 761.
(6) *Der Zeitsinn nach Versuchen. Tübingen*, 1868.

sives soit bien régulière, et se succède à d'assez fréquents intervalles. Le rhythme qui survient ainsi finit par devenir très-facile à saisir.

Enfin, il faut opérer toujours sur la même personne, car l'équation personnelle varie selon les individus.

Les cinq ou six premières excitations ne doivent pas être mises en ligne de compte, car la perception est toujours très-retardée, et ce n'est qu'à la fin que se régularise absolument la durée constante des intervalles entre l'excitation et la perception.

Enfin il est nécessaire de s'y habituer par un fréquent exercice, et c'est seulement alors qu'on peut prendre la moyenne des expériences nombreuses que la méthode graphique permet de conserver indéfiniment.

Les conclusions que j'ai tirées de mes expériences sont les suivantes :

A. La vitesse des nerfs sensitifs est plus grande que celle des nerfs moteurs, et semble dépasser 50 mètres par seconde.

B. La compression ralentit la vitesse des nerfs.

Toutefois, je ne peux pas encore donner ces résultats d'une manière définitive, car il y a encore différents points à élucider pour éviter toute cause d'erreur, et je compte dans un prochain travail revenir avec plus de détails sur ce point difficile et intéressant.

Je ferai en outre remarquer, que probablement la sensibilité n'a pas une vitesse constante, ainsi que Wittich (1) semble le prouver, et que cette vitesse varie avec la qualité de l'excitant. Ainsi, d'après Wittich, les excitations méca-

(1) *Bemerkungen über die Grenzen des Empfindungs vermögens und Willens* (*Arch. de Pflüger*, II. p. 329).

niques seraient moins vite perçues que les excitations électriques. La vitesse étant de 0,23 à 0,25 centièmes de seconde pour la pression, et de 0,16 à 0,17 pour l'électricité, ce qui fait une différence d'environ 0,07 centièmes de seconde.

Je regrette vivement de ne pouvoir entrer dans plus de détails sur mes expériences. Je me contenterai d'ajouter quelques mots au sujet de la fusion des sensations.

Chacun sait que si on regarde un objet brillant, l'impression produite sur la rétine ne disparaît pas immédiatement, en sorte que si on prend cet objet et si on l'anime d'un mouvement circulaire rapide, tous les points brillants se confondront et apparaîtront finalement à l'expérimentateur comme un cercle de feu. Cela ne peut s'expliquer que par la persistance dans la rétine de l'impression visuelle. Cette persistance a été calculée par différents auteurs, et elle est évaluée par Helmholtz à environ 1/11° de seconde, ce qui signifie que dans une seconde, on ne pourra voir que onze objets différents. Au delà de cette limite, les sensations deviennent confuses et empiètent les unes sur les autres.

J'ai cherché à mesurer la durée de cette persistance, non pour les sens spéciaux, mais pour la sensibilité générale, et voici comment je procédais.

Deux secousses électriques éloignées l'une de l'autre sont perçues distinctement. Supposons qu'on les rapproche de plus en plus, il arrivera un moment où il n'y aura plus qu'une seule sensation, les deux secousses distinctes, mais rapprochées, étant confondues dans leur perception, tout comme deux objets vus à un très-court intervalle de temps, moins de un onzième de seconde, semblent confondus à la vue. D'après mes recherches, malheureusement encore incomplètes, il me paraît que la persistance est d'environ un vingtième de seconde ; ce qui signifie qu'en une seconde on ne pourrait ressentir plus de vingt secousses distinctes. Je serais tenté de croire, d'une part, que la sensibilité tactile est différente de la sensibilité électrique, d'autre part, que plus l'excitation est forte, plus la fusion se produit vite. Deux excitations faibles seront perçues plus facilement distinctes, que deux excitations fortes séparées par le même intervalle de temps.

D'ailleurs différents auteurs ont étudié cette question : Lissajous et Foucault, Preyer, Wittich (1), Valentin (2), Bloch (3), et plus récemment Lalanne (4). Lalanne a trouvé un maximum de 1/12 de seconde et un minimum de 1/24 de seconde. Bloch est arrivé à un chiffre considérable, et Wittich admet qu'il faut plus de 1500 excitations par seconde pour qu'elles se fusionnent. La divergence des résultats tient probablement en grande partie à la diversité des méthodes employées.

Dans certains cas pathologiques, la vitesse de la sensibilité présente de grandes variations. Ainsi, chez les ataxiques, chez les alcooliques (5), on a noté un retard quelquefois considérable, allant parfois jusqu'à 30 secondes (Romberg).

J'ai communiqué sur ce sujet à la Société de Bio-

(1) *Arch. de Pflüger*, t. II.
(2) *Arch. für physiol. Heilkunde*, t. XI.
(3) *Loc. cit.*
(4) *Comptes-rendus*, 1876, t. I, p. 1314.
(5) Dagonet. *Ann. méd. psych.; De l'alcoolisme au point de vue de l'aliénat.*, 1873, t. IX, p. 187.

Richet. 5

logie un travail sur le retard des ataxiques (1), dont voici les conclusions :

1° Chez les ataxiques, la vitesse de la sensibilité n'est pas constante ;

2° Le retard est d'autant plus grand que l'excitation est plus éloignée de la moelle ;

3° Le retard est d'autant plus grand que l'excitation est plus faible.

Ces faits m'ont permis de comparer les lois de la transmission nerveuse sensitive chez les ataxiques aux lois de l'action réflexe bien étudiées par Rosenthal. En effet, par suite de la destruction des cordons postérieurs, les impressions sensitives passent toutes par la substance grise de la moelle, et la conduction dans les cellules nerveuses n'est pas identique à la conduction dans les fibres nerveuses. Aussi ai-je rejeté l'hypothèse suivant laquelle le retard serait dû non pas à la moelle, mais au nerf lui-même, hypothèse qu'on aurait été tenté d'adopter tout d'abord en voyant le retard croître avec la distance qui sépare le nerf des centres.

Dans quel sens se fait la transmission sensitive ? Il semblerait logique de n'admettre que le sens centripète, et pourtant nous avons vu dans le chapitre premier que pour les nerfs de moyen calibre, ce courant nerveux se produisait également en haut et en bas. L'étude des variations électriques du nerf conduit à un même résultat, comme aussi l'examen de certains faits pathologiques de la greffe animale. Par exemple, Paul Bert (2) a démontré

(1) Cette note a été publiée dans la *Gaz. méd.*, juillet et août 1876. On en trouvera un compte-rendu sommaire dans la *Gaz. hebd.*, juin 1876.

(2) *De la vitalité des tissus.* Th. de doctorat ès sciences, 1866.

que si on greffait une queue de rat encore vivante sous la
peau d'un rat, la portion séparée ne mourait pas, qu'elle
reprenait rapidement sa sensibilité, et que c'était le bout
de la queue qui était le plus sensible

On a aussi constaté (1) dans un certain nombre de cas,
qu'après la séparation complète d'une portion quelconque
du corps d'un individu, si on appliquait exactement sur la
plaie la portion séparée, la réunion primitive ne tardait
pas à se faire. Dans ce cas, si la sensibilité revient, c'est
que les nerfs se régénèrent simplement : la circulation nerveuse se rétablit par seconde intention, de la même manière
que la circulation sanguine.

CHAPITRE III.

DES EFFETS DU COURANT NERVEUX SENSITIF.

Le principal effet du courant nerveux centripète, est de
déterminer l'excitation des centres avec lesquels les nerfs
sont en rapport.

Quoique les résultats diffèrent avec la nature même des
centres excités, le mécanisme est toujours le même ; c'est
une excitation nerveuse périphérique, qui met en jeu des
centres soit percepteurs, soit moteurs ; et alors elle produit, soit une perception, soit une action réflexe.

(1) Friedberg, *Rétablissement de la sensibilité dans les lambeaux ana*
plastiques (*Arch. de Virchow*, 1858, t. XVI, p. 540).

Georges Martin. Th. inaug., Paris, 1873. *De a durée de vitalité des*
tissus dans les transplantations cutanées.

Quant aux différentes perceptions, elles ne peuvent tenir au mode d'excitation du nerf, mais à la nature même des centres percepteurs. Ainsi l'excitation du nerf optique produit une sensation lumineuse ; et, la spécificité de cette sensation est due, non au nerf optique, mais aux centres optiques excités.

Nous reviendrons sur ce point dans la seconde partie. Pour le moment, envisageons l'effet d'une excitation simple portant sur un tronc nerveux sensitif.

Trois cas peuvent se présenter :

1° Si le nerf est séparé des centres, il n'y aura aucun effet de produit, à moins qu'il n'y ait des anastomoses telles que le tronc nerveux sectionné soit encore en rapport avec des troncs nerveux intacts, et qu'il y ait par là conduction de la sensibilité.

2° Si le nerf est en rapport avec la moelle, et que la moelle soit séparée des centres, il n'y aura pas perception; au moins tout nous porte à croire qu'il en est ainsi. Mais, si la moelle est intacte, et si l'excitation est suffisante, il y aura action réflexe. Les nerfs de certains organes, du pharynx, du larynx, de la cornée, du rectum, de la vessie sont très-remarquables à ce point de vue, leur excitation par une cause quelconque produit un réflexe immédiat perçu ou non perçu, et il semble que l'énergie de cette action réflexe, dont le cerveau a plus ou moins conscience, et qu'il ne peut souvent pas empêcher, soit la cause de la soi-disant spécificité de ses sensations. L'anatomie a démontré formellement que dans tous ces cas, les noyaux d'origine des nerfs sensitifs et des nerfs moteurs étaient très-rapprochés : il n'est donc pas étonnant que l'excitation des premiers détermine l'excitation des seconds.

D'ailleurs, dans certaines conditions, les nerfs de la sensibilité générale donnent lieu à des réflexes énergiques, par exemple, le spasme dit traumatique, certaines contractures, et cette maladie bizarre qu'on peut provoquer par l'expérimentation, appelée épilepsie spinale. Brown-Séquard, qui a fait sur ce sujet de si belles expériences, a même constaté que dans les régions dites *épileptogènes*, là où l'excitation périphérique provoquait par un réflexe immédiat la contracture spasmodique de plusieurs groupes de muscles, il y avait anesthésie (1). C'est assez indiquer que la conduction de la sensibilité n'était pas entravée de la périphérie à la moelle, mais que de la moelle au cerveau la conduction était troublée.

3° Les centres nerveux sont intacts, et le tronc nerveux étant excité, il y a perception.

C'est le cas le plus général, et aussi celui qu'il nous importe le plus de connaître. Il convient d'insister sur quelques particularités, car elle nous donnera l'explication de certains faits délicats et obscurs.

A l'état normal, les sensations qui nous viennent de la périphérie sont presque nulles ; c'est un sentiment musculaire trop vague pour être précisé, et même sur l'existence duquel il y aurait lieu d'émettre quelques doutes.

Au contraire, l'excitation d'un tronc nerveux, soit par l'électricité, soit par une contusion, une compression, soit par toute autre cause, nous donne des sensations particulières plus ou moins fortes, selon le degré de l'excitation elle-même.

Lorsque l'excitation est légère, la sensation produite est une sensation *d'engourdissement*.

(1) *Arch. de physiolog.*, 1869, t. II, p. 430.

En général, on croit que l'engourdissement est un phénomène d'anesthésie, mais il me semble qu'il y a là une erreur évidente. L'engourdissement est une sensation de gêne, de pesanteur, de souffrance qu'il est impossible de confondre avec l'insensibilité, puisque on éprouve des sensations pénibles, là où à l'état normal on n'éprouve rien. Quand, le nerf cubital n'est pas excité, nous ne sentons rien dans l'avant-bras ; au contraire, que ce même nerf soit légèrement comprimé, nous aurons une sensation de pesanteur, de fatigue, en un mot d'engourdissement qui occupera tout l'avant-bras : or, cette sensation ne peut être attribuée à l'inactivité du nerf, ce n'est pas une diminution, c'est une exagération de fonction.

Ce qui a pu faire regarder à tort l'engourdissement comme un des premiers degrés de l'anesthésie, c'est que souvent il coïncide avec un commencement d'anesthésie tactile, mais il faut faire ici une distinction fondamentale entre la sensibilité générale et la sensibilité tactile.

La sensibilité générale peut être surexcitée, la sensibilité tactile ne peut pas l'être. Pour le toucher, l'état normal réalise les meilleures conditions, et pour peu qu'il y ait hyperesthésie du sentiment, il y a diminution de la sensibilité tactile.

Que faut-il en effet pour qu'il y ait une perception tactile exacte et complète ? Deux conditions sont nécessaires, il faut que la transmission soit intacte, c'est-à-dire qu'il n'y ait pas d'anesthésie nerveuse, mais il faut aussi que la transmission ne soit pas exagérée, et qu'il n'y ait pas d'hyperesthésie nerveuse. Dans le dernier cas aussi bien que dans le premier, il y a anesthésie tactile.

Éclairons par des faits ce que ces considérations peuvent avoir d'obscur.

Quand on fait l'anhémie d'un membre par la compression avec la bande élastique, l'excitation du nerf précède sa paralysie, et l'engourdissement et les fourmillements sont les premiers symptômes de cette excitation. A un moment, il y a une hypéresthésie telle que le moindre contact produit des fourmillements très-désagréables. Chacun a pu observer sur soi des phénomènes analogues. A la période des fourmillements, le moindre contact devient une irritation générale, et la sensation, quoique forte, est tellement vague, que l'on ne perçoit plus rien de précis, en sorte que l'hypéresthésie du nerf est aussi funeste à la perfection de la sensation tactile que son anesthésie.

J'ai vu une femme atteinte d'un cancer du sein avec adénopathie symptomatique dans l'aisselle. Elle était sujette à des phénomènes bizarres que M. Verneuil attribua à une rétention lymphatique. Le bras devenait rouge, douloureux, et superficiellement œdématié. Il suffisait de toucher légèrement un point de la peau pour la faire souffrir, et pourtant elle disait qu'elle avait le bras *engourdi*; et en effet, elle ne sentait pas le contact léger avec netteté, et ne pouvait bien distinguer l'écartement des pointes de l'esthésiomètre; chaque fois qu'on la touchait, c'était, suivant son expression, comme une traînée de feu.

Tout récemment, j'ai vu à la consultation de la Pitié une femme atteinte de névralgie traumatique d'un doigt. Le moindre contact était douloureux, et pourtant elle disait qu'elle ne sentait pas bien, et qu'elle avait le doigt comme engourdi. N'est-ce pas là un fait évident d'hyperesthésie nerveuse produisant de l'anesthésie tactile?

Ainsi la conséquence de l'excitabilité exagérée d'un nerf se traduira d'abord par une sensation d'engourdissement liée à un certain degré d'anesthésie tactile. D'ailleurs la trop grande excitabilité du tronc nerveux s'accorde à merveille avec la diminution d'excitabilité de ses rameaux. Nous verrons en effet, lorsque nous étudierons la manière dont meurt le nerf sensitif, qu'il meurt de la périphérie aux centres ; en sorte que le nerf est encore surexcité dans son tronc, quand déjà il est paralysé dans ses rameaux.

Le fourmillement est un degré de plus dans l'excitabilité du nerf, et il y a une limite qu'il est impossible de préciser entre l'engourdissement et le fourmillement. Il semble qu'on ait des *fourmis* dans le membre, ou mieux une infinité de piqûres d'épingle excitant toutes les branches et tous les ramuscules du tronc nerveux excité. La compression d'un nerf produit ce phénomène , et l'électrisation aussi. Cela s'explique parfaitement ; car l'excitation qui porte sur un tronc nerveux est toujours rapportée par le jugement sensitif à la périphérie du nerf. Or on ne peut par l'électrisation et la compression produire la sensation tactile, car cette sensation dépend de la structure de la peau.

Il n'est pas douteux que la perception nette et distincte des différents modes de sensation, et le toucher avec toutes ses variétés, pression, rudesse et résistance des corps, étendue, température, etc., ne soient intimement liées à la nature des organes nerveux périphériques situés dans le derme. De même que l'excitation du nerf optique ne donnera pas la sensation visuelle d'un paysage ou d'une maison, mais produira simplement des phosphènes, de même l'excitation d'un nerf ne produira pas de sensation tactile, mais donnera un sentiment d'irritabilité générale, telle qu'en pourrait faire naître un millier de petites piqûres d'épingle allant irriter toutes les parties de la peau.

Aussi croyons-nous peut-être contraire à la vérité d'admettre une *hypéresthésie tactile* (1). Les aveugles ont une plus grande finesse du toucher, mais ce n'est pas de l'hypéresthésie, ils touchent mieux, ils entendent mieux, mais c'est la perception qui est plus parfaite, et non l'excitabilité nerveuse plus développée. Nous avons souvent cherché avec l'esthésiomètre à constater de l'hypéresthésie tactile, et nous n'en avons jamais rencontré.

Au contraire, quand un membre est hypéresthésié, la sensation tactile perd de sa finesse, tout comme un individu que la lumière vive fait souffrir n'a pas pour cela des sensations visuelles plus nettes. La photophobie n'est pas une bonne condition pour la vision. L'hypéresthésie, les névralgies, les phlegmasies de la peau sont de détestables conditions pour le toucher.

Nous pouvons donc regarder comme acquises ces deux propositions sur lesquelles nous ne reviendrons pas, mais qui auront de fréquentes applications dans le cours de ce travail.

A. L'excitation faible d'un tronc nerveux produit une sensation d'engourdissement : quand elle est un peu plus forte, elle produit une sensation de fourmillement.

B. L'excitabilité exagérée d'un tronc nerveux entraîne de l'anesthésie tactile ; et l'hypéresthésie tactile n'existe pas.

(1) Brown Séquard. *Bull. de la Soc. de biol.*, 1849, p. 162. — Michéa. *Gaz. des hôp.*, 1859, p. 437.

Cet engourdissement, ce fourmillement ne sont que des sensations produites par des excitations faibles. Si l'excitation est plus forte, la sensation perçue sera presque douloureuse. Pour s'en faire une idée, il suffit de s'électriser soi-même, et de faire passer le courant par un tronc nerveux : il semblera alors qu'un millier d'étincelles partent de tous les points de la peau, et en même temps qu'un trait de feu traverse le nerf : c'est ce que je proposerais d'appeler le *scintillement*, qui n'est à proprement parler pas une douleur, mais qui s'en rapproche par son intensité.

Quand l'excitant est très-puissant, la sensation devient très-intense, et la violente irritation du nerf produit de la douleur. Les différents modes de sensations produites par une douleur forte ne sont pas aussi variables qu'on le croirait tout d'abord, et on pourrait presque les ramener à trois ou quatre formes. C'est tantôt un sentiment de brûlure (causalgie de Weir Mitchell) intense, tantôt un sentiment de déchirement, de rongement, que les malades expriment à peu près toujours de la même manière : c'est *comme si les chiens me rongeaient*. Quelquefois c'est une sorte de torsion, de pression, comme si on tordait les os, ou si on les brisait à coups de marteau : quelquefois encore ce sont des éclairs de feu, des coups de lance qui traversent le nerf, et en général, les douleurs des ataxiques, dues aux lésions médullaires, prennent l'une ou l'autre de ces deux formes.

Ainsi l'excitation d'un tronc nerveux produit différentes sensations qui varient avec l'intensité même de l'excitation : engourdissement, fourmillement, scintillement, douleur. Je n'ai pas besoin de dire que la distinction précise entre ces quatre degrés serait purement artificielle, et qu'il

ne faut les considérer que comme des procédés de description, et non comme des classes naturelles.

L'étude de ces sensations quelquefois négligée par les
pathologistes aurait de grands avantages. D'abord elle
nous renseignerait sur un point de physiologie que les
vivisections ne sauraient éclairer, en second lieu, elle four-
nirait, pour le diagnostic et le pronostic des maladies, des
notions souvent précieuses.

On a en effet l'occasion de les étudier dans un grand
nombre de cas, et presque toujours les malades les décrivent complaisamment, leur maladie étant l'objet de toute
leur attention. Ceux qui ont des tumeurs voisines des nerfs,
fibrômes, sarcômes, fibronévrômes, etc., des névralgies, des affections de la moelle, sont dans ce cas: et les des-
criptions symptomatiques données par les malades s'ac-
corderaient sans doute avec les faits de la physiologie.

Chez les ataxiques, les douleurs fulgurantes, les traits
de feu, les fourmillements sont les conséquences de la
myélite postérieure qui produit des sensations analogues
à celles que provoque l'excitation directe d'un nerf. Il en
est ainsi des autres myélites. J'ai vu cette année, à la
Pitié, un malade qui à la suite d'une fracture de la colonne vertébrale, éprouva pendant cinq semaines des élancements qu'il comparait à des *coups d'électricité* et qui durèrent sans relâche pendant tout ce temps. Un autre malade,
atteint de lympho-sarcôme du cou, ne ressentait rien
quand il restait immobile. Mais dès qu'il remuait la tête,
immédiatement des douleurs fulgurantes lui traversaient
le cou. Ces douleurs étaient telles que, pour les éviter, il
essayait de ne pas dormir, les mouvements involontaires
qu'il faisait pendant le sommeil lui causant une douleur

atroce. Un autre malade, atteint de névrôme du creux poplité ne souffrait pas quand il était couché , mais dès qu'il était levé, la tumeur comprimée par l'aponévrose sous laquelle elle était située, pressait le nerf et produisait un sentiment d'engourdissement et de fatigue générale. Si on pressait sur la tumeur, c'était, disait-il, comme *un coup d'électricité* ; et cela lui donnait des *frémis* dans le pied. Cependant la sensation tactile était très-confuse, et il distinguait mal les pointes de l'esthésiomètre.

J'ai trouvé une observation remarquable de Brachet (1), prise sur lui-même, et qui décrit bien ces phénomènes.

A la suite d'une plaie du poignet qui avait coupé le nerf cubital, il eut d'abord de l'anesthésie, puis des fourmillements incommodes, puis la partie interne de la main devint douloureuse au toucher: le moindre contact était comme celui d'un fer rouge, ou semblable à ce qu'on éprouve sur la surface fraîchement dénudée d'un vésicatoire, et cependant les doigts conservaient de l'engourdissement. Au bout de quelque temps, la sensation devint moins vive, il lui semblait toujours qu'on touchait la surface vive d'un vésicatoire, mais recouverte d'un léger parchemin. A la paume de la main, la percussion de l'éminence hypo—thénar produisait une sensation semblable à une secousse électrique.

Il est inutile d'ajouter que l'intensité de ces sensations n'est pas seulement en rapport avec l'intensité de l'excitation, mais que l'état physiologique du nerf joue un rôle prépondérant, dont il faut tenir grand compte. S'il y a hyperesthésie, la moindre excitation provoquera une sen-

(1) *Traité de l'hypochondrie*, p. 310.

sation forte : ce sera le contraire, s'il y a anesthésie, même partielle. Ainsi, dans le cas de Bréchet rapporté plus haut, l'excitation était très-faible, mais la sensation était forte, par suite de l'état du nerf hypéresthésié. Chez une personne saine, le choc de l'éminence hypothénar excite le cubital modérément; il y a sensation factile nette, mais il n'y a ni engourdissement, ni fourmillement; chez Brachet. dont le cubital était hypéresthésié, cette faible excitation devenait l'origine d'une sensation confuse au point de vue tactile, intense au point de vue sensitif. Je compte revenir plus loin sur ces modifications que l'hypéresthésie d'un nerf amène dans les perceptions sensitives.

L'excitation des nerfs ou des centres nerveux medullaires produit encore d'autres sensations, des bouffées de froid ou de chaleur, des démangeaisons, des chatouillement, toutes sensations répondant exactement aux sensations que nous éprouvons normalement par suite de l'excitation de la périphérie.

Ainsi chez les ataxiques, rien n'sst plus fréquent que les bouffées de chaleur succédant à des bouffées de froid ; de même, chez les malades atteints de tumeurs qui avoisinent les nerfs ou la moëlle ; de même aussi chez les amputés. Au contraire les sensations de démangeaison et de chatouillement sont plus rares, et on ne les observe guère à la suite des lésions de nerfs volumineux. Il semble que ces deux sensations soient le privilége des petits ramuscules nerveux en voie de réparation. Cependant, entre ces sensations et le fourmillement proprement dit, il y a une série de nuances et de transitions impossibles à saisir, en sorte qu'on est forcé de les admettre comme des modalites peu étudiées encore à ce point de vue du fourmillement et du scintillement.

Il y a donc entre toutes les sensations produites par l'excitation des nerfs une chaîne ininterrompue. L'engourdissement, les bouffées de froid et de chaleur, le fourmillement, le scintillement, la démangeaison, le chatouillement étant tous symptômes de cette excitation nerveuse. Ces sensations ne sont pas douloureuses, mais elle peuvent le devenir. Il suffit pour cela que l'excitation soit plus forte ou simplement longtemps prolongée. D'abord tolérables, elles finissent par devenir douloureuses, et on ne saurait dire à quel moment précis commence la douleur.

Le point sur lequel je voudrais insister en dernier lieu, est l'absence complète de sensation tactile. Ce point est intéressant, car il peut contribuer à nous faire connaître un des éléments du sens du toucher. Rien n'est plus avantageux pour cette étude que l'analyse des sensations éprouvées par les malades auxquels a été faite une amputation. Cette analyse est aussi des plus curieuses et des plus instructives pour les fonctions sensitives des nerfs. En effet, la section d'un nerf ne fait pas disparaître la notion de l'existence des parties auxquelles il se distribuait. C'est un fait très-anciennement connu, et j'ai trouvé dans les archives de Reichert (1) une note de du Bois Reymond qui cite un passage de Descartes (Principes de la philosophie) qu'il n'est pas sans intérêt de reproduire ici. « On avait coutume de bander les yeux à une jeune fille, lorsque le chirurgien la venait panser d'un mal qu'elle avait à la main, et on fut contraint de lui couper jusques à la moitié du bras, ce

(1) 1872, p. 760.

qu'on fit sans l'en avertir : on lui attacha plusieurs linges, en sorte qu'elle demeura amputée sans le savoir ; elle ne laissait pas cependant d'avoir diverses douleurs, qu'elle pensait être dans la main qu'elle n'avait plus, et de se plaindre de ce qu'elle sentait, tantôt en l'un de ses doigts, tantôt en l'autre, de quoi on ne saurait donner d'autre raison, sinon que les nerfs de sa main qui finissaient alors vers le coude y étaient mûs de la même façon qu'ils auraient dû être auparavant dans les extrémités de ses doigts pour faire avoir à l'âme, dans le cerveau, le sentiment de semblables douleurs. »

Cette illusion sensitive par laquelle on rapporte à un membre les excitations du nerf qui se distribuait à ce membre est maintenant très-bien connue, et elle peut produire des effets fort bizarres (1).

J'ai interrogé souvent des malheureux à qui on venait de faire des amputations soit de la cuisse, soit de la jambe, et tous me faisaient à peu près la même réponse. Ils sentaient des chatouillements intolérables, comme si on leur enfonçait des épingles dans le membre disparu. L'attouchement de la plaie leur produisait le même effet. Cela leur *répondait* dans tout le pied.

Pendant les premiers jours, à ces phénomènes se joignait une sensation bizarre d'activité musculaire. Le pied se portait tantôt en bas, tantôt en haut, et parfois il leur semblait avoir des crampes dans les orteils qui se fléchissaient brusquement, cette crampe étant extrêmement douloureuse. Le fait est important à noter, car il semble dé-

_____

(1) Rizet. *Gaz. méd. de Paris*, 1861. — Guéniot. *Journ. de physiologie*, t. IV.

montrer l'existence de nerfs spécialement affectés à la sensibilité musculaire. Quelquefois les orteils se fléchissaient et se courbaient l'un sur l'autre, au moins d'après le dire des malades, quelquefois encore c'étaient des bouffées de chaleur ou de froid.

Mais ce qui est caractéristique, c'est que les amputés sentent leur membre, et ne sentent pas de contact. Ainsi il leur semble tantôt que le pied est en dehors du lit, et alors instinctivement ils sont tentés de ramener leur couverture pour recouvrir le pied absent, tantôt il leur paraît qu'il y a un trou dans le lit, et que la jambe pend par ce trou et se balance. Une femme amputée de la cuisse pour un ostéosarcôme du fémur, a eu cette sensation pendant près d'un mois, et elle lui était devenue extrêmement désagréable.

D'un autre côté Weir Mitchell a eu l'idée fort ingénieuse (1) d'électriser les moignons de ses malades, et il produisait des sensations surtout musculaires, et aussi des fourmillements et des engourdissements.

Ainsi remarquons bien ce fait, c'est que l'excitation d'un tronc nerveux donne toutes les sensations sauf une seule, la sensation de contact. Chaleurs, fourmillements, engourdissement, activité musculaire, toutes ces sensibilités sont éveillées par l'irritation du nerf, de même aussi la sensation de la présence du membre, mais du membre perdu dans le vide et flottant dans l'espace.

La conclusion est simple et importante. La sensation de contact et le toucher ne peuvent pas être provoqués par l'excitation d'un tronc sensitif, car il manque une

(1) *Loc. cit.* p. 393.

condition essentielle, l'irritation périphérique des appareils terminaux. De même, pour revenir à une comparaison faite plus haut, que l'irritation du nerf optique ne donne pas la vue d'un paysage, de même l'irritation d'un nerf de sensibilité générale ne donne pas la sensation de contact. Pour qu'il y ait vue d'un objet ou contact d'un objet, il faut que ces objets excitent non pas le nerf lui-même, mais les terminaisons nerveuses, qui modifient d'une manière inconnue encore l'excitation périphérique. L'expérience déjà citée de Volkmann ne laisse aucun doute à cet égard.

Résumons maintenant les principales données éparses dans ces trois premiers chapitres.

1° La sensibilité est une excitation cérébrale provoquée par l'excitation d'un nerf centripète ou de la moelle.

2° Le courant nerveux centripète ou sensitif considéré dans un nerf n'a de sens nettement défini que dans les nerfs d'un certain volume ; dans les ramuscules nerveux terminaux, le courant nerveux sensitif se propage également dans l'un et l'autre sens, ainsi que le démontre l'existence de la sensibilité récurrente, d'autant plus manifeste que les nerfs sont plus petits.

3° La cause de l'excitabilité d'un nerf sensitif est dans un changement d'état brusque de ce nerf. Les nerfs sensitifs sont particulièrement excitables par le contact des objets, ce qui tient sans contredit au renforcement que donnent à l'excitation mécanique les appareils terminaux de la périphérie, dont la fonction est encore très-obscure.

4° La vitesse des nerfs sensitifs est plus grande que celle

des nerfs moteurs. Cette vitesse est ralentie par la compression. Chez les ataxiques, elle n'est pas constante, et elle est en rapport direct avec l'intensité de l'excitation.

5° L'excitation d'un nerf donne des phénomènes tels que l'engourdissement, le fourmillement, (démangeaison et chatouillement), le scintillement, la douleur aiguë, les bouffées de froid et de chaud ; mais ne peut donner la sensation de contact qui nécessite la mise en jeu des corpuscules nerveux terminaux.

CHAPITRE IV.

DES ANESTHÉSIES, DES ANALGÉSIES, ET DES HYPOALGÉSIES PÉRIPHÉRIQUES.

On appelle anesthésie la privation de sensibilité d'un tissu ou d'une région, ou d'un organe.

Lorsque la sensibilité tactile est conservée, mais que la sensibilité à la douleur est abolie, on dit que c'est une analgésie ou anesthésie à la douleur.

Il m'a semblé qu'il y avait lieu d'employer un mot spécial pour exprimer soit une insensibilité relative à la douleur, soit la sédation d'une douleur pathologique : le mot hypoalgésie est un néologisme dont je m'excuse sincèrement. Mais il me servira dans le cours de cette étude, et je pense qu'on pourra l'employer avec avantage pour désigner cet état d'engourdissement à la sensibilité douloureuse et cette analgésie incomplète qu'on cherche à obtenir pour calmer les douleurs pathologiques.

Prenons quelques exemples :

Lorsqu'un individu est chloroformé et ne sent plus rien, ni le contact ni la douleur, c'est de l'anesthésie ;

Lorsqu'une hystérique a conservé le sens du toucher, mais ne perçoit plus d'excitations douloureuses, c'est de l'analgésie;

Lorsqu'un ataxique, tout en percevant les sensations tactiles, n'éprouve à la brûlure ou au pincement que de vagues sensations douloureuses, c'est de l'hypoalgésie.

Dans les trois cas, qui ne sont que des modalités d'un même phénomène, une diminution d'excitabilité, la cause primitive est dans les centres nerveux. Ce sont des anesthésies *centrales*.

Nous dirons donc que lorsque l'anesthésie reconnaît pour cause un trouble fonctionnel ou organique du cerveau ou de la moelle épinière, elle est *centrale*.

Lorsque la cause est un trouble fonctionnel ou organique, soit des troncs nerveux, soit des extrémités nerveuses microscopiques, nous dirons que l'anesthésie es *périphérique*.

Nous traiterons dans la seconde partie des anesthésies centrales plus importantes et plus complexes que les anesthésies périphériques. Pour le moment nous ne nous occuperons que de ces dernières.

Nous ne savons presque rien sur les anesthésies periphériques autres que celles de la peau,

Celles-ci reconnaissent plusieurs causes :

1° La section, la destruction, la commotion, la compression d'un ou de plusieurs troncs nerveux ;

2° Le contact de la peau avec certaines substances dites stupéfiantes ;

3° Le froid ;

4° La privation de sang ;

5° Certaines lésions mal déterminées des dernières radicules nerveuses et consécutives à des altérations pathologiques de la peau.

§ 1. — *Lésion des troncs nerveux.*

Nous avons dit plus haut quels étaient les effets de la section ou de la destruction d'un tronc nerveux, nous n'avons donc pas à y revenir. Mais, sans que la continuité du nerf soit interrompue, s'il est, par une cause quelconque, fortement ou longtemps comprimé, la région innervée par le nerf comprimé devient après des vicissitudes variables anesthésique et analgésique.

L'étude de la compression nerveuse et de ses phénomènes est fort intéressante : en effet, c'est la seule expérience qu'on puisse faire sur soi-même, pour apprécier la marche de la perte d'excitabilité des nerfs.

Au point de vue pathologique, la question de la compression des nerfs a aussi un certain intérêt; car dans beaucoup de cas de paralysies, la compression paraît jouer un rôle important.

Examinons d'abord les faits physiologiques.

Vulpian et Bastien (1) ont les premiers étudié les effets

(1) *Comptes rendus de l'Acad. des sciences*, 1855, t. XLI, p. 1009.

de la compression des nerfs en expérimentant sur eux-mêmes, et ils ont obtenu des résultats constants.

Ils distinguent deux périodes : une période de progrès, et une période de décroissance. Dans la période de progrès ou d'augment, ils ont reconnu quatre stades : un premier stade de fourmillements ; un deuxième intermédiaire de retour à l'état normal ; un troisième d'hypéresthésie ; un quatrième d'anesthésie tactile et musculaire. Le stade intermédiaire est très-irrégulier, ce qui tient sans doute à la difficulté d'agir toujours dans les mêmes conditions. Quant au dernier stade, c'est-à-dire à l'anesthésie totale, il est précédé d'une période d'hypéresthésie qui est souvent assez longue. Toutes les sensibilités distinctes, de tact, de température, de chatouillement, s'exaltent isolément et finissent aussi par disparaître isolément. L'hypéresthésie comme l'anesthésie va des parties superficielles aux parties profondes, et le contact des corps froids cause parfois des sensations de brûlure.

La période de déclin est caractérisée par des phénomènes identiques qui ont lieu seulement en sens inverse, un stade d'anesthésie, un stade d'hypéresthésie, un stade intermédiaire et un stade de fourmillements. Ce dernier est très-compliqué et commence par une invasion rapide et centrifuge de froid, suivie d'une sensation de vague malaise qui semble remonter jusqu'aux centres (?). C'est seulement alors que se manifestent les fourmillements.

En tout cas, les auteurs ont remarqué que les troubles portaient d'abord sur le nerf sensitif et que le nerf moteur n'était atteint que beaucoup plus tard.

Malheureusement ils n'indiquent pas le procédé qu'ils

ont employé, de sorte qu'il est difficile de reproduire ces phénomènes d'une manière exactement semblable.

C'est sans doute la raison qui fait, qu'expérimentant sur nous-mêmes, nous n'avons pas pu constater tout à fait les mêmes symptômes.

Nous nous sommes servis d'une bande élastique en caoutchouc qui comprimait fortement le membre duquel d'ailleurs le sang avait été chassé, mais incomplètement, par une légère compression; et nos résultats concordent avec ceux qui ont été donnés par différents auteurs et notamment par Soulié (1), Krishaber (2), Laborde (3).

En somme, dans ces conditions, surtout si on a soin de laisser une certaine quantité de sang dans le membre, ce n'est pas à l'anhémie qu'il faut attribuer les troubles de la sensibilité, mais à la compression même du nerf; car l'expérimentation montre que les phénomènes nerveux de l'anhémie sans compression ne surviennent que trente-cinq à quarante minutes après la suppression du sang.

Si l'on emploie une très-forte compression, on peut obtenir l'anesthésie. D'après les expériences de Laborde et Morel, on voit survenir différentes périodes : une première période d'anesthésie qui est très-courte et ne dure guère que trois minutes; une deuxième période de retour à l'état normal, plus passagère encore; une troisième période d'hypéresthésie, et enfin une quatrième qui est l'anesthésie.

Si l'on veut constater sur soi-même les effets de la

(1) Th. inaug. *Contribution à l'application de l'appareil d'Esmarch.* Paris, 1874, p. 21 et suiv.

(2) *Bull. de la Soc. de chirurgie*, mai 1874.

bande élastique, on ne peut se servir d'une compression aussi forte qui est très-douloureuse, et c'est sans doute à cette différence dans le degré de compression qu'il faut attribuer la divergence entre mes observations et celles de Laborde et Morel. D'ailleurs il est des phénomènes et des sensations subjectives que les expériences sur des animaux ne peuvent guère éclairer.

Il est assez difficile de classer les phénomènes en périodes bien nettes, car ils s'enchevêtrent pour ainsi dire ; il est donc nécessaire de prendre pour classer ces périodes le symptôme dominant, qui n'est pas toujours facile à dégager clairement.

La première période est caractérisée par une sensation générale dans le membre comprimé d'engourdissement, auquel se mêlent des bouffées de froid ou de chaleur. Elle est plus ou moins longue selon le degré de compression.

La seconde période est caractérisée par des fourmillements. Ces fourmillements, ainsi que nous l'avons dit plus haut, ne sont en somme qu'un phénomène d'hyperesthésie. Ils portent surtout sur l'extrémité des orteils : dès qu'on touche le mollet ou le genou, ils s'accentuent, non pas dans la partie touchée, mais dans les orteils.

La troisième période est l'hyperesthésie tactile et l'hyperesthésie à la température, ou thermohyperesthésie ; peu à peu, l'hyperesthésie tactile disparaît pour faire place à l'anesthésie, tandis que la thermohyperesthésie continue à augmenter. Le moindre contact produit une sensation de brûlure ; la pression produit le même effet. Un corps très-froid produit la sensation de froid ; mais cette sensation est très-pénible. Il m'a semblé qu'elle était retardée.

Cependant le fait aurait peut-être besoin d'être encore vérifié.

D'ailleurs cette troisième période est tout à fait identique à celle que Vulpian a constatée, et Soulié l'a aussi retrouvée.

La quatrième période est caractérisée par l'anesthésie complète des parties superficielles; ni le contact, ni la chaleur ne sont perçus. Mais la sensibilité à la douleur des parties profondes persiste encore, et une épingle qu'on ne sent pas si on la promène sur la peau, cause une sensation douloureuse dès qu'on l'enfonce au-delà du derme. Le sens musculaire est aussi à peu près complètement aboli.

Cette classification ne diffère que peu de la classification adoptée par Vulpian et Bastien. Mais pour la période de déclin, les résultats sont plus différents. Il nous a semblé qu'il n'y avait guère qu'une seule période, celle de sensation de froid très-intense, et de fourmillements beaucoup plus marqués que dans la période d'augment.

Les recherches de Waller (1) et celles de Weir Mitchell (2) ne sont pas plus explicites, et les faits nouveaux apportés par eux ne sont que des faits de détail ayant trait surtout à la durée relative des périodes. Toutefois je mentionnerai l'expérience de Weir Mitchell qui, quoique faite sur le nerf moteur, n'en est pas moins digne d'intérêt. Il prend un sciatique de lapin qu'il excite à des intervalles réguliers. Chaque fois que le nerf est excité, il y a une contraction dans le muscle. Le nerf est

(1) *Proceed. London Royal society*, mai 1862, p. 80.
(2) *Des lésions des nerfs*, trad. franç., 1874, p. 116.

plongé lui-même dans un petit ballon rempli de mercure, et en passant d'une paroi à l'autre du ballon le nerf traverse le mercure. Si on augmente la charge du mercure, le nerf sera graduellement et de plus en plus comprimé. Une compression par la pression de 50 centimètres de mercure, pendant dix secondes de durée, interrompt la conduction nerveuse. Mais si on cesse de maintenir la pression, le nerf au bout d'une demi-minute reprenait ses propriétés normales.

Pour résumer, nous dirons que dans la compression des nerfs les faits les plus intéressants sont :

L'hyperesthésie précédant l'anesthésie ;

Les différentes sensibilités s'exaltant ou se paralysant isolément ;

La progression, tant de l'hyperesthésie que de l'anesthésie, allant des extrémités du membre à sa racine et de la surface cutanée aux parties profondes ;

Le retour rapide des fonctions après la suppression de la cause qui a amené leur paralysie ;

La persistance et l'intensité de la thermohyperesthésie.

Nous aurons d'ailleurs à revenir plus tard avec détail sur la signification d'un certain nombre de ces faits. — Notons seulement encore ce phénomène étrange de l'anxiété et de l'agitation générales qui surviennent pendant une compression nerveuse énergique, et l'insensibilité des parties superficielles de la peau précédant de beaucoup l'insensibilité des parties profondes.

Dans la pathologie des nerfs, la compression joue un rôle qu'on a peut-être exagéré, si on veut nettement la séparer de la contusion. En somme, par compression, nous entendons qu'il n'y a pas d'altération matérielle du nerf,

qui détermine une névrite. Que les phénomènes de la névrite se rapprochent plus ou moins des phénomènes de la
compression, cela est évident, mais ce n'est pas cependant
la même chose, et il est dans la plupart des cas assez dif
ficile de les distinguer.

La compression peut survenir de bien des manières différentes. La tête luxée d'un os, de l'humérus, principalement (1), l'usage des béquilles chez les amputés (2), des anses de fer des porteurs d'eau (3), une bretelle (4), la pression
de la tête reposant sur l'avant-bras pendant le sommeil (5),
une des branches du forceps dans l'accouchement (6) sont
des causes de compression moins fréquentes qu'on le croirait au premier abord, mais qui cependant ont été bien
étudiées par les pathologistes. Ce qu'il y a de remarquable,
c'est que les troubles fonctionnels ont lieu bien plutôt du
côté du mouvement que de la sensibilité, en sorte qu'il
pourrait sembler y avoir là désaccord entre les faits pathologiques et les expériences de Vulpian. Mais ce désaccord
n'est qu'apparent. En effet, pour toutes ces compressions,

(1) Empis. *Paralysies du membre supérieur à la suite de luxations du
bras.* Th. inaug. Paris, 1850. — Duchenne de Boulogne. *De l'électrisation
localisée,* 3ᵉ édit., p. 311 et suiv.

(2) Laféron. *Recherches sur la paralysie des nerfs du plexus brachial*
Th. inaug. Paris, 1868. — Verneuil. *Gaz. hebd.,* 1866, p. 233. — Hérard
Gaz. des hôpitaux, 1865, p. 381.

(3) Bachon. *Recueil de méd. de chirurgie et de pharmacie militaires*
avril 1864.

(4) Guénot. *Paralysie consécutive à la compression.* Th. inaug. Paris,
1872, p. 9.

(5) Panas. *Mém. de l'Acad. de méd.,* 1871.

(6) Landouzy. *Essai sur l'hémiplégie faciale chez les nouveau-nés.* Th.
inaug. Paris, 1839. — Danyau. *Bull. de la Soc. de chir.,* 1851, p. 148. —
Guéniot. *Ibid.,* 1867, p. 34.

ce ne sont pas tous les nerfs d'un membre qui sont comprimés, c'est un seul des nerfs, d'une région desservie par
plusieurs troncs nerveux, le radial par exemple ou le
cubital. Or, comme nous l'avons vu précédemment,
l'interruption de l'influx sensitif dans un seul de ces
nerfs n'est pas suffisante pour amener l'anesthésie de
la région qu'il innerve, grâce aux anastomoses entre leurs
terminaisons.

Les malades qui ont pu donner des renseignements
accusaient presque toujours quelques fourmillements au
début; mais je ne sache pas qu'ils aient jamais signalé des
phénomènes plus marqués d'hyperesthésie.

Lorsque la compression persiste, ou même lorsque elle
elle a duré assez longtemps pour altérer le nerf, la sensibilité est intacte ou à peu près, mais les muscles sont paralysés; cependant quelquefois il y a de l'anesthésie.
Duchenne de Boulogne en a rapporté quelques cas, un
entre autres des plus curieux (1) : à la suite d'une compression (ou contusion) légère du cubital, un malade fut privé
pendant cinq ans de l'usage de sa main qui était insensible
dans la région du cubital, et dont les interosseux étaient atro-
phiés. Ce qu'il y a de particulier, c'est qu'après cinq séances
d'électrisation, la sensibilité et la mobilité reparurent dans
la sphère du cubital. C'est là un fait intéressant qui
s'accorde avec ce que nous avons dit plus haut de l'influence de l'électrisation.

En résumé il y a un fait qui semble dominer l'histoire
de la compression des nerfs, c'est l'absence ou le peu d'intensité des douleurs. Aussi croyons-nous qu'il ne faut pas
attribuer à la compression simple ces atroces douleurs

(1) *De l'électrisation localisée*, 3ᵉ édit., p. 333, obs. XXVII.

dont souffrent les malades affectés de tumeurs soit du cou, soit des vertèbres, soit des os du crâne, et que généralement on attribue à la compression. Il y a, outre la compression, une inflammation par voisinage du tissu conjonctif du nerf, ou des éléments nerveux eux-mêmes. En un mot la compression seule n'est pas douloureuse, et s'il y a douleur, il y a névrite.

Il est cependant des cas où ces deux phénomènes se trouvent mélangés et sont difficiles à séparer. Ainsi quelquefois le tronc nerveux est comprimé au point que ses extrémités soient insensibles : il y a alors anesthésie. Mais en même temps le nerf est enflammé, et le malade éprouve des douleurs vives que, par suite d'une illusion sensorielle commune, il rapporte à la périphérie. On a alors une anesthésie douloureuse, fait qui s'observe quelquefois dans la névralgie et certains zonas.

Il est probable que souvent la compression est due à l'hypertrophie du névrilème. Dans certaines névralgies on trouve aussi des points d'anesthésie (1).

On a songé il y a longtemps à utiliser les effets de la compression des nerfs pour faire des opérations sans douleur. C'est, dit-on, Hunter qui a conseillé à Moore de comprimer le sciatique pour faire l'amputation de la cuisse sans que l'opération soit sentie par le patient, et Liégeard (2) parait avoir agi de même. Mais ce moyen pénible et d'un usage difficile fut abandonné. La compression avec des bandes en caoutchouc par la méthode de Grandesso Silvestri dont l'honneur est, à tort, attribué à

---

(1) Voir Alquier. *De l'anesthésie cutanée*. Th. inaug. Paris, 1873, p. 28.
(2) *Mélanges de méd. et de chir. pratiques*, p. 350. Caen, 1837.

Esmarch, produit d'excellents effets au point de vue de l'hémostase, mais au point de vue de l'algostase, les effets sont moins constants. On a essayé aussi sans grand succès la compression des troncs nerveux dans les névralgies.

Au point de vue thérapeutique, la compression directe joue un rôle assez important ; mais on ne saurait affirmer d'une manière absolue qu'elle est hypo ou hyperalgésique. En effet, dans certains cas, une compression modérée soulage manifestement le malade (1), dans d'autres cas, au contraire, cette compression produit des douleurs intolérables. Sarazin (2) a remarqué que dans les affections où les éléments de tissu sont hypertrophiés et très-vasculaires, la compression avait de très-bons effets. C'est probablement aussi à cette anhémie relative qu'il faut attribuer l'hypoalgésie consécutive à la compression dans les phlegmasies et les érysipèles.

Si au contraire la compression empêche les liquides septiques de se faire jour au dehors, on comprendra sans peine qu'elle peut être très-douloureuse.

Cette explication est très-vraisemblable dans la plupart des cas ; cependant on ne peut toujours l'invoquer. Grisolle insistait beaucoup sur le soulagement que la pression abdominale donnait aux malades affectés de coliques saturnines, c'était même pour lui un moyen de diagnostic. Romberg (3) a vu des névralgies du trijumeau qui n'étaient guéries que par une forte compression. D'autres fois une

(1) Velpeau. *Bandage compressif dans l'érysipèle phlegmoneux, etc.* (*Arch. gén. de méd.*, 1826, t. XI, p. 192).

(2) Art. *Compression* (*Dict. de méd. et de chir. pratiques*, t. VIII, p. 789).

(3) *Archiv fur Psychiarie*, 1868, t. I, p. 1.

légère pression avec la main réussit à calmer des douleurs vives (1). En définitive il en est de ce point comme de la plupart des phénomènes du système nerveux. On n'en sait rien ou presque rien, et par cela même, il faut reconnaître avec franchise que notre ignorance est à peu près complète en pareille matière.

La section, la ligature, la compression, la contusion, la brûlure ne sont pas les seuls agents mécaniques agissant sur le nerf sensitif. Nous avons vu plus haut comment agissaient l'écrasement et la distension. A ces causes il faut en ajouter une dernière, encore très-obscure, la commotion.

La commotion n'est pas la contusion. Dans la contusion il y a une altération matérielle des tissus, tandis que dans la commotion, c'est un ébranlement violent qui ne produit qu'un trouble moléculaire. Il est incontestable que la commotion existe pour les centres nerveux, en dehors de toute contusion et de toute compression. Je serais tenté de croire qu'il en est de même pour les nerfs. Le fameux cas, si souvent cité, de Lamothe (2) dans lequel un coup de queue de billard détermina sans la moindre lésion traumatique apparente pendant une quinzaine de jours l'insensibilité absolue du bras, me semble un fait bien avéré de commotion. Le choc du coude contre un objet dur produit dans toute la sphère du cubital des fourmillements et une insensibilité absolue.

En tous cas, c'est une question qu'il serait nécessaire d'étudier de nouveau, et je me contente de la signaler en passant.

(1) Barret. *Tic douloureux de la face.* Th. inaug. Paris, 1876, p. 30. — Darget. Th. inaug. Paris, 1876.
(2) *Œuvres chirurgicales*, t. II, p. 617.

§ II.

Contact avec les substances stupéfiantes.

Tous les observateurs depuis les anciens jusque aux modernes ont remarqué que par le contact avec certaines substances, soit volatiles, soit liquides, la peau devenait insensible. Sans remonter à Pline (1), ni aux Chinois (2), ni aux sorciers du moyen âge (3), nous allons énumérer rapidement les principales de ces substances.

L'acide carbonique paraît jouir incontestablement de la propriété d'anesthésier la peau. Ingenhousz, qui en fait mention pour la première fois (4) rapporte cette découverte à un médecin français dont il ne dit pas le nom. Beddoës dit que sur son doigt privé d'épiderme par un vésicatoire. le contact de l'air oxygéné déterminait de vives douleurs, et que ces douleurs cessaient aussitôt, s'il plongeait le doigt dans l'acide carbonique (5). John Eward (6), et Mojon (7), le célèbre médecin de Gênes, l'employèrent à deux époques très-différentes pour calmer les douleurs des organes ulcérés. Plus tard, Hardy, Simpson, d'Edim-

(1) *Historia mundi*, lib. XXXVI, cap. XI. — Il s'agit de l'acide carbonique.

(2) Stanislas Julien. *Recueil de médecine ancienne et moderne*, 1849. — Il s'agit probablement du *Cannabis indica* (Hachich).

(3) Bodin. *Démonomanie*, 1598, p. 247. — Il s'agit de breuvages et de décoctions narcotiques, où la mandragore, la jusquiame et l'opium jouent le principal rôle.

(4) *Miscellanea physico-medica*, 1794, p. 8.

(5) *Considerations on the medical use and on the production of facticious airs by Th. Beddoes and James Watt. Bristol.*, 1795, p. 43.

(6) *The history of two cases of ulcerated cancer of the mamma ; one of which has been cured, the other much relieved by a new method of applying carbonic acid air.* Londres, 1794.

(7) *Bull. gén. de thérap.*, 1834, t. VII, p. 350.

bourg (1), Follin (2), Broca (3), Verneuil (4) s'en servirent pour le même objet, et obtinrent quelques succès, tout au moins une sédation manifeste des douleurs. (5)

Ces faits ne sont guère difficiles à interpréter. En effet, il y a dans l'application de l'acide carbonique deux choses dont il faut tenir compte : présence d'un gaz prétendu anesthésique, et absence d'oxygène. L'action de l'oxygène sur les tissus nerveux a été bien mise en lumière par Brown Séquard (6). Après l'ouverture du canal rachidien, il a trouvé une hyperesthésie notable des parties du corps situées derrière l'ouverture, et recevant leurs nerfs de la région de la moelle mise à nu. Cette hyperesthésie cessait si on empêchait le contact de la moelle avec l'oxygène, et si on remplaçait ce gaz par un gaz inerte, tel que l'hydrogène. C'est ainsi qu'il explique comment, chez les oiseaux, la simple mise à nu du renflement lombaire, dans lequel la substance grise est ouverte à l'extérieur (sinus rhomboïdal) produit des convulsions et de la paraplégie, après quelques minutes d'exposition à l'air.

(1) *Gaz. des hôp.*, 1856.

(2) *Note sur l'anesthésie locale par le gaz carbonique (Arch. gén. de méd.)*. Paris, nov. 1856.

(3) Broca. *Monit. des hôp.*, 4 août 1857. — Blaize. *De l'anesthésie locale.* Th. inaug. Paris, 1857.

(4) Le Play. *De l'anesthésie locale par la pulvérisation de l'éther et description d'un nouveau pulvérisateur par le gaz acide carbonique.* Th. inaug. Paris, 1866, p. 12. — Lejuge. *Traitement des ulcérations du col de l'utérus par l'acide carbonique.* Th. inaug. Paris, 1858.

(5) Consulter à ce sujet: Demarquay, *Essai de pneumatologie médicale*, et Dechambre, art. *Acide carbonique (Dict. encyclopéd.,* t. XII, p. 331.

(6) *Proceedings of the Royal Society*, 1857, p. 598, et *Journal de physiologie*, t. I, p. 617. *Influence de l'oxygène sur les propriétés vitales de la moelle épinière et des nerfs.*

Que l'on se reporte maintenant à l'expérience si claire et si précise de Beddoës, reproduite plus récemment par Salva (1) et on verra que c'est bien à l'influence de l'oxygène qu'est due la douleur du derme dénudé. L'oxygène au contact des tissus est un oxydant qui les irrite, et ces phénomènes de combustion chimique produisent un changement d'état dans les nerfs qui se traduit par une douleur très-vive. Follin et Verneuil font remarquer que l'acide carbonique échoue pour calmer les douleurs de l'arthrite et du phlegmon, tandis qu'il réussit dans les douleurs atroces qui accompagnent les cancers ulcérés et d'autres affections où les expansions nerveuses sont mises à nu. L'oxyde de carbone aurait les mêmes propriétés (2). Je ne sache pas que l'emploi de l'azote ou de l'hydrogène ait été tenté ; mais ces deux gaz produiraient probablement les mêmes effets. Les essais de Demarquay et Leconte ne sont guère que pour chercher l'influence de ces gaz sur la cicatrisation des plaies (3).

La question de l'analgésie périphérique, au point de vue chirurgical, est trop importante pour que nous n'insistions pas sur les rapports intimes qu'il y a entre le contact de l'air et la douleur.

Chacun sait qu'après une coupure de la peau, il y a une douleur au point coupé, douleur qui ne survient pas immédiatement. Tant que le sang coule, elle est très-modérée, mais une fois que le sang s'est arrêté, il y a une sensation de cuisson, de brûlure qui va s'exaspérant pen-

(1) Th. inaug. Paris, 1860.
(2) Coze. *Effets locaux de l'oxyde de carbone.* (*Comptes rendus de l'Acad. des sciences,* 2 mars 1857).
(3) *Arch. gén. de méd..* 1859, 1862.
Richet.

dant trois ou quatre heures après la blessure. Il est facile de montrer que cette douleur est due en grande partie à l'action de l'oxygène sur les nerfs coupés.

En effet, si on réunit immédiatement les deux bords de la plaie de manière à les accoller étroitement l'un à l'autre, il n'y a aucune douleur, tout au plus un sentiment obscur et vague de pression, de contusion ; tandis que la douleur lancinante causée par la blessure irait en s'exaspérant si la plaie était laissée à jour.

Je suis sujet en hiver à avoir des sortes de crevasses aux mains. Ces crevasses étant exposées à l'air sont extrêmement douloureuses. Mais si je les recouvre d'une bandelette de diachylon, au bout de quelques minutes la douleur a complètement disparu : si au contraire j'enlève le diachylon, il suffit de quelques minutes d'exposition à l'air pour faire revenir la douleur.

C'est aussi ce que tous les chirurgiens ont observé dans le traitement des brûlures. La principale, pour ne pas dire la seule indication, est de mettre les plaies à l'abri du contact de l'air. Le baume oléo-calcaire (Hunter), l'huile d'olive (auteurs anciens), le collodion (Valette), la gomme arabique (Rhind), le diachylon (Velpeau), le taffetas ciré Bretonneau), l'ouate (Anderson, Alph. Guérin), n'ont pas d'autre effet que de soustraire le derme dénudé à l'action irritante de l'oxygène. L'acide carbonique ou l'hydrogène auraient probablement le même résultat.

Je ne sais s'il faut accepter les conclusions de Ranke (1) et d'Ewald (2). Ces deux auteurs prétendent que le nerf,

(1) *Lebensbedingungen der nerven*, 1868, p. 97.
(2) *Unabhängigkeit der thätigen nerven vom Sauerstoff* (*Archives de Pflüger*, t. II, p. 142).

comme le muscle, est indépendant des gaz qui l'entourent et qu'il vit dans l'oxygène à peu près aussi longtemps qu'en dehors de l'oxygène. Cette opinion n'est guère en harmonie avec les faits si intéressants que Bert a étudiés sous le nom de respiration des tissus (1).

D'ailleurs, au point de vue de l'oxygène pur, l'expérience a été faite. Guidés par des données théoriques plus ou moins justifiées, Laugier (2), puis Demarquay (3) ont appliqué l'oxygène au traitement de la gangrène et spécialement de la gangrène sénile. Quoique dans certains cas ils semblent avoir obtenu la sédation des douleurs, dans d'autres cas, les plus nombreux, il y eut exacerbation. (4) Pellarin (5) déclare que les bains d'oxygène amènent un surcroît de souffrance, sans compensation pour les malades.

Il en est ainsi pour toutes les plaies, et les pansements ouatés, remis en honneur par Alph. Guérin, si leur efficacité est parfois contestable au point de vue de la suppression des germes, au point de vue de la sédation de la douleur, rendent des services évidents : je pourrais citer nombre d'observations où j'ai vu des douleurs vives calmées par l'application d'une couche d'ouate imperméable empêchant l'accès irritant de l'air.

Je me contenterai d'en citer un seul exemple (salle Saint-Louis, n° 58, Pitié). Il s'agit d'un homme robuste, âgé de 24 ans, qui eut le pied écrasé par la roue de sa voiture. Au moment de l'accident, il n'éprouva presque

<hr>

(1) *Leçons sur la respiration.*
(2) *Gaz. des hôp.*, 1852, p. 230.
(3) *Pneumatologie médicale*, p. 762 et suiv.
(4) Demarquay. *Loc. cit.*, p. 768, 772, etc.
(5) *Union méd.*, 1863, p. 136.

aucune douleur, mais au bout de dix à quinze minutes le pied broyé lui causa des souffrances extrêmes qui durèrent environ six heures, jusqu'au moment où il arriva à l'hôpital et où on lui mit un appareil ouaté. Au bout de cinq minutes, les douleurs étaient calmées, et il put reposer pendant la nuit. Le lendemain matin, il souffrait un peu dans son pied, qui le *piquait*, disait-il. Mais il n'y avait pas de comparaison à établir entre cette légère douleur et celle qu'il avait éprouvée auparavant.

Il faut néanmoins faire cette remarque essentielle que s'il y a inflammation, il y a douleur, malgré l'absence d'oxygène, et que, la compression exaspérant les douleurs inflammatoires, l'appareil ouaté ne convient plus dès qu'il y a une inflammation phlegmoneuse. Aussi les douleurs ressenties par le malade, et en même temps l'élévation de la température sont-elles de précieuses indications qui commandent l'enlèvement de l'appareil ouaté.

Si même on veut pénétrer plus avant dans la question, on verra que dans une plaie simple la douleur est due à trois causes différentes, mais agissant souvent ensemble :

1° Le contact de l'air ;

2° La rétention du pus ou des liquides ;

3° Le travail inflammatoire lui-même.

Dans les plaies simples et se réunissant par première intention, il n'y a pas de douleur dès qu'on a mis la plaie à l'abri du contact de l'air.

Dans les plaies enflammées, la douleur est non pas

(1) Cf. Hervey. *Applications de l'ouate à la conservation des membres.* Th. inaug. Paris, 1873, p. 62 et suiv.

abolie, mais diminuée, si on la met à l'abri de l'irritation oxygénique.

De cette triple cause de douleur résulte une triple indication thérapeutique qu'un habile chirurgien saura mettre à profit en la variant judicieusement, selon les affections et les malades qu'il aura à traiter.

Tel est le cas des plaies simples, régulières, dans lesquelles on ne voit survenir aucune complication ; mais il n'est pas rare d'observer deux conditions qui modifient singulièrement l'état de la sensibilité des plaies, d'une part le contact avec des substances irritantes, d'autre part une prédisposition spéciale, une sorte de névralgie de la plaie ou de l'ulcère.

On comprendra sans peine que le passage d'un liquide, tel que l'urine ou les matières fécales, excite douloureusement les extrémités nerveuses divisées. Les auteurs classiques n'insistent guère sur ce sujet : il semble pourtant qu'il ne manque pas d'importance, et je pourrais en citer deux cas que j'ai recueillis dans le service de clinique de M. le professeur Verneuil, dont j'avais l'honneur d'être l'interne.

Dans le premier cas, il s'agit d'un malade à qui M. Verneuil avait enlevé tout le gland et une partie de la verge pour un épithélioma à marche rapide. L'opération fut faite avec le galvano-cautère, et dans les premiers jours la douleur fut modérée, mais après la chute de l'eschare le passage de l'urine sur la plaie vive déterminait des douleurs intolérables et presque des accès convulsifs, tellement la douleur était violente.

Dans le second cas, c'était une fistule à l'anus qui fut opérée avec le thermo-cautère. Le quatrième jour de l'opération , comme l'eschare était tombée et que les matières fécales, n'étant plus retenues par le sphincter divisé, se répandaient sur la plaie, la malade fut prise de douleurs très-vives qui l'empêchaient de dormir et la maintenaient dans un état perpétuel d'agitation et l'anxiété. Des cautérisations avec la solution de nitrate d'argent modifièrent heureusement l'hypéresthésie de la plaie. C'est là, je crois, le meilleur traitement qu'on puisse suivre en pareil cas.

Il est encore d'autres circonstances qui, en dehors de l'accès de l'air, des substances irritantes et de l'inflammation, rendent les plaies très-douloureuses.

Ainsi les gerçures du sein ont le fâcheux privilége de causer des souffrances extrêmes, et il en est de même pour les fissures à l'anus ; c'est que, par suite de la disposition anatomique de ces organes, la plaie se complique de la ontracture, soit du sphincter anal, soit des fibres lisses du mamelon, et ce spasme des muscles qui bordent une plaie vive est atrocement douleureux.

Quant aux autres plaies douloureuses, nous n'en savons presque rien de positif. Nous ne parlons pas des cas de diphthérie, de pourriture d'hôpital et de phlegmon. Dans ces cas, l'inflammation suffit pour expliquer le surcroît de sensibilité. Nous ne parlons pas non plus de l'hypéresthésie des plaies d'amputation vers le trentième ou quarantième jour, hypéresthésie qu'il est rationnel d'attribuer a une névrite. Mais il est des ulcères ou des plaies simples qui tout à coup, sans qu'on puisse en expliquer la cause, deviennent extrêmement douloureux. Cette névralgie traumatique que peu d'auteurs avaient signalée, a été étudiée avec beaucoup de soin par M. Verneuil dans

un mémoire inséré dans les *Archives de médecine.* Nous
reviendrons plus tard sur la symptomatologie de ces névralgies. Mais pour ce qui touche à leur étiologie, nous
n'en savons presque rien de positif. Ainsi parfois (1) des
ulcères deviennent, sans cause appréciable, extrêmement
douloureux

J'en ai observé un cas chez un homme assez âgé, atteint
d'ulcère variqueux sous-malléolaire. Cet ulcère était
devenu tellement sensible qu'en l'effleurant rien qu'avec
une plume on faisait pousser au malade des cris de douleur. En somme, cette sensibilité des plaies ou, si l'on
veut, cette névralgie essentielle des plaies est assez rare.
Le traitement a une influence très-heureuse. On pourrait
mettre en usage la cautérisation de la plaie avec le chlorure de zinc ou le nitrate d'argent, et y joindre un traitement général par les narcotiques, associés au sulfate de
quinine.

Quant à l'inflammation douloureuse, on peut la ranger
en deux ordres différents.

Dans un cas, il s'agit d'inflammation franche, aiguë,
phlegmoneuse. Le type de cette inflammation est l'arthrite
ou le panari.

Dans l'autre cas, la plaie est à peine enflammée ; elle
est modifiée cependant à sa surface. Sans que ce soit de
la diphthérie proprement dite, on voit de petites plaques
blanchâtres se dessiner par places sur le fond granuleux
et rouge de la membrane bourgeonnante. Il se fait évidemment là un travail irritatif qui altère les extrémités du

(1) Swan (*Treatise on diseases and injuries of the nerves.* Londres, 1834)
rapporte un cas dans lequel il fit la section du nerf sciatique poplité externe
pour un ulcère douloureux rebelle à tout traitement.

nerf. C'est un cas tout différent de l'hyperesthésie simple dans laquelle il n'y a ni névrite, ni phlegmon, ni substances irritantes, et qui paraît due, par suite de notre ignorance des fonctions nerveuses, à une maladie *sine materiâ*.

Pour résumer cette discussion nous dirons que dans les plaies simples il y a trois causes à la douleur :

1º Le contact de l'air ;

2º La rétention des liquides ;

3º L'inflammation.

Et que dans les plaies compliquées il peut survenir comme accidents augmentant la sensibilité et provoquent la douleur :

1º Le spasme des muscles de la plaie ;

2º Le contact avec des excrétions irritantes ;

3º Un état névralgique de la plaie.

Revenons maintenant à l'influence de l'air sur les tissus.

A vrai dire, la question est moins simple qu'elle ne le semble au premier abord. En effet ce n'est pas seulement dans le traitement des plaies qu'il est avantageux d'écarter l'action de l'oxygène, c'est encore dans le traitement des inflammations sous-cutanées. Quelque étrange que paraisse cette affirmation, il est facile de la prouver par un grand nombre de faits qui viennent à l'appui.

En effet les douches locales d'acide carbonique ont, dans un certain nombre de cas où il n'y avait pas de plaie (Mojon, Maisonneuve), amené une sédation de la douleur et une sorte d'anesthésie locale. Il en serait de même de l'oxyde de carbone, d'après Coze.

Tous les chirurgiens savent que pour soulager une inflammation vive (phlegmon, anthrax, furoncle), il suffit de recouvrir les parties d'un cataplasme. Comment agit ce cataplasme? Ce n'est pas par la température ; car souvent il est appliqué très-chaud, et d'ailleurs en peu de temps il arrive à la même température que les parties enflammées. Ce n'est pas non plus par l'activité des substances qu'il contient, mucilagineuses ou féculentes, fort inoffensives, telles que la graine de lin, la fécule ou la mie de pain : c'est parce que l'humidité empêche le contact de l'air.

Aussi plusieurs chirurgiens ont-ils obtenu quelques succès par l'application, soit de l'ouate, soit de la poudre d'amidon, soit du collodion dans les inflammations phlegmoneuses. S'ils n'ont pas toujours réussi, c'est que souvent ces inflammations étaient graves, et marchaient progressivement, et ensuite c'est qu'il est très-difficile d'appliquer soit l'ouate, soit le collodion, de manière à empêcher le contact de l'air sans produire une certaine compression, laquelle peut avoir des conséquences fâcheuses.

Sur un furoncle qui n'est pas ouvert, le contact d'un morceau de diachylon empêche la douleur de s'exaspérer, et il est impossible d'attribuer cette analgésie relative à autre chose qu'à l'absence d'irritation par l'oxygène de l'air.

Tout récemment, désireux de juger cette question, j'ai prié une malade atteinte de tumeur blanche du genou, et dont la cuisse et la jambe étaient immobilisées dans un appareil silicaté avec une fenêtre pour le genou, de laisser à l'air le genou malade, ordinairement recouvert d'ouate. Il n'y avait pas de plaie à l'extérieur, et aucune des conditions de l'appareil n'était changée que l'exposition à l'air de l'articulation. Au bout de quelques heures la malade souffrait tellement, et son genou était devenu tellement chaud,

qu'elle fut forcée de remettre l'ouate, ne pouvant endurer le contact de l'air sur la région enflammée.

C'est pourquoi il ne convient d'ajouter qu'une confiance très-médiocre aux explications des succès obtenus pour calmer la douleur par tous les onguents plus ou moins compliqués employés par les empiriques ou les médecins. L'axonge est la base qui sert de véhicule à toutes les substances médicamenteuses ; et en réalité, c'est elle qui, empêchant l'abord d'un air irritant, rend plus tolérables les vives douleurs d'un phlegmon ou d'une orchite.

Si réellement c'était à l'humidité des cataplasmes ou à l'activité des substances médicamenteuses contenues dans les pommades, qu'était due la sédation des douleurs par les cataplasmes et les pommades, une substance sèche et inactive n'aurait aucun effet sur la douleur. Il est cependant avéré que le collodion calme la douleur de l'érysipèle (1), et que, pour l'orchite (2), s'il n'abrége pas la maladie, au moins il est puissant pour apaiser la douleur. A vrai dire, l'application de l'éther sur le scrotum est tellement douloureuse au début, que la plupart des cliniciens y ont à peu près renoncé.

Il ne faut pas ajouter une grande foi aux théories, et particulièrement à celles qui sont en complet désaccord avec les doctrines classiques. Aussi ne sommes-nous point disposés à soutenir les idées de M. de Robert de Latour sur la cause de l'inflammation (3) et de la chaleur animale ;

---

(1) Christen. *Viertelsjahrschrift für prakt. Heilk.*, 1852, t. IV. — Rouget. *Du collodion dans le traitement de l'érysipèle.* Th. Strasbourg, 1854.

(2) Dechange. *Arch. belges de méd. milit.*, 1852. — Bonnafont. *Bull. de l'Acad. de méd.*, 1854, p. 584.

(3) *Union méd.*, 1859, *Traitement de la phlegmatia alba dolens,*

idées fort bizarres et fort peu scientifiques, au moins dans leur ensemble. Toutefois les cas de guérisons qu'il rapporte sont bien authentiques, et il est probable qu'il y a là une donnée inconnue qu'il faut essayer d'éclaircir. (1)

Il est certain qu'en présence d'un fait qui paraît étrange on est disposé à le nier, ce qui n'est pas scientifique, ou à l'expliquer par des raisonnements alambiqués et à se payer de mots. C'est pourtant ce qu'il faut bien se garder de faire, car on passe ainsi à côté d'une découverte, et en se contentant de mauvaises raisons, on recule la question au lieu de l'avancer. Il en est ainsi pour ce sujet de l'excitation de la peau par l'air. Tout ce qu'on a dit pour expliquer les phénomènes bizarres consécutifs au vernissage des animaux est plus ou moins dénué de sens. En somme, on ne sait pas ce qui en est; et mieux vaut avouer notre ignorance que d'émettre des hypothèses contradictoires et invraisemblables sur la respiration de la peau, la congestion viscérale, l'apnée, etc.

Aussi au point de vue physiologique comme au point de vue médico-chirurgical, la question de l'action de l'air sur la peau nous paraît devoir être étudiée à nouveau et posée sur de nouvelles bases. Nous n'avons pas pu faire des expériences sur ce sujet. Mais il nous a semblé nécessaire de rappeler qu'il y a là quelque chose à chercher, et

p. 477, et *Traitement de la métropéritonite par le collodion, ibid.*, 1863 p. 233. Voir aussi du même auteur, dans la *Tribune médicale*, 1873, *Lettres d'un médecin qui finit à un médecin qui commence.*

(1) Voir la thèse récente de Michaut. Paris, 1876. *Du collodion en thérapeutique*, où se trouvent rapportés plusieurs cas de phlegmasies profondes, guéries par le collodion.

qu'il ne faut pas se contenter des doctrines négatives professées aujourd'hui sur ce sujet (1).

Cette insuffisance des doctrines classiques au sujet des fonctions de la peau n'est pas moindre pour ce qui a trait à l'absorption et à l'action locale des substances dites anesthésiques.

Ainsi les substances, telles que le chloroforme, le bichlorure de méthylène, l'éther, qui, absorbées par les poumons, produisent l'anesthésie des centres nerveux, appliquées localement, agissent-elles sur la périphérie ? Nous possédons sur ce point un certain nombre de faits assez précis. Ainsi, mon père, qui a, le premier (2), songé à appliquer l'anesthésie localisée à la chirurgie, a fait sur ce sujet une expérience qui peut paraître décisive. En plongeant pendant dix minutes son doigt dans l'éther, il obtint une analgésie de quelques instants. Il est vrai qu'il avait fait autour du doigt une ligature avec une bande : et que, dans la discussion qui eut lieu à la Société de chirurgie, et plus tard, dans d'autres ouvrages (3), c'est à la compression du doigt qu'a été attribuée l'anesthésie : selon la plupart des auteurs, dans l'anesthésie locale obtenue par l'évapo-

(1) Becquerel et Breschet. *Comptes-rendus de l'Acad. des sciences*, 1841, t. XIII. — Foureault. *Ibid.*, 1843, t. XVI, 1844, t. XVIII. — Bouley. *Recueil de médec. vétérin.*, 1850, p. 5 et 805. — Balbiani. Th. inaug. Paris, 1854. — Edenmäsen. *Zeitschr. für rationn. medizin.*, t. XXII. — Socoloff. *Centralblatt*, 1872, p. 689. — Cl. Bernard. *Leçons sur les anesthésiques*, p. 368. — Castel, Th. inaug. Paris, 1876. — Senator. *Centralblatt*, 1874, p. 254. — Laschkewitsch. *Centralblatt*, 1868, p. 325.

(2) *Mém. sur l'anesthésie localisée, lu à la Soc. de chir.* (*Bull. de la Soc.*, 1854, et *Gaz. des hôp.*, 17 mai 1854).

(3) Murelle. Th. inaug. Paris, 1855, p. 29. — Marc. Th. inaug. Paris, 1866, p. 16.

ration rapide de l'éther sur la peau, c'est le froid qui est la cause unique de la perte de sensibilité.

Sur cette question de l'anesthésie locale comme sur tant d'autres, les expériences de Cl. Bernard jettent une vive lumière (1). Il se sert d'une solution de chloroforme dans l'eau à 1/100 et prend deux grenouilles préparées de manière qu'il n'y ait pas de communications entre le corps et les pattes autres que par les nerfs lombaires et la moelle. Dans ces conditions, si on plonge le corps de la première grenouille dans l'eau chloroformée, il y aura anesthésie, non-seulement du corps, mais aussi des pattes. Si, au contraire, on prend l'autre grenouille et que l'on plonge ses pattes dans l'eau chloroformée, il n'y aura anesthésie ni des pattes, ni du tronc de la grenouille. Ce qui signifie bien clairement que l'anesthésie par la périphérie n'existe pas, au moins pour l'éther et le chloroforme, et que, pour que la périphérie soit anesthésiée, il est nécessaire que les centres soient en contact avec les substances anesthésiantes.

Ainsi voilà deux expériences qui paraissent se contredire formellement. D'une part, l'expérience de mon père qui semble démontrer qu'il y a par l'action propre de l'éther une anesthésie locale ; d'autre part, celle de Cl. Bernard. qui démontre que l'anesthésie locale n'existe pas. Mais ces expériences ne se contredisent pas. Nous ne saurions trop insister sur cette idée que deux faits sont nécessairement vrais tous les deux, et que, s'ils semblent opposés l'un à l'autre, c'est que les conditions sont différentes.

J'ai fait un certain nombre d'expériences pour essayer

____

(1) *Leçons sur les substances anesthésiques,* p. 1   et suiv.

d'élucider cette question. Pour cela, j'ai préparé des grenouilles à peu près de la même manière que d'après le procédé de Claude Bernard. Je séparais les pattes du tronc, en sorte que le train postérieur n'était relié à la partie supérieure que par les nerfs lombaires et les os du bassin. Une ligature cutanée réunissait les parois abdominales sectionnées, et empêchait les viscères de faire saillie au dehors. Les trains postérieurs des grenouilles ainsi préparées étaient plongés dans différents liquides, et j'explorais ensuite leur sensibilité au moyen de l'électricité. Or, dans ces conditions, la solution de chloroforme dans l'eau n'agit pas sur la périphérie, tandis qu'elle agit parfaitement sur les centres. Au contraire, le chloroforme appliqué pur agit très-manifestement sur la sensibilité. Non-seulement il agit sur les muscles qu'il rend rigides et dont il détruit la contractilité, mais encore il porte son action sur les nerfs. Les courants électriques les plus forts ne peuvent provoquer la moindre trace de sensibilité, lorsqu'ils sont appliqués sur les parties qui plongeaient dans le chloroforme; tandis que plus haut la peau et les troncs nerveux sont parfaitement sensibles. Afin d'éviter que la vapeur de chloroforme agisse au-dessus des parties immergées, il faut le recouvrir d'eau qui ne se mélange pas au chloroforme et le surnage.

On aurait tort de croire à une contradiction entre cette impuissance du chloroforme dilué, et cette action énergique du chloroforme pur. En effet, le chloroforme pur semble se comporter comme une substance caustique destructive des propriétés du nerf. Si on plongeait les pattes d'une grenouille dans l'acide sulfurique, il n'y aurait rien d'étonnant que l'insensibilité en fût la conséquence.

En effet la destruction du nerf doit amener la perte de ses fonctions. C'est l'anesthésie, mais c'est aussi la mort du tissu.

Ce n'est donc pas tout à fait l'anesthésie telle qu'on l'entend généralement, dans laquelle les éléments anatomiques ne sont pas détruits, mais dont les fonctions sont seulement suspendues pour un temps. Il en est de la véritable anesthésie, comme de la privation de mouvement des cils vibratiles, lorsque on les met en contact avec la vapeur de chloroforme ou d'éther. Dès qu'on les soustrait à l'influence de ces vapeurs, le mouvement reprend. La vie n'est pas abolie, elle est seulement arrêtée (1). De même, pour qu'il y eût une anesthésie véritable, il faudrait que les éléments eussent conservé leur vie propre, et qu'ils pussent revenir à leur état primitif.

A ce compte le chloroforme pur ne serait pas un anesthésique local, car il est douteux que les parties submergées et devenues rigides puissent revenir à la vie. J'ai conservé vivantes des grenouilles dont le train postérieur avait été trempé dans du chloroforme pendant cinq minutes. Ce court espace de temps avait suffi pour détruire l'irritabilité musculaire et l'irritabilité nerveuse, en sorte que les parties plongées dans le chloroforme étaient anesthésiques ; mais elles ne pouvaient plus revenir à la sensibilité. Cependant, pour nous conformer à la définition que nous avons donnée au début de ce chapitre, nous dirons que c'était bien une anesthésie, mais une anesthésie différente de l'anesthésie véritable, dans laquelle les parties

____

(1) Claude Bernard. *Leçons sur les propriétés des tissus vivants.* Paris, 1866, p. 136.

anesthésiées n'ont pas perdu leur vitalité, et peuvent revenir à la vie. Il est possible que si les voies circulatoires n'étaient pas interrompues, le retour à la vie se serait opéré, ainsi qu'on le voit dans la thérapeutique médico-chirurgicale, lorsque le chloroforme est appliqué sur des régions douloureuses.

En effet, il est certain que le chloroforme agit localement pour calmer les douleurs, soit d'une arthrite, soit d'un phlegmon, soit d'une névralgie. Tous les médecins savent que des applications d'huile chloroformée soulagent beaucoup les malades. Cela tient-il à la révulsion que produit le chloroforme? Je ne crois pas que l'explication soit suffisante. En effet, d'autres substances rubéfiantes et excitantes amènent un résultat tout différent. On pourrait encore admettre que la sensibilité pathologique n'est pas la même que la sensibilité normale, et que les substances qui calment la douleur peuvent très-bien ne pas détruire la sensibilité tactile. A vrai dire, cette explication est loin de me satisfaire complètement, et je crois qu'il faut chercher une raison plus physiologique. Pour cela, il est nécessaire d'entrer dans des considérations qui paraîtront tout d'abord étrangères à mon sujet, mais qui en font pourtant essentiellement partie.

L'absorption cutanée diffère selon qu'on envisage l'absorption des gaz ou l'absorption des substances liquides et solides, mais dans l'un et l'autre cas cette absorption est très-faible.

L'absorption des gaz par la peau est évidente. La célèbre expérience de Bichat (1) en est une preuve, et depuis.

_____

1) Bichat. *Anatomie générale.*

d'autres expérimentateurs l'ont suffisamment démontrée (1). Les gaz et les substances volatiles introduites ainsi dans la circulation générale peuvent être retrouvées dans le sang et les excrétions; mais, au moins chez l'homme, cette pénétration de la peau par des gaz est extrêmement faible, et je ne sais si elle a jamais été suffisante pour amener une intoxication générale.

Cependant l'absorption locale paraît dans certaines circonstances se faire avec une remarquable énergie. Ainsi nous avons tous remarqué qu'après une autopsie, si nos mains avaient plongé dans l'abdomen, et touché pendant quelque temps les intestins et les viscères, elles gardaient pendant plusieurs heures l'odeur infecte de la décomposition cadavérique. Malgré des lavages répétés, rien ne peut enlever cette odeur qui persiste malgré tout. Il en est de même pour l'acide phénique et certaines substances odorantes et volatiles. Ce sont là, en vérité, des expériences toutes faites qui méritent d'être interprétées physiologiquement.

Remarquons d'abord que malgré la toxicité de ces substances, on n'observe aucun effet général, et que, par conséquent, quoiqu'elles se trouvent absorbées par la peau, elles y restent fixées sans passer dans la circulation. Tout au moins la quantité de substance qui y passe est très-mi-

____

(1) Chaussier. *Précis d'expériences faites sur les animaux avec le gaz hydrogène sulfuré* (*Biblioth. méd.*, t. I, p. 108). — Collard de Martigny· *Action du gaz acide carbonique sur l'économie animale* (*Mém. de l'Acad. des sciences*, juin 1826). — Chatin. *Recherches expérimentales sur quelques principes de toxicologie.* Th. inaug. Paris, 1844. — Bluff. *Dissertatio de absorptione cutis.* — Rabuteau. *Bull. de la Soc. de biologie*, 1870, p. 136 ; 1868, p. 189, et *Elém. de thérapeutique*, 2ᵉ édit., p. 6.

Richet.   8

nime, si minime qu'elle doit être détruite par les oxyda-
tions interstitielles à mesure qu'elle est portée dans le
sang. C'est ce que semble indiquer la persistance de
l'odeur. En effet cette odeur met un très-long temps, huit
ou dix heures environ, à disparaître, ce qui prouve que
l'absorption de la substance fixée dans la peau est insi-
gnifiante.

Il y a donc là une distinction importante à faire entre
l'absorption ordinaire, telle que nous la connaissons pour
le poumon et pour le tissu cellulaire, et l'absorption par
la peau. Celle-ci est plutôt une *imbibition* des éléments du
derme et de l'épiderme, qu'une pénétration dans la circulation générale. Il est probable que la substance volatile
se combine avec les tissus qu'elle touche, et que, par les
progrès de la rénovation interstitielle, cette combinaison
se détruit peu à peu, en sorte que la substance étrangère
finit ainsi par disparaître.

De cette manière on peut expliquer facilement l'action
locale des anesthésiques, action locale qui ne dépasse pas
la peau et qui ne produit jamais de phénomène général
sur l'organisme. D'ailleurs tous les chirurgiens ont constaté que l'anesthésie locale, excellente pour empêcher la
douleur des incisions superficielles, n'avait aucun effet sur
les tissus profonds, et que, si on peut mettre par ce moyen
à l'abri de la douleur l'excision d'un furoncle, on ne le
peut pas pour l'amputation d'un doigt.

Le mécanisme de cette anesthésie est assez différent du
mécanisme de l'anesthésie centrale. En effet, dans l'anesthésie locale, les terminaisons nerveuses du derme et de
la couche de Malpighi sont directement en contact avec un
liquide caustique, qui, lorsqu'il est appliqué sur le nerf,

détruit son excitabilité (1) ; il n'y a donc rien de surprenant à ce qu'en traversant la couche cornée de l'épiderme,
ces gaz finissent par détruire l'excitabilité nerveuse. En
somme, s'il faut s'en rapporter à l'étymologie et à la définition du mot, c'est une anesthésie, mais une anesthésie
chimique, pour ainsi dire, différente de l'anesthésie physiologique qu'amènent des traces de chloroforme porté
par le sang jusqu'aux centres nerveux.

Ce que nous venons de dire de l'absorption cutanée ne
s'applique évidemment qu'à l'homme. En effet, chez la grenouille, par exemple, l'absorption cutanée est très-intense,
et on les empoisonne presque aussi bien en mettant une
solution toxique sur la peau qu'en l'injectant dans le tissu
cellulaire. J'ai essayé différentes substances, au point de
vue de leur action locale sur la sensibilité, et je n'ai pas
rencontré de substance volatile qui n'agît pas comme anesthésique. Ainsi j'ai mis des grenouilles préparées comme
je l'ai indiqué plus haut dans le chloroforme, l'éther, le
sulfure de carbone, la benzine, la térébenthine, l'alcool,
l'acide phénique, et j'ai toujours constaté l'anesthésie des
parties immergées après un temps très-court, cinq à dix
minutes environ.

Avec l'éther et la benzine, corps moins denses que l'eau,
on peut disposer l'expérience d'une manière un peu différente. Une légère couche d'éther surnage l'eau, et on
trempe les pattes de la grenouille, de manière qu'elles
plongent dans l'eau presque totalement, et qu'une mince
section transversale de la patte soit en contact avec l'éther.
Dans ces conditions la sensibilité est abolie dans toute la

____

(1) Voy. Longet. *Bull. de l'Acad. de méd.*, février 1847

portion plongée au-dessous; cependant les nerfs moteurs ont conservé leurs propriétés, non pas dans la région en contact avec l'éther, mais dans la région subjacente. On a alors une zone qui interrompt la continuité nerveuse avec les centres ; en sorte que l'excitation de la moelle ne peut plus agir sur les muscles de la patte, et que d'autre part l'excitation des nerfs sensitifs de la patte ne peut plus parvenir jusqu'à la moelle. Il semble que l'absorption transversale existe seule, l'absorption longitudinale faisant complètement défaut. Il est vrai de dire que, les artères et les veines étant liées, les circulations lymphatique et sanguine ne se font plus, et que par conséquent on n'est plus dans les conditions normales,

Au début, toutes ces substances qui finissent par détruire le nerf excitent la sensibilité et produisent de vives douleurs, comme le témoignent les efforts des grenouilles pour s'y soustraire. D'ailleurs il est certain qu'on ne peut jamais obtenir d'anesthésie, sans avoir au préalable une certaine hyperesthésie ; de plus sur les limites de la zone anesthésique et de la zone sensible, il y a une zone hyperesthésique. Des courants électriques appliqués en ce point provoquent des mouvements de défense de l'animal, tandis que, si ces mêmes courants sont appliqués aux autres parties du corps, l'animal ne réagit pas.

On comprendra sans peine que je n'ai pas épuisé la liste de toutes les substances gazeuses ou volatiles avec lesquelles on pourrait expérimenter. Mais il est extrêmement probable que tous les hydrocarbures agiraient comme la benzine et la térébenthine, les éthers comme l'éther éthylique et le chloroforme, les acides comme l'acide acétique, les alcools comme l'alcool éthylique. C'est une induction très-légitime, et je crois qu'il est permis de conclure que toutes les substances volatiles, étant absorbées par la peau, peuvent être considérées comme des anesthésiques locaux. En premier lieu viennent les substances non miscibles à l'eau ; en second lieu les substances acides ou alcalines, et en troisième lieu les substances avides d'eau.

D'après ce que nous avons vu des conditions d'excitabilité d'un nerf, toutes ces substances agiront sur le nerf, car elles changeront l'état chimique de ce nerf. Que ce soit l'acidité ou l'alcalinité trop forte, que ce soit l'absorption d'eau, que ce soit une oxydation ou une réduction, le résultat sera toujours le même, une excitation forte du nerf sensitif, lequel, d'abord hypéresthésié, deviendra finalement anesthésié quand la destruction chimique sera complète.

Tous ces corps agiront d'autant mieux qu'ils seront plus volatils, et que par conséquent l'absorption cutanée sera plus facile. En somme, dans tous ces cas, substance anesthésique signifierait presque substance volatile caustique. Quelle est donc en vérité la limite précise qui sépare une substance caustique d'une substance anesthésique ? Est-ce la désorganisation du tissu ? Mais le chloroforme qui détruit le muscle de la grenouille est à la fois un caustique et un anesthésique, et l'alcool qui, injecté dans le tissu cellulaire produit de l'anesthésie générale, est, étant appliqué localement, un caustique puissant qui détruit à la fois la peau, le muscle et le nerf (1).

Il faut noter cependant que la période d'anesthésie est plus ou moins longue, et que si le résultat final, c'est-à-

______

(1) Verstraeten. *Bull. de la Soc. de biologie*, 1875, p. 163.

dire l'anesthésie (1), est toujours le même, non-seulement elle est obtenue au prix de douleurs plus ou moins vives, mais encore il peut se faire, pour qu'elle soit obtenue, qu'il y ait destruction plus ou moins complète du tissu.

Les expériences sur les animaux faites comme nous venons de les décrire, ne peuvent résoudre cette question de la persistance de la vitalité du tissu consécutivement à l'anesthésie: en effet, les voies circulatoires sont interrompues, et les parties séparées condamnées fatalement à la mort. Sur l'homme, on a fait un grand nombre d'essais pour trouver des anesthésiques locaux, mais on ne peut les employer tous indifféremment. Le chloroforme pur produit une vésication violente, souvent même une escharification, et son action s'accompagne de douleurs très-vives.

On a employé l'éther et aussi le sulfure de carbone. Mais ce qui est un avantage au point de vue du résultat thérapeutique, est un inconvénient pour une conclusion scientifique, et ces corps agissent plus par le froid qu'ils produisent en s'évaporant que par leur action chimique sur les nerfs. On a essayé le mélange de chloroforme et d'acide acétique (2). On a trouvé aussi des propriétés anesthésiques au bromoforme (3), à l'iodoforme (4), au sesquichlorure de carbone (5).

L'acide phénique (alcool phénylique) semble agir à la fois comme caustique et comme anesthésique, et

(1) Marc. Th. inaug. Paris, 1866. — Neis. Th. inaug. *De l'anesthésie localisée.* Paris, 1870. — Perrin. Art. *Anesthésie (Dict. encyclop. des sciences médicales).*

(2) Fournier. *De la chloroacétisation.* Paris, 1861.

(3) Rabuteau. *Bull. de la Soc. de biologie,* 1875, p. 169.

(4) *Bull. gén. de thérap.,* janvier 1857.

(5) Aran et Mialhe.

il présente cet avantage sur le chloroforme qu'il n'est pas douloureux, et cet avantage sur l'éther qu'il ne produit pas de réfrigération. Aussi peut-on s'en servir commodément pour étudier l'action des anesthésiques locaux. D'ailleurs, comme M. Verneuil se sert de l'acide phénique pulvérisé pour désinfecter les plaies, c'était une occasion toute naturelle de vérifier la propriété anesthésique de cette substance, propriété que quelques auteurs ont déjà constatée (1).

Au point de vue du soulagement qu'un pansement à l'acide phénique apporte à la douleur des plaies, il ne m'a pas semblé que les résultats étaient absolument déc sifs. L'irrigation continue, l'ouate, et lès autres pansements sont quelquefois aussi puissants contre la douleur. Il est même quelques malades à qui l'acide phénique concentré semble causer quelques douleurs : mais c'est là une exception que je n'ai rencontrée qu'une seule fois, et la plupart du temps l'action de l'acide phénique employé comme pansement est non seulement antiseptique, mais analgésique. Je pourrais citer l'exemple d'une jeune femme, atteinte d'adénite chronique des ganglions sousmaxillaires, opérée par M. Verneuil, qui enlève la tumeur le 3 juillet, après avoir endormi la malade. L'opération, sans être difficile, fut assez longue, il fallut faire une incision d'environ 15 centimètres, et extirper la tumeur qui résistait beaucoup. La malade en se réveillant souffrait si peu, qu'elle ne voulait pas se croire opérée : on lui fit le pansement phéniqué, pendant qu'elle était encore

(1) Adelmann. *Action anesthésique de l'acide phénique* (*Berlin Klin. Wochensblatt*, 1873. n° 52).—Smith (cité par Labbée, *Journ. de thérap.*, I, p. 337. 1874). — Bergonzini. *Lo spallanzani*, 1874.

dans la somnolence qui suit les inhalations chloroformiques. Le soir, elle souffrait si peu qu'elle ne voulait pas se
croire opérée. Jusque au moment de sa guérison, elle ne
souffrit pas un instant, et m'assurait n'avoir jamais ressenti la petite cuisson qui suit les incisions de la peau.
Cependant elle n'était pas hystérique, et n'avait d'anesthésie en aucun point du corps, non plus que sur les bords
de la plaie.

Sur la peau intacte, l'acide phénique paraît avoir une
action particulière. Andrew Smith (1) aurait obtenu une
anesthésie complète par la pulvérisation de cette substance.
Ni le contact, ni la douleur n'auraient été perçus; il est vrai
que la solution était concentrée (85/100), ce qui suppose
que le dissolvant n'était pas de l'eau pure, mais un mélange d'eau et d'alcool.

Évidemment le degré de concentration doit jouer un
grand rôle dans cette production de l'anesthésie. En effet,
avec des solutions à 5/100, on n'obtient pas d'anesthésie
proprement dite. On ne ressent que les premiers effets de
l'anesthésie, c'est-à-dire une excitation nerveuse au premier
degré, des fourmillements, une sensation d'engourdissement, et comme des bouffées de chaleur et de froid.
Il en est de ces fourmillements comme de ceux que produit
la compression d'un nerf. Ils ne sont pas spontanés, mais
ils succèdent à une excitation sensible même très-légère.
Ainsi il suffit de remuer la main pour qu'immédiatement
on ressente des fourmillements. En touchant un point
quelconque de la peau, on perçoit une excitation qui va
s'irradiant, et dépasse de beaucoup le point de la peau

(1) *Loc. cit.*, p. 337.

touché primitivement. En somme, cette sensation irradiée est analogue à celle qu'on perçoit par l'excitation électrique de courants induits fréquemment interrompus, appliqués sur un tronc nerveux. C'est le premier effet de l'excitation faible d'un nerf ou des extrémités nerveuses.

Cette action de l'acide phénique est véritablement caustique, car la peau ainsi irritée subit une sorte de désorganisation qui, pour ne pas aller jusque à l'eschare, n'en est pas moins bien évidente. En effet l'épiderme se dissocie, et au-dessous de lui le derme se fissure. Sur des plaies vives le contact de l'acide phénique fait apparaître des plaques blanchâtres qui sont comme le premier indice de la cautérisation.

J'ai voulu chercher si cette action anesthésique de l'acide phénique était réelle, comme le pense Andrew H. Smith. Pour cela, j'ai pris une solution concentrée d'acide phénique, selon cette formule :

Acide phénique. 25
Eau. 100
Alcool. 50

Cette solution, étant projetée par une fine pulvérisation sur un point de la peau, a rendu ce point anesthésique et analgésique en très-peu de temps, sans qu'on puisse invoquer le refroidissement, qui était presque nul, contrairement à ce qu'on observe dans les pulvérisations d'éther. L'analgésie a été complète, mais elle tenait à une action réellement caustique. Pendant quelques heures j'eus, aux points touchés par l'acide phénique, une rougeur très-vive avec une sensation de brûlure assez désagréable pour que je sois résolu à ne m'y plus exposer. Enfin l'hyperesthésie était très-vive et le moindre contact déterminait une sensation douloureuse. C'est le second degré de l'excitation nerveuse, dont le premier degré semble être le fourmillement. L'hyperesthésie produite ainsi par l'acide phénique a persisté deux jours.

Nous nous sommes assez étendu sur l'absorption à propos des gaz et des liquides volatils pour n'avoir pas besoin de revenir longtemps sur ce sujet, à propos des substances solides ou liquides non volatiles. L'absorption par la peau des substances non volatiles a été niée par beaucoup d'auteurs (1). Mais ces expériences sont en opposition avec celles d'autres savants, qui ont constaté la présence dans les excrétions de l'iodure de potassium (2), de la rhubarbe (3), de la garance (4), de la digitaline (5). Nous ne parlons de l'absorption ni de l'eau, qui est un corps volatil, ni du mercure, qui est extrêmement volatil, ainsi que Merget (6) l'a récemment démontré, ni de l'iode, ni du camphre, toutes substances liquides ou solides qui émettent à la température ordinaire des vapeurs très-sensibles.

(1) Séguin. *Ann. de chimie*, t. XCII, p. 46. — Scoutetten. *Lettre à l'Acad. de méd.* Metz, 1869.—Schäfer. *Sitzungsbericht der Wiener Acad*, 1858. Bd. XXXII, p. 143. — Demarquay. *De la glycérine*, p. 92 et suiv. — Homolle. *Union méd.*, 1853. — Parisot. *Recherches expérimentales sur l'absorption par le tégument externe.* Paris, 1863. — Hébert. Th. inaug. Paris, 1861.

(2) Westrumb. *Physiologische Untersuchungen über die Einsaugungskraft der Venen.* Hanovre, 1825.

(3) Bradner Stuart. *Meckels Arch.*, I, p. 151.

(4) Hofmann. Cité par Rabuteau. *Elém. de thérap.*, 2ᵉ édit., p. 8.

(5) Rabuteau. *Bull. de la Soc. de biologie*, 1868, p. 189.

(6) *Comptes-rendus de l'Acad. des sciences*, déc. 1871 et janv. 1872.

Quoi qu'il en soit, il paraît bien prouvé que si cette absorption existe, elle est tellement minime que l'on ne doit pas en tenir compte au point de vue des effets généraux produits sur l'ensemble de l'organisme. Que dire pourtant de l'expérience journalière et si ancienne des médecins et des chirurgiens qui emploient avec avantage le laudanum et les baumes composés pour apaiser la douleur? Il nous semble que l'explication est moins difficile qu'on le croit généralement. Ainsi que nous le disions plus haut, il y a une absorption générale, c'est-à-dire le passage dans la circulation de substances appliquées soit sur la muqueuse pulmonaire, soit sur la muqueuse intestinale, soit sous le derme. Mais il y a aussi une absorption locale, qu'il conviendrait d'appeler plutôt une *imbibition*. Les éléments anatomiques se combinent avec la substance qui les attaque et qui agit sur eux, mais ne les traverse pas. Pour prendre une comparaison qui rendra cette différence plus claire, l'absorption générale pourra être comparée au passage d'une solution sucrée à travers une membrane animale, l'absorption locale à l'imbibition d'une mèche de coton qui plonge dans l'alcool.

Cette distinction étant bien admise et nettement démontrée, nous voyons comment certaines substances liquides non volatiles peuvent agir localement sur la sensibilité, sans être entraînées dans la circulation générale. Ainsi, sans qu'on puisse invoquer comme unique explication la mise à l'abri de l'air, le laudanum, d'après la pratique invétérée des médecins, calmerait les douleurs des phlegmons et des arthrites, mais sans produire d'anesthésie proprement dite. Au contraire le baume de conicine semblerait avoir des propriétés anesthésiques.

Une personne ayant fait des frictions avec ce baume eut une insensibilité des doigts qui avaient été en contact avec la conicine. Une coupure accidentelle ne fut pas ressentie. En cessant les frictions, l'anesthésie disparut, pour revenir quand on les recommença. Romberg a signalé des cas d'anesthésie des bras chez les lessiveuses, dont la peau touche sans cesse des solutions caustiques. Par un contact prolongé avec le mercure on a signalé des paralysies sensitives (2). Manouvriez (3) a remarqué, qu'à côté de l'intoxication saturnine générale et indirecte par les absorptions digestive et pulmonaire, il existe une intoxication saturnine locale et directe par absorption cutanée. Cette absorption cutanée est une véritable imbibition des tissus, et à la paralysie musculaire se joint l'anesthésie de la peau. Le bras et la main qui étaient en contact direct avec le plomb étaient toujours plus malades que du côté opposé. Selon Villard, l'essence de hachisch, appliquée localement, serait hypoalgésique (4) ; tandis que l'essence de menthe (5) et la saponine (6) seraient des anesthésiques locaux.

Résumons cette discussion sur les anesthésiques locaux. Nous sommes amenés à conclure :

(1) Gubler. *Journ. de thérap.*, 1875, t. II, p. 242.

(2) Foot. *Paralysie sensitive par contact avec le biiodure de mercure* (*Dublin Journ. of med. science*, sept. 1873).

(3) *Arch. de physiologie norm. et pathol.*, 1870, t. III, p. 408, et Th. inaug. Paris, 1872. Voir sur ce sujet : Drouet. Th. inaug., Paris, 1875, et Ladrat (*Arch. de méd.*, déc. 1859).

(4) Villard. Th. inaug. Paris, 1872, p. 35.

(5) Delioux de Savignac. *Union méd.*, t. XVII, p. 557.

(6) Kohler. *Berlin Klin. Wochensblatt*, 1873.

1° Que l'oxygène de l'air est un agent d'irritation, et que dans une plaie simple c'est à son action chimique qu'est due la douleur , que l'indication est donc formelle, et qu'il faut soustraire les plaies au contact de l'air ;

2° Que cette action s'exerce non-seulement sur les plaies, mais sur la peau intacte ;

3° Qu'à côté de l'absorption générale, il y a une absorption locale ou mieux une imbibition, ce qui explique comment l'action thérapeutique d'un médicament, appliqué sur la peau, peut être localisée à la région qu'il touche ;

4° Que toutes les substances volatiles agissant sur le nerf peuvent être regardées comme des anesthésiques locaux ;

5° Que le premier degré de l'anesthésie périphérique est l'hypéresthésie, et qu'il n'y a que des limites indécises entre une substance anesthésique et une substance caustique.

D'une manière très-générale. on peut donc dire qu'il y a des substances agissant sur les nerfs, et d'autres substances n'agissant pas sur eux. Les substances inactives sont celles qui n'ont que des affinités chimiques faibles, comme l'azote, l'hydrogène et même l'acide carbonique. Au contraire, les substances chimiques actives changent la constitution du tissu nerveux et produisent une hypéresthésie, qui, lorsque le nerf est détruit, devient de l'anesthésie. De fait, il y a des corps dont l'activité chimique n'est pas capable de produire cette anesthésie finale, et qui paraissent ne pouvoir produire que l'hypéresthésie du début; mais cela ne prouve pas que leur mode d'action soit différent.

Des anesthésies périphériques, autres que celles de la

peau, produites par des substances toxiques, nous n'avons presque rien à dire.

Chez les ouvriers qui travaillent à la vulcanisation du caoutchouc et manient le sulfure de carbone, l'insensibilité de la cornée a été signalée par plusieurs auteurs, et en premier lieu par Bergeron et Lévy (1), qui ont fait sur des chiens et des lapins des expériences confirmatives à cet égard. On ne peut expliquer cette anesthésie par un empoisonnement central. En effet, l'anesthésie de la cornée est celle qui survient en dernier lieu, et il est dit par Bergeron et Lévy, dans les expériences qu'ils firent sur les animaux, que la sensibilité cutanée disparaissait bien après celle de la cornée et reparaissait avant elle. C'est le contraire de tout ce qu'on voit pour les agents anesthésiques. N'est-il pas très-probable que le sulfure de carbone, qui est très-volatil, agit localement sur la conjonctive et la cornée oculaires et détermine leur paralysie sensitive, sans qu'il y ait dans ces deux membranes de lésion apparente ?

§ III.

Action du froid.

Hunter avait depuis longtemps signalé l'influence du froid sur la sensibilité. Après avoir congelé l'oreille d'un lapin, il put la couper sans que l'animal manifestât la moindre souffrance. Larrey fit des observations à peu

(1) *Bull. de la Soc. de biologie*, 1864, p. 49. — Tavera. Th. inaug. Paris, 1865. — Huguin. Th. inaug. Paris, 1874. — Marche. Th. inaug. Paris, 1876, p. 32.

près semblables, et il remarqua qu'à la bataille d'Eylau, par un froid de 10 degrés au-dessous de zéro, les amputations n'étaient presque pas douloureuses. Bégin, étudiant sur lui-même l'action des bains très-froids (1), a noté une certaine insensibilité. « En sortant du bain, dit-il, on observe un fait très-remarquable ; c'est que les téguments sont presque insensibles au contact des corps extérieurs. Ce phénomène est tel que le passage du linge avec lequel on s'essuie n'est pas senti. Il semble qu'on se rapproche de ces peuples septentrionaux, qu'on voit demeurer étrangers aux sensations les plus vives et même aux blessures les plus cruelles » (?)

C'est Arnott qui, le premier, employa les mélanges réfrigérants comme anesthésiques, et les premiers essais furent faits dans le service de Velpeau (2). Depuis, ces essais se sont multipliés (3), et c'est maintenant un procédé généralement employé.

Mais comme notre but n'est pas de traiter une question de thérapeutique chirurgicale, nous ne parlerons que des phénomènes physiologiques. Au bout de quelques minutes, de une à cinq minutes, selon l'intensité de la source de réfrigération, l'anesthésie survient, et on peut faire l'incision superficielle de la peau sans douleur. La peau blanchit, devient exsangue, et il ne s'écoule pas de sang quand on la coupe. Quelle que soit la source de froid, glace pilée, mélange de glace et de sel marin, alcool ou

---

(1) Art. *Scrofule* (*Diction. des sciences méd.* Paris, 1820, p. 361).

(2) Béraud et Foucher, *Union méd.*, avril 1850.

(3) Foubert, 1854 ; Murelle, 1855 ; Blaire, 1857. Th. inaug. Paris. Voy. aussi Perrin, *Traité d'anesthésie chirurgicale.*

glycérine à 0°, évaporation d'éther ou de sulfure de carbone, le résultat final est identique, c'est toujours l'anesthésie qu'on observe. Cette anesthésie, ainsi qu'Horvath (1) l'a fait remarquer, porte d'abord sur la sensibilité à la douleur. La sensibilité tactile n'est atteinte que secondairement. J'ai souvent eu l'occasion de constater ce fait chez une malade à qui je fis pendant longtemps des injections sous-cutanées de chlorhydrate de morphine pour apaiser les douleurs d'un mal de Pott. Par hypéresthésie ou pusillanimité, elle ne pouvait tolérer la petite douleur de la piqûre de l'aiguille. Afin de la lui éviter, j'anesthésiais la région avec la glace ou la vaporisation de l'éther. Elle sentait très-bien la piqûre, mais c'était une sensation de contact et non une douleur. La pénétration de la morphine dans le tissu cellulaire était quelquefois douloureuse, mais si on avait soin de prolonger la réfrigération, aucune sensation douloureuse n'était perçue.

En somme, s'il est facile de produire l'anesthésie superficielle de la peau, il est assez difficile de rendre une région profonde tout à fait insensible. L'expérience de chaque jour est là pour en témoigner.

Tout récemment, Letamendi (2) a annoncé qu'on facilitait l'apparition de la zone anesthésique en faisant avec le bistouri une incision superficielle. Selon le chirurgien de Barcelone, on devrait se guider d'après la présence d'une zone anhémique blanchâtre qui serait l'indice d'une anesthésie locale complète. Cette indication n'est pas nou-

____

(1) *Centralblatt*, 1873, n° 14.
(2) *Arch. de physiologie norm. et pathol.*, 1875, p. 769.

velle, et quant au procédé de l'incision, s'il est nouveau, au moins il est bizarre et inapplicable. Pour notre part, nous préférerions le procédé indiqué par Horand (1) qui, s'il voit l'anesthésie tarder, touche la région en expérience avec un petit morceau de glace. Immédiatement la zone anhémique et anesthésique se produit.

Ainsi que nous l'avons dit plus haut, l'éther et le sulfure de carbone en se volatilisant agissent un peu par leurs propriétés chimiques et beaucoup par leurs propriétés physiques. C'est surtout par le froid produit qu'ils sont anesthésiques et les effets sensitifs qu'on perçoit sont identiques aux effets de la glace et d'un mélange réfrigérant. C'est d'abord une sensation très-vive de froid qui va peu à peu en se transformant, et qui ne tarde pas à devenir une sorte de pesanteur douloureuse qui devient elle-même une cuisson et une sensation de brûlure. Mais si la source de froid est à une très-basse température, la première sensation est une sensation de brûlure. En effet son action étant identique à celle de la chaleur et produisant la désorganisation du nerf de la même manière, il ne peut y avoir de sensation différente.

Si, au lieu d'être étendue sur une large surface, la sensation est localisée en un point, ce sera moins le sentiment de brûlure qu'un sentiment de coupure et de déchirure. C'est ce que j'ai éprouvé moi-même en dirigeant maladroitement un jet d'éther sur mon doigt. J'éprouvai une douleur aussi vive que si j'avais reçu un coup de bistouri. Du reste, au point touché ainsi par le jet d'é-

____

(1) *Journ. de méd. de Lyon*, 1867, et *Arch. de physiol.*, 1876, p. 173.

Richet. 9

ther, il y eut une phlyctène, comme pour une brûlure au deuxième degré.

L'application du froid intense est très-douloureuse. Mais lors même que le froid n'est pas assez considérable pour produire une anesthésie immédiate, la douleur est quelquefois encore très-vive. Tout le monde connaît plus ou moins cette sensation désagréable que l'air froid fait ressentir aux mains et aux pieds et qu'on appelle l'*onglée*.

A la première période, c'est une sorte de pesanteur gênante, bientôt suivie de fourmillements et d'une sensation de cuisson. En définitive c'est l'hyperesthésie des nerfs précédant leur anesthésie. Cette hyperesthésie est quelquefois très-pénible et produit dans certains cas assez de douleur pour qu'il n'y ait pas grand avantage, au point de vue de la suppression de la douleur, à faire l'anesthésie locale par réfrigération, pour éviter la douleur opératoire sur des régions cutanées ulcérées ou phlegmoneuses hypoalgésique.

Cependant, comme l'action est telle qu'elle agit surtout en diminuant l'activité de la circulation, il peut se faire que l'application de la glace, très-douloureuse dans certains cas, contribue au contraire, lorsque elle est modérée et lorsqu'il s'agit d'inflammations franches et aiguës, à modérer la douleur ; en un mot le froid est un agent hypoalgésique.

Ainsi, depuis un temps immémorial les médecins emploient la glace pour calmer les douleurs des phlegmons et même des arthrites. Est-ce par la contraction des capillaires qui modère l'afflux sanguin ? Est-ce par une action spéciale sur les nerfs dont le froid ralentit l'excitabité ? Il est probable que ces deux causes agissent simultanément pour concourir au même résultat. Toujours est-il que le froid calme les douleurs inflammatoires. Mais si la température est trop basse, au moment où on cesse l'application du froid, la réaction est très-vive, et la douleur revient plus intense qu'auparavant. Aussi faut-il manier cet agent calmant avec beaucoup de prudence.

Chez l'homme et les animaux à sang chaud, la chaleur appliquée localement produit l'hyperesthésie, et pour que la chaleur soit anesthésique il faut que les tissus soient détruits. Chez les batraciens il en est de même. Claude Bernard a démontré (1) qu'en plongeant une grenouille dans de l'eau à 37 ou 38 degrés centigrades, l'anesthésie était complète. Cette anesthésie lui a semblé liée à un commencement d'asphyxie ; mais ce n'est pas une anesthésie locale, c'est une anesthésie générale, et pour que la chaleur puisse anesthésier les pattes d'une grenouille séparées de la circulation générale, il faut que la température soit à plus de 40 degrés, c'est-à-dire assez élevée pour détruire les tissus. Ayant préparé une grenouille de manière que sa patte ne soit reliée au corps que par le nerf sciatique, j'ai rendu cette patte complètement anesthésique en la plongeant dans de l'eau à 40°,2. La sensibilité ne reparut pas plus dans le nerf que les mouvements dans le muscle. Il y avait mort par la chaleur des éléments nerveux et musculaires.

Le froid entre les mains des chirurgiens peut produire l'anesthésie ; il doit donc aussi dans des cas exceptionnels pouvoir produire l'anesthésie accidentellement. Je ne parle pas des cas de congélation complète des membres : la destruction des tissus par le froid les rend naturellement insensibles ; je dis seulement que le froid, en agissant sur

(1) *Leçons sur les anesthésiques*, p. 92.

un tronc nerveux, peut en déterminer la paralysie. Nous avons à voir en effet quelle est la véritable origine des paralysies dites rhumatismales : car le rhumatisme n'est qu'un être de raison. Il y a des rhumatisants chez qui le froid agit plus facilement que chez d'autres. Mais je ne comprends pas qu'on puisse dire que le rhumatisme paralyse un nerf ou l'irrite. Chez les rhumatisants les nerfs sont peut-être plus excitables, mais il est tout à fait anti-scientifique de dire qu'une paralysie est produite par le rhumatisme.

Le froid agit rarement sur les nerfs sensitifs, il n'y en a guère que deux qui soient paralysés par le froid ; le trijumeau et le nerf radial. L'anesthésie du trijumeau (1) est assez rare pour ne pas avoir été souvent le sujet de l'attention des pathologistes. Ortel Ebrard (2) dit que sur 35 cas d'anesthésie du trijumeau, 7 sont attribuables au froid ; 4 sont rapportés au rhumatisme : ce qui fait au total 11 cas d'anesthésie par refroidissement. Les autres sont dus presque uniquement à des tumeurs du crâne ayant envahi le nerf trifacial.

Ce qu'il y a à remarquer dans ces anesthésies du trijumeau par refroidissement, c'est le contraste singulier qu'elles offrent avec la névralgie de ce nerf. En effet, il n'y a pour ainsi dire pas de douleurs, l'excitabilité du nerf est plus ou moins rapidement détruite, et, lorsqu'elle n'existe plus, c'est à peine si les malades se rendent compte qu'ils ont un côté de la face devenu insensible.

(1) Dixon. *Med. chir. Transactions.* t. XXVIII. — Taylor. *Med. Times and Gaz.*, juillet 1854. — Romberg. *Lehrbuch der Nervenkrankheiten.* Berlin, 1850.—Ortel Ebrard. *Paralysie du trijumeau.* Th. inaug. Paris, 1867.
(2) *Loc. cit.*, p. 46.

En somme, lorsque le froid agit sur un nerf, son premier effet est de produire une excitation douleureuse et de réveiller son excitabilité. De là la fréquence si grande des névralgies *a frigore*. Que cette action du froid soit poussée plus loin, il y a anesthésie *a frigore*, laquelle est incontestablement beaucoup plus rare; dans quelques cas la période d'hyperesthésie a été tellement rapide qu'elle a passé inaperçue, alors la période anesthésique persiste, mais le plus souvent la période hyperesthésique est seule observée, et l'anesthésie que produit un froid plus intense est plus rarement constatée.

Je n'ai pas à insister sur les symptômes de l'anesthésie du trijumeau. Quand elle n'est compliquée ni de troubles trophiques du côté du globe oculaire, ni de paralysie des masticateurs, elle est caractérisée uniquement par la perte du sentiment dans toute une moitié de la face.

Charles Bell a même signalé (1) une bizarre conséquence de cette insensibilité qui s'arrête sur la ligne médiane. Lorsque les malades portent un verre à leur lèvre, il leur semble que le verre est cassé. D'ailleurs cette sensation se retrouve dans l'hémianesthésie hystérique.

Quant aux paralysies du radial *a frigore*, elles surviennent en causant encore moins de douleurs que les paralysies du trijumeau. La période d'hyperesthésie, caractérisée par des fourmillements et des engourdissements, est loin d'avoir été constamment signalée. Cela tient peut-être à ce que la paralysie est survenue pendant le sommeil, dans un certain nombre de cas. Le malade se réveillait, avec une impuissance complète des muscles animés par le

____

(1) Ch. Bell. *Philosophical Transactions*, 1825, p. 71.

radial. Le froid avait épuisé déjà son action et détruit l'excitabilité du nerf (1).

Au point de vue de l'anesthésie, il est rare que les paralysies du radial par le froid amènent une anesthésie cutanée complète. La plupart du temps, il est vrai, on a signalé quelques légers troubles de la sensibilité; mais qui vont rarement jusque à l'insensibilité absolue. La cause en est peut-être dans l'existence de la sensibilité récurrente. Si le nerf radial ne peut plus transmettre les impressions sensitives de la périphérie, l'excitation peut arriver aux centres par le médian et le cubital intacts, qui par leurs fibres anastomotiques vont donner la sensibilité aux régions que le radial anime principalement.

M. Panas a soutenu que la paralysie du nerf n'était pas produite par le froid, et que la cause était toujours la compression. Il y a un certain degré de vérité dans cette assertion, et il est manifeste que, dans plusieurs cas, on a attribué au froid une influence qu'il n'avait pas, la compression pouvant être plus vraisemblablement invoquée comme cause déterminante. Cependant il est impossible d'admettre l'opinion de M. Panas, laquelle est beaucoup trop exclusive; car dans un grand nombre d'observations, il n'y a eu aucune compression, et le froid paraît avoir agi seul (2).

(1) Voir sur les paralysies du radial *a frigore* :

Duchenne de Boulogne. *Recherches sur les paralysies du membre supérieur* (Arch. gén. de méd., 1850, t. XXII, p. 34). *De l'électrisation localisée,* 3ᵉ édit., p. 700. Revillout. *Gaz. des hôp.,* 1870. Panas. *Paralysie réputée rhumatismale du nerf radial* (Arch. gén. de méd., juin 1873). Onimus et Legros. *Traité d'électricité médicale.* Vulpian. *Bull. de la Société de biologie,* 1873, p. 115. Chapoy. Th. inaug. Paris, 1874, p. 43 et suiv.

(2) Landry. *Des principales variétés des paralysies de l'avant-bras.* Th. inaug. Paris. 1876, p. 16. — Duchenne de Boulogne. *Loc. cit., passim.*

Comment le froid agit-il ? et pourquoi agit-il ? C'est là un point très-obscur. La position superficielle du radial est loin d'être une explication suffisante. D'ailleurs la plupart du temps le froid est loin d'avoir été intense. C'est l'impression rapide d'un courant d'air, le contact avec des linges mouillés, etc., toutes causes dont l'action a été peu prolongée et peu violente.

Est-ce par l'action du froid sur le nerf même?

Est-ce, comme le pense Brown-Séquard (1) par une impression sensitive réflexe dont le point de départ serait la peau frappée par le froid? Cette impression transmise par le nerf radial irait se répercuter sur ce nerf même, en paralysant sa puissance motrice? Pour Vulpian, le nerf radial étant sensible dans tous ses points, il n'y aurait pas d'altération fonctionnelle du tronc nerveux lui-même, et ce serait dans les communications nerveuses motrices du nerf avec le muscle, comme dans les cas de paralysie déterminée par le curare, que siégerait l'altération. Selon Weir Mitchell (2) le froid déterminerait une congestion du nerf.

L'argument fourni par la conservation de la sensibilité ne semble pas suffisant, car d'après ce que nous avons vu pour la sensibilité récurrente, le bout périphérique coupé d'un nerf du bras est presque aussi sensible que son bout central. D'ailleurs la paralysie des plaques motrices des muscles est tout aussi difficile, sinon plus difficile à expliquer que la paralysie du nerf lui-même. Enfin, très-souvent, dans la paralysie radiale *a frigore*, on observe de l'engourdissement et des fourmillements.

(1) *Leçons sur le traitement et le diagnostic des principales formes de paralysie.* Trad. franç. Paris, 1864.

(2) *Loc. cit.*, p. 62.

Un fait que j'ai remarqué quelquefois sur moi semblerait prouver que l'influence du froid ne porte pas sur la périphérie, mais sur le tronc du nerf. Trois ou quatre fois, en sortant d'une chambre chaude pour rester exposé quelque temps à l'air froid, j'ai ressenti dans les deux mains des fourmillements assez incommodes siégeant au pouce et à l'index : en même temps la sensibilité était très-engourdie, au moins superficiellement : ces sensations, qu'on ne peut guère attribuer qu'à une sorte d'hyperesthésie du radial, persistaient une heure ou deux, puis cessaient tout à fait. Est-il possible de les attribuer à l'action directe du froid sur la peau, et n'est-il pas infiniment plus probable que le nerf radial de chaque côté a été plus ou moins impressionné ?

Il y a un fait qui doit mettre sur la voie de la cause immédiate des paralysies du radial, c'est que, de tous les nerfs sensitifs de l'organisme, c'est le seul ou à peu près le seul qui se paralyse ainsi isolément, de même que parmi les nerfs moteurs le nerf facial est le seul qui, en dehors de toute cause centrale, puisse se paralyser par l'action du froid. Or, si le radial est placé assez près de la peau, il n'en est pas ainsi du facial ; et pourtant, par leur étiologie, par leur indolence, par la forme des phénomènes, les paralysies de ces deux nerfs ont une frappante analogie. D'ailleurs combien de nerfs sont placés plus superficielle-ment que le nerf radial ? le cubital, par exemple, qui est atteint bien rarement de paralysies isolées, le sciatique poplité externe, etc., tandis que le nerf radial et le nerf de la VIIe paire, ont l'un et l'autre une disposition anatomique spéciale qui explique l'action du froid.

En effet ils sont l'un et l'autre enfermés dans une sorte

de gouttière osseuse qui les maintient immobiles, et il·suf-
fit que les parois du canal ostéo-fibreux qui les enchâsse
augmentent de volume, pour que sur-le-champ il y ait compression du nerf et paralysie. Voilà pourquoi, à l'exclusion de tous les autres nerfs, le radial et le facial peuvent
être paralysés par l'impression du froid brusque. Ainsi
que l'expérience journalière l'enseigne, chez les rhumatisants le froid gonfle et dilate les tissus fibreux, c'est donc
la compression qui est en réalité la cause des paralysies
du radial et du facial. Mais ce n'est pas la compression telle
que M. Panas la comprend, c'est la compression par le
froid.

D'ailleurs plusieurs auteurs (1) ont fait des expériences
sur l'action du froid portant sur les troncs nerveux eux-
mêmes, et les symptômes sont tout différents. En plongeant le coude dans l'eau glacée, grâce à la situation si
superficielle du nerf cubital en ce point, on peut
refroidir énergiquement ce nerf. La première sensation
est une sensation locale de froid, et justement rapportée
à la peau du coude; mais au bout de quelques minutes, le
froid gagnant le tronc nerveux lui-même, on ressent des
fourmillements et des picotements dans tout l'avant-bras;
en même temps survient une douleur extrêmement vive,
et pour la supporter, il faut, dit Romberg, beaucoup de
courage. L'hyperesthésie des $3^e, 4^e$ et 5e doigts est telle que
le moindre contact provoque une douleur extrême. Enfin
l'anesthésie survient; et elle est complète, alors que la

(1) Weber. *De pulsu, resorptione, et tactu*, 1834.—Waller. *Proc. Royal
Soc. London*, 1860, t. II, p. 89. — Weir Mitchell. *Loc. cit.*, p. 62. --- Romberg. *Zur Kritik der Valleixsche Schmerzenspuncte* (*Arch. für Psychiatrie*, 1868, t. I, p. 1)

motilité n'a pas encore tout à fait disparu. Même quand il y a anesthésie, il y a encore des crampes, des contractions involontaires et douloureuses, dans les muscles. Enfin je noterai une sensation générale de malaise sur laquelle nous reviendrons plus loin et qui survient presque toujours par suite de l'excitation trop forte d'un tronc nerveux volumineux.

Quelquefois ces paralysies par le froid ont une assez longue durée, mais en général elles disparaissent facilement. Le traitement par la faradisation a une influence très-heureuse ; sans qu'on puisse exactement se rendre compte de son mode d'action, il est incontestable qu'il agit avec une grande puissance.

§ IV. *Action de l'anhémie.*

Ainsi que tous les tissus, les nerfs ont besoin, pour vivre, d'être en contact avec le sang oxygéné. La privation de sang produit donc la mort du nerf. C'est un *a priori* que l'expérience vient confirmer.

Ce n'est donc pas de l'anesthésie proprement dite ; toutefois nous pensons qu'il faut rester attaché à la définition donnée plus haut de l'anesthésie, privation de sensibilité, et étudier les effets de cette anesthésie, et son mécanisme.

En second lieu nous verrons comment, en pathologie, l'anhémie ou l'oligohémie amènent tantôt la douleur, tantôt l'anesthésie. Enfin nous traiterons de l'hypoalgésie produite par la soustraction soit locale, soit générale. d'une certaine quantité du fluide sanguin.

C'est Flourens (1) qui, le premier, en injectant des substances pulvérulentes inertes dans l'aorte d'animaux vivants, a étudié les effets de l'anhémie sur la sensibilité. Les petits granules qu'il injectait agissaient mécaniquement, et laissaient la motricité intacte, tandis que la sensibilité était abolie. Plus tard Vulpian (2) a expliqué cette différence entre la persistance des deux propriétés fondamentales du système nerveux, en montrant que l'anhémie portait moins sur les membres que sur la partie inférieure de la moelle. En injectant directement de la poudre de lycopode dans l'artère du membre, il a vu que la sensibilité dans le tronc du nerf sciatique persistait trois heures environ après qu'il eut été anhémié.

Brown-Séquard, après avoir constaté (3) que la sensibilité ayant disparu dans un membre anhémié pouvait, après un maximum de deux heures, reparaître dans le même membre, si on lui rendait du sang oxygéné, a essayé de se rendre compte d'une manière plus exacte de l'influence du sang sur la sensibilité, et il a constaté les faits suivants qui sont assez intéressants (4).

Afin d'éliminer toute cause d'erreur provenant du rétablissement de la circulation collatérale, non-seulement il liait l'artère, mais il faisait la section complète de tout le membre en ne respectant que les nerfs sciatiques. Il a vu ainsi que chez les lapins la sensibilité persistait environ 22 minutes, 32 minutes chez le chien, 45 minutes chez le

(1) *Comptes rendus de l'Acad. des sciences*, 1847, p. 905.
(2) *Gaz. hebd.*, 1861, t. VIII, p. 350.
(3) *Journ. de la physiologie*, t. I, p. 730. *Propriétés et usages du sang, rouge et du sang noir*.
(4) *Ibid.*, 1861, t. VI, p. 140.

cochon d'Inde. L'élévation de la température hâtait la mort du nerf. La section des cordons postérieurs semblait au contraire la ralentir : Brown-Séquard a même remarqué que quand la sensibilité paraissait éteinte, il suffisait de sectionner les cordons postérieurs pour la faire reparaître, ce qui montre que si la sensibilité paraît abolie, c'est que la sensation n'est pas assez forte pour exciter le *sensorium commune*, mais qu'en rendant cette sensation plus forte, elle peut devenir perceptible.

Neumann (1) a essayé de déterminer aussi la durée de la mort du nerf sensitif par anhémie. Mais il en a seulement conclu que la température extérieure jouait un très-grand rôle pour la rapidité de cette disparition, et que, à mesure que le nerf mourait, la sensibilité aux courants d'induction diminuait, la sensibilité aux courants de pile restant à peu près stationnaire. D'ailleurs il n'a fait qu'un petit nombre d'expériences.

Plus récemment, Claude Bernard, dans son rapport sur les progrès de la physiologie en France (2), a magistralement exposé la différence qui existe, suivant lui, entre la mort du nerf sensitif et celle du nerf moteur. Le nerf sensitif meurt physiologiquement par la moelle, comme le nerf moteur par la périphérie. « Le nerf sensitif, dit-il, reste sensible indéfiniment au-dessus de la ligature des vaisseaux, et il en serait de même au-dessous, si la circulation des liquides pouvait empêcher l'altération locale de la fibre nerveuse.... celle-ci n'est pas 'une mort physiologique.

(1) *De la perte de l'irritabilité dans les nerfs et dans les muscles* (*Arch. de Reichert*, 1864, p. 554).

(2) P. 24 et *Appendice*, p. 165 et suiv.

Dans l'anémie nerveuse centrale, le nerf sensitif meurt physiologiquement en perdant graduellement ses propriétés, de la périphérie au centre, de son extrémité passive périphérique vers son extrémité active centrale. »

Il est certain que la mort du nerf par l'altération de la substance nerveuse n'est pas identique à la mort de la sensibilité qui survient par la destruction de la moelle ; mais il n'en était pas moins important de rechercher les conditions de cette mort locale. C'est ce que j'ai cherché à faire, et je vais donner ici, en quelques mots. le résultat de mes expériences, et la méthode que j'ai employée (1).

J'ai fait ces expériences au Collége de France dans le laboratoire de mon savant et excellent maître, le professeur Marey. C'était par une température moyenne de 10 à 16 degrés centigrades, sur des grenouilles généralement petites et assez chétives. Le fait est important à noter, car Faivre (2) dit que les réactions des grenouilles sont différentes selon qu'elles sont grosses ou petites, et Harless (3) prétend qu'il n'y a jamais deux grenouilles réagissant de la même façon à l'électricité et aux substances toxiques.

Afin d'éviter un afflux sanguin quelconque, si léger qu'il fût, par la voie des circulations collatérales, je faisais la section de toute la cuisse, en ne conservant que le nerf sciatique que je garantissais contre la dessiccation.

Comme il est assez difficile de savoir d'une manière

(1) J'ai présenté sur ce sujet une note à la *Soc. de biologie* ; voir aussi la *Gaz. des hôp.* et la *Gaz. méd.*, juin 1876.

(2) *Bull. de la Soc. de biologie*, 1858, p. 126.

(3) *Actions moléculaires dans la substance nerveuse*. (*Mém. de l'Acad. royale de Bavière*, 1858, p. 66).

exacte si une grenouille sent ou ne sent pas, j'ai pensé à rendre manifeste par une contraction musculaire énergique la moindre sensation perçue. Pour cela, au moment où je supposais la sensibilité sur le point de s'éteindre dans la patte anhémiée, j'empoisonnais la grenouille avec une dose légère de strychnine. Cette substance, comme on le sait, surexcite la moelle épinière au point que la plus faible impulsion périphérique devient le point de départ d'un tétanos réflexe généralisé.

Il est vrai d'ajouter que toutes les impressions sensitives ne donnent pas lieu à ce réflexe, que la sensibilité à la chaleur ne produit pas de contraction tétanique, et que la sensibilité tactile de la peau paraît avoir sur cette production de réflexes une influence prédominante. Toutefois, l'excitation électrique même très-faible suffit pour mettre en jeu l'activité des cellules de la moelle. Comme d'autre part il est avéré que la sensibilité électrique est la dernière qui persiste, cette contraction de la grenouille strychnisée sous l'influence de l'excitation électrique est un précieux réactif qui nous fait bien connaître l'état de la sensibilité.

On pourrait objecter encore qu'en intoxiquant ainsi des grenouilles, je me mets en dehors des conditions physiologiques normales, et que, par cela même qu'elles sont empoisonnées, elles doivent réagir différemment des grenouilles non empoisonnées. L'objection ne me paraît pas fondée. En effet, le membre anhémié ne recevant pas de poison, les terminaisons périphériques du nerf sensitif ne sont en rien altérées ; quant à ses terminaisons centrales, elles le sont évidemment ; mais cela importe peu, puisque je n'emploie la strychnine qu'afin de savoir si le courant nerveux arrive ou non jusque dans la moelle. Je ne prétendais pas juger du degré d'excitabilité des racines postérieures. Mais ce que je cherchais seulement, c'est à savoir si le courant nerveux, par l'excitation de la périphérie du nerf, passait par ce nerf, et pénétrait jusqu'aux centres. La strychnine n'est donc là que pour rendre témoignage de l'arrivée du courant nerveux dans les centres. Si l'excitation électrique de la périphérie donne un tétanos généralisé, c'est que le courant a pu passer par le nerf et par conséquent que le nerf était excitable.

Ces conditions ne sont pas tout à fait identiques aux conditions dans lesquelles s'est placé M. Claude Bernard, car il liait l'artère du membre, ce qui permettait peut-être à la circulation collatérale de se rétablir. C'est sans doute ce qui explique que les résultats ne sont pas tout à fait les mêmes : en effet il m'a semblé que la sensibilité disparaissait avant la motricité. D'ailleurs, le tronc même du sciatique restait toujours sensible.

Le temps nécessaire à la mort du nerf m'a paru assez variable et compris entre les limites de 6 à 8 heures. Il n'y a d'ailleurs rien d'étonnant à ce que chez des animaux à sang froid, la persistance des propriétés vitales soit quinze fois plus grande que chez des mammifères.

On peut hâter la mort du nerf en l'épuisant par des courants électriques induits. Il faut seulement faire cette remarque très-importante que ces courants appliqués directement sur le tronc nerveux lui-même, ne tuent pas le nerf, mais hâtent sa mort. C'est là une distinction fondamentale à établir. En effet, immédiatement après l'excitation électrique, si elle n'a duré que quelques minutes, le nerf est encore excitable, mais une demi-heure après cette excitabilité a cessé.

On peut, au lieu d'exciter directement le nerf, exciter la patte, par exemple la membrane interdigitale de la grenouille. Il y a alors une série de *courants nerveux* remontant vers les centres, et il semble que ces courants épuisent le nerf ; il est certain qu'il y a là une dépense de forces, probablement une dépense chimique, et que le sang faisant défaut pour réparer les pertes incessantes que nécessite la mise en jeu de l'excitabilité nerveuse, le nerf finit par s'altérer, faute de pouvoir retrouver des matériaux nouveaux nécessaires à son fonctionnement. Ainsi un nerf privé de sang, mais non excité, met six heures à mourir : mais si, pendant qu'il meurt ainsi, on l'excite par l'électricité ou de toute autre manière, sa mort est bien plus rapide.

Je me suis demandé si cet épuisement pouvait survenir par l'action de courants électriques même assez faibles pour ne pas être appréciables extérieurement par des réactions musculaires ; or, ces faibles courants n'épuisent pas le nerf, et il suffit d'augmenter très-peu la force de la bobine d'induction pour voir immédiatement se manifester des effets sensibles. Ainsi ces courants faibles n'agissent pas sur le nerf, et le nerf faiblement excité ne meurt pas plus vite que dans d'autres conditions.

Quoi qu'il en soit, le nerf de sensibilité meurt avant le nerf de mouvement et avant le muscle : ce sont les extrémités périphériques qui sont d'abord atteintes : la mort des troncs nerveux ne vient que plus tard. De plus, quand les agents mécaniques, destruction, écrasement, pincement, ne provoquent plus de contractions, l'excitation électrique en produit encore immédiatement.

Ce fait de la disparition des propriétés du nerf sensitif

avant celles du nerf moteur et du muscle concorde avec les expériences de Faivre (1), et les expériences qu'on peut faire sur l'homme avec l'appareil de Silvestri. Faivre a vu en effet que, par la mort naturelle des éléments, le nerf moteur mourait avant le muscle, et même à un moment où le muscle avait une irritabilité exagérée. Nous avons vu aussi dans l'étude de la compression des nerfs (2) que la sensibilité disparaît un peu avant l'irritabilité musculaire.

Il est difficile de dégager la cause précise de l'anesthésie, quand on applique la bande de caoutchouc. Est-ce l'anhémie des nerfs ? Est-ce la compression ? ou ces deux causes agissent-elles ensemble ? Voilà pourquoi les expériences sur les animaux offrent plus de précision, tandis que les expériences sur l'homme ont cet avantage que le patient peut rendre compte de ses sensations.

Si on applique la bande de caoutchouc de manière à expulser soigneusement tout le sang contenu dans les tissus, et si la compression qu'on fait supérieurement est modérée, il est probable que les effets de la compression sont moindres que les effets de l'anhémie. Alors le patient ne sent ni les fourmillements ni les sensations bizarres que fait éprouver la compression du nerf. Au bout de trente à trente-cinq minutes les mouvements volontaires sont devenus impossibles ; cependant la sensibilité à la douleur s'est tout à fait éteinte : il y a analgésie, anesthésie tactile, mais la thermoesthésie subsiste. Dans ces conditions l'électrisation du membre anhémié fournit des données

____

(1) *Loc. cit.*, p. 127.
(2) Voyez plus haut p. 30 et suiv.

Richet.   10

intéressantes. Les courants électriques même forts ne provoquent plus d'excitation sensible, et cependant ils font contracter le muscle : ainsi, chez l'homme, la sensibilité électrique du nerf est détruite, alors que l'irritabilité musculaire est encore conservée.

J'ai souvent constaté ce fait qui n'avait pas été observé par les expérimentateurs qui m'ont précédé. Si donc on énumérait les fonctions nerveuses et musculaires, d'après l'ordre dans lequel ces fonctions disparaissent, dans un membre anhémié, on aurait successivement : la précision des mouvements, la finesse du tact, la sensibilité de contact, la sensibilité à la douleur, la motricité volontaire, la sensibilité à la chaleur, la sensibilité à l'électricité, et en dernier lieu l'irritabilité musculaire.

La perte de la sensibilité à la douleur n'est donc pas un des phénomènes les plus marquants de l'anhémie d'un membre par la compression élastique. Aussi ne l'emploie-t-on guère pour l'anesthésie locale. Je noterai toutefois que M. Lefort a pratiqué une résection du coude et une amputation de la jambe sans chloroforme et obtenu l'anesthésie par ce procédé (1) : M. Trélat a mis aussi ce moyen en usage, mais sans un égal succès. J'ai pensé qu'en combinant l'anhémie d'un membre à la réfrigération par l'éther, on arriverait plus vite et plus sûrement à un résultat complet. De fait, jusqu'ici l'expérience m'a donné raison.

M. Verneuil a consenti, avec une extrême bienveillance, à expérimenter ce moyen pour trois opérations, un ongle incarné, une amputation du pouce, et une extirpation de tumeur à la paume de la main. Dans ces trois cas, l'anes-

____

(1) *Bull. de la Soc. de chirur.*, mai 1874, p. 361.

thésie a été complète et a empêché absolument la douleur. Cependant, pour l'amputation du pouce, comme la région était très-enflammée, l'application d'un jet froid d'éther a produit d'assez vives douleurs, mais l'opération ·en elle-même n'a été aucunement ressentie.

Avant d'employer ce procédé dans une opération, j'avais fait sur moi-même et sur un de mes amis quelques expériences, et j'ai constaté que pour être sûr d'une anesthésie complète, il faut attendre dix à quinze minutes environ après la compression élastique avant de commencer la réfrigération par l'éther. En effet, au début, le froid intense est assez douloureux. Au contraire, après quelques minutes de compression, l'anesthésie a déjà commencé et permet d'appliquer sur la région malade un jet d'éther froid. Je crois donc que ce procédé, dans lequel la compression, l'anhémie et la réfrigération sont combinées pour produire l'anesthésie, pourra rendre des services quand le chloroforme sera repoussé par le malade ou le chirurgien.

Voyons maintenant quels sont, en pathologie, les effets de l'anhémie locale sur la sensibilité.

Lorsqu'il y a une perte abondante de sang, la sensibilité, au lieu d'être émoussée, est accrue : c'est là un fait d'expérience vulgaire. Schiff dit quelque part que, pour explorer la sensibilité des animaux, il leur fait au préalable une saignée abondante, laquelle rend toutes leurs réactions sensitives beaucoup plus accentuées. Quand je faisais les expériences citées plus haut sur l'anhémie locale chez les grenouilles, j'ai remarqué que si après avoir fixé une grenouille sur une plaque de liége, on lui ouvre l'artère fémorale, à mesure que le sang s'écoule, sa sensibilité s'accroît ; les piqûres d'épingle qu'elle supportait d'abord sans réagir l'excitent assez pour provoquer des mouvements convulsifs. Il est probable que cet accroissement d'excitabilité tient à la moelle, et dépend de la moelle motrice tout autant que de la moelle sensitive.

En tout cas, les névralgies par anhémie ne sont pas rares. Il semble, ainsi que le dit Romberg, que ce soit le cri de douleur des nerfs implorant un sang plus généreux, de sorte que la diminution du sang paraît agir sur les nerfs comme sur la moelle, et augmenter l'excitabilité de toutes les parties du système nerveux.

Il n'est pas surprenant que souvent on trouve de l'hyperesthésie au lieu de l'anesthésie. En effet, en pathologie, les faits sont loin d'être aussi nets qu'en physiologie. Il ne peut plus être question d'anhémie absolue, mais d'anhémie relative, ou mieux d'oligohémie. Aussi cette anhémie, qui s'arrête en chemin, pour ainsi dire, produit sur les nerfs le même effet qu'au début d'une expérience physiologique, c'est-à-dire de l'hyperesthésie. L'anesthésie ne vient que plus tard, lorsque les parties malades sont absolument privées de sang. Il arrive même le plus souvent qu'il y a plusieurs zones dont la sensibilité est très-différente : une zone anhémiée dont les nerfs sont morts et qui est anesthésique ; une zone oligohémiée dont les nerfs sont hyperesthésiés et qui est le siége de vives douleurs.

Le seul exemple peut-être d'anhémie locale complète que nous présente la pathologie, est cette affection singulière décrite sous le nom d'asphyxie locale ou gangrène symétrique des extrémités (1). Cet état présente deux formes différentes. Dans certains cas, il s'agit d'une altération passagère de la circulation, une sorte de syncope locale, dans laquelle le doigt paraît comme mort. L'anesthésie arrive rapidement, mais la thermc-anesthésie manque dans la plupart des cas. C'est là un fait très-intéressant et parfaitement en accord avec tous les faits que nous avons énumérés plus haut.

Mais dans d'autres cas l'affection est plus grave, et les lésions plus durables. L'anhémie survient plus lentément, mais ne disparait plus et se termine par la gangrène. Au début les doigts pâlissent et deviennent exsangues. A ce moment surviennent des fourmillements et des élancements insupportables auxquels succèdent des sensations de brûlure et de glace, et un peu après des douleurs intolérables. Puis ces douleurs se calment et font place à des fourmillements et à des démangeaisons que les malades comparent aux sensations des engelures. La sensibilité reparaît, sauf en quelques points qui sont livides et absolument gangrénés.

Ces accès d'asphyxie locale reviennent par intervalles plus ou moins rapprochés, et toutes les fois qu'ils reparaissent, c'est avec le même cortége de douleurs, et ces douleurs sont atroces. « Le symptôme qui attire tout d'abord l'attention, dit M. Raynaud (2), c'est la douleur; elle est

(1) M. Raynaud. *De l'asphyxie locale.* Th. inaug. Paris, 1862. — Thèze. *Quelques considérations sur un cas d'asphyxie locale des extrémités.* Th. inaug. Paris, 1872. — M. Raynaud. Art. *Gangrène* du *Dict. de méd. et de chir.*, J.-B. Baillière, t. XV, p. 636, et *Arch. gén. de méd.*, janv.-fév. 1874. — Marroin. *Arch. de méd. navale*, t. XII, p. 210, t. XIII, p. 341. — Bréhier, Th. inaug. Par

(2) *Loc. cit.*, p. 642.

quelquefois le phénomène primitif et, en général, elle prend rapidement une intensité effrayante ; elle ne se borne pas aux extrémités affectées ; elle s'irradie à tout le membre, c'est une sensation de brûlure, de déchirement ; elle survient par accès et, chose remarquable, ces exaspérations douloureuses coïncident avec une augmentation manifeste de la teinte cyanique. Je l'ai vue arracher des hurlements de souffrance : tantôt c'est un gémissement continu, interrompu seulement par des cris déchirants. Même dans les moments où survient un peu de calme, les pieds et les mains restent dans un état d'agacement et d'irritabilité tel que les malades vous conjurent de ne pas en approcher. » Dans quelques cas les douleurs sont tellement intenses qu'elles ont donné lieu à des attaques épileptiformes (1).

On se rendra compte facilement de la différence entre ces deux formes d'anhémie locale : l'une est une simple syncope passagère, sans gangrène, ne causant que des fourmillements et de l'anesthésie, mais peu de douleur; l'autre, au contraire, est une syncope qui survient dans un membre déjà gangréné, et elle est caractérisée par d'atroces douleurs. C'est que dans ce dernier cas l'excitation nerveuse porte sur un nerf enflammé, et que l'inflammation des nerfs accroît démesurément leur excitabilité. L'excitation d'un nerf sain produit des fourmillements, des démangeaisons, et une irritabilité très-pénible; mais l'excitation d'un nerf enflammé et hyperesthésié provoque des douleurs atroces, comme celles que Raynaud a si bien décrites dans le passage que nous lui avons emprunté.

(1) Thèze. *Loc cit.*

Au point de vue spécial où nous nous plaçons ainsi, cette étude de l'asphyxie locale a donc un grand intérêt ; car elle nous montre le rapport intime qu'on peut établir entre tous les phénomènes des anesthésies périphériques. L'anesthésie est toujours précédée de l'hyperesthésie du nerf, et cette hyperesthésie se manifeste par les mêmes symptômes, fourmillements, démangeaisons, douleurs, tous symptômes d'autant plus accentués que le nerf est plus excitable.

Nous pouvons, jusqu'à un certain point, rapprocher de l'asphyxie locale la sclérodermie et les autres gangrènes.

Dans la sclérodermie (1), nous trouvons à peu près les mêmes symptômes subjectifs, diminution de la sensibilité tactile, douleurs lancinantes et fourmillements à l'extrémité des doigts. En général les malades se plaignent de sensations de froid ou de chaleur insupportables, et ces phénomènes coïncident avec l'anhémie relative des parties douloureuses. Il est vrai que l'anhémie est loin d'être le symptôme dominant, et qu'il y a des lésions interstitielles des tissus qui permettent à la plupart des auteurs de classer les sclérèmes et les sclérodermies parmi les altérations trophiques de la peau liées à des lésions du système nerveux central.

Il faut rattacher aux sclérèmes et aux sclérodermies, cette affection épidémique bizarre, d'origine humorale ou

(1) Dufour. *Mém. de la Soc. de biol.*, 1871, p. 179. — Ball. Charcot, Chalvet. *Bull. de la Soc. de biol.*, 1871, p. 43, — Hallopeau. *Note sur un cas de sclérodermie (Ibid.)*, 1872, p. 85. — Viaud. *Sclérème des adultes..* Th. inaug. Paris, 1876. — Lépine. *Bull. de la Soc. de biol.*, mars 1873. — Ball. *Ibid.*, 1874, p. 318.

nerveuse connue sous le nom d'acrodynie, et dont on a observé quelques cas sporadiques (1). Il paraît probable que l'anhémie locale qu'on observe à l'extrémité des doigts est la conséquence plutôt que la cause des troubles nerveux, et que, par conséquent, cela rentre dans les anesthésies par lésions nerveuses.

Voyons maintenant quels sont les phénomènes nerveux des différentes variétés de gangrènes. L'analyse des troubles sensitifs produits par la gangrène par asphyxie locale, nous permettra d'être plus brefs.

Dans la gangrène, il y a anesthésie complète partout où la circulation ne se fait plus. Souvent même cette anesthésie s'étend au delà des points qui sont mortifiés. Entre la zone saine et la zone mortifiée existe une zone suspecte caractérisée par une anesthésie presque complète et qui, au point de vue chirurgical, ne saurait être délimitée avec trop d'attention. L'anesthésie est alors un symptôme d'une très-grande valeur. Que se passe-t-il en effet? Ce que nous appelons mortification n'est autre que la destruction cadavérique, putréfaction ou momification des tissus, et quand nous jugeons qu'une zone est mortifiée parce que la peau est terne et blanche, c'est qu'elle était morte depuis longtemps ; les douleurs et l'anesthésie, peut-être aussi la température de la région, sont les seuls indices de l'existence de la lésion. Si on pique, il

______

(1) Chomel. *Bull. de l'Acad. de méd.*, août 1828. — Rue. *Essai sur la maladie qui a régné à Paris en* 1828. Th. inaug. Paris, 1829. — Rambert. *Mém. sur l'acrodynie sporadique* (*Rev. méd. chirur.*, 1848, t. III, p. 255). — Tholozan. *De l'acrodynie dans l'armée d'Orient* (*Gaz. méd.*, 1861, p. 647 et suiv). — Bodros. *Recueil de Mém. de méd. de chirur. et de pharm. militaires*, 1875, p. 428.

s'écoule du sang . mais ce n'est pas une preuve que la circulation existe; le sang veineux ne se coagulant pas, alors que la circulation artérielle a déjà cessé.

Lorsque la gangrène survient rapidement, il n'y a que peu de douleurs. En effet, l'anhémie détruit rapidement l'excitabilité nerveuse, et la période d'hypéresthésie est passagère. On peut prendre comme type de ces gangrènes celle qui survient à la suite d'une embolie ou de la ligature de l'artère principale d'un membre. Dans ces deux cas, il y a des douleurs plus ou moins vives, mais qui durent peu et si on n'a pas constaté au début de l'hypéresthésie, c'est que probablement on ne l'a guère recherchée. D'ailleurs, après la ligature de l'artère principale d'un membre, de la fémorale par exemple, il n'y a pas anhémie absolue, comme on serait tenté de le croire. Le soir même, la circulation collatérale est rétablie, et assez pour qu'on puisse sentir les battements de la pédieuse.

Quand au contraire la gangrène est lente et progressive, les douleurs sont atroces. Dans la gangrène sénile, par exemple, il y a une induration phlegmoneuse autour des points anesthésiés. Cette induration, dans laquelle les nerfs sont enflammés, est peu à peu envahie par l'anhémie, et l'altération progressive des nerfs cause des douleurs atroces pour deux raisons : d'abord, parce que l'anhémie ne s'établit pas d'emblée et qu'il y a une période d'oligohémie plus ou moins longue, mais constante, et précédant l'anhémie, et ensuite parce que les nerfs enflammés sont beaucoup plus excitables que les nerfs sains. Cette vérité est tellement évidente qu'elle a à peine besoin d'être prouvée. Ne sait-on pas que l'incision d'un

panari est bien plus douloureuse que ne le serait la section de la pulpe du doigt, et la douleur de l'avulsion
d'une dent saine est-elle comparable à celle que produit
l'avulsion d'une dent, dont la loge périosto-alvéolaire est
enflammée depuis plusieurs jours?

D'ailleurs à côté de la zone gangrénée il y a une zone
inflammatoire, et les douleurs propres du phlegmon viennent se joindre aux douleurs de la gangrène.

Pour résumer, nous trouvons comme causes de l'hypéresthésie de la gangrène dite sénile, l'oligohémie et l'anhémie des nerfs enflammés. Cependant la complexité des
formes cliniques est telle qu'il peut y avoir, en apparence
comme en réalité, des différences considérables.

Ainsi cette année, j'ai vu dans le service de M. Verneuil
deux cas de gangrène sénile qui ont évolué simultanément,
mais avec une étonnante diversité d'aspect.

Dans le premier cas (salle Saint-Louis, n° 60), c'était
un homme robuste, de formes athlétiques, alcoolique in-
vétéré, (il a dû être enfermé six fois à Bicêtre), qui vit,
après une assez longue période de douleurs (oligohémie
prémonitoire), apparaître une tache noirâtre au gros or-
teil Peu à peu cette tache s'accrut et gagna rapidement
tous les doigts de pied. Les points gangrénés étaient absolument insensibles, mais tout autour existait une zone
hypéresthésique, au point que le plus léger contact éveil-
lait de vives douleurs. Quant aux douleurs dites spontanées, elles sont intolérables. Depuis que la maladie dure,
c'est-à-dire depuis six mois environ, le malade ne peut
pas dormir, malgré le chloral et la morphine dont il est
abreuvé, deux heures de suite; et pendant le jour, il
souffre, dit il, un martyre abominable.

L'autre cas est celui d'une femme très-âgée, (87 ans)
(salle Saint-Augustin, n° 24), qui était entrée pour une
lymphangite de la jambe. Cette lymphangite avait pour
point de départ une petite excoriation superficielle qui,
au bout de quelques jours, devint livide, puis s'agrandit
et envahit tout le pied. En même temps l'autre pied se
gangréna aussi, lentement, successivement, et peut-être
sans grandes douleurs. Je dis peut-être, car je n'ai jamais
pu me rendre compte si cette femme souffrait ou ne souffrait pas. Jamais elle ne disait un mot quand on ne lui
adressait pas la parole, et lorsqu'on lui demandait ins-
tamment si elle souffrait, elle assurait qu'elle souffrait
énormément. Mais l'adynamie profonde dans laquelle elle
fut plongée jusqu'à sa mort, l'empêchait probablement de
souffrir vraiment. Elle devait être comme dans un rêve
perpétuel, le rêve des typhiques, par exemple, et dans cet
état de stupeur il n'y a pas de réelle souffrance.

Tels sont les cas dans lesquels la douleur est due à la
privation ou à la diminution de sang aux abords des nerfs
périphériques. Dans des cas plus nombreux, c'est l'afflux
de sang qui cause la douleur, et alors la thérapeutique est
plus puissante : il est en effet bien plus facile de diminuer
l'abord du sang dans une région vasculaire, que de rétablir la circulation d'une région anhémiée. Aussi la saignée, soit locale, soit générale, a-t-elle une action hypoalgésique manifeste dans les congestions locales telles que
les phlegmons, les arthrites, etc. Il est vrai de dire que la
congestion est loin d'être le principal élément de la douleur, et que les saignées ou les sangsues, si elles modèrent
la congestion, ne peuvent agir qu'indirectement sur les
modifications de tissu qui constituent l'inflammation, et

qui sont la cause principale de la douleur dans les affections aiguës.

Dans les affections non inflammatoires et douloureuses
telles que les névralgies, on a essayé aussi (1) de diminuer
l'abord du sang; mais ce moyen paraît être justement
abandonné, ainsi que les saignées locales dans le traitement des névralgies. Ici l'indication thérapeutique est
tout, et s'il y a congestion intense, la saignée locale est
indiquée, quoiqu'elle ne donne pas toujours de succès.

D'après Gubler, chez presque tous les phthisiques
parvenus à une période avancée, il y aurait de l'anesthésie
tactile. Il semble que cette perversion dans les fonctions
de la peau soit liée à des troubles circulatoires, car, d'une
part, on la rencontre dans beaucoup de maladies chroniques où l'hématose ne s'accomplit pas, dans les vieilles
maladies cardiaques, et les pleurésies chroniques ; et,
d'autre part, il y a dans les régions anesthésiques un état
de cyanose incomplète, une sorte d'asphyxie locale qui
s'accompagne quelquefois de fourmillements et des premiers signes d'une oligohémie nerveuse périphérique.

Peut-être aussi l'état de dépression du système nerveux
central n'est-il pas sans une certaine influence ? Pour
l'exercice régulier d'un sens, l'intégrité de l'appareil central récepteur est nécessaire, et il y a lieu de se demander
si l'insuffisance de l'hématose porte plutòt sur le système
nerveux central que sur les expansions nerveuses de la
peau.

Dans l'analgésie hystérique, il arrive très-souvent que

(1) Allier. *De la compression des artères dans les névralgies.* (*Rev. thérap.*, mars 1854.)

l'anesthésie d'une région coïncide avec une sorte d'anhémie et de cyanose de cette région ; mais nous nous réser-
vons de traiter cette question, en étudiant les phénomènes de la douleur chez les hystériques.

§ V.

*Des anesthésies liées à des lésions des nerfs, ou à des
lésions de la peau.*

Parmi ces anesthésies, nous établirons deux groupes. Le
premier groupe comprendra les anesthésies liées à la névralgie et à la névrite des gros troncs.

Le second groupe comprendra les anesthésies qui accompagnent les maladies inflammatoires ou chroniques
de la peau.

Groupe α. — Nous avons assez insisté sur les rapports
entre l'hyperesthésie et l'anesthésie pour qu'il soit inutile d'y revenir. Nous nous contenterons de remarquer
qu'un nerf hyperesthésié est bien plus près d'un nerf anesthésié que n'en est un nerf sain, et qu'il n'y a par conséquent
rien d'anormal à voir sur le trajet d'un nerf malade, tantôt
de l'hyperesthésie, tantôt de l'insensibilité.

Si l'on admet que la névralgie est une affection *sine
materiâ*, ce qui semble toujours un aveu d'ignorance, la
coexistence de l'anesthésie avec de vives douleurs, indi-
quera qu'on a affaire non à une névralgie, mais à une névrite.
Peut-être, comme l'a bien indiqué mon ami Landouzy (1),
arrivera-t-on à distinguer la névralgie de la névrite par
l'absence d'atrophie dans les muscles qu'innerve le nerf malade. Mais en tout cas, il est fort difficile par les symptômes

____

(1) *De la sciatique et de l'atrophie musculaire qui peut la compliquer*
(*Arch. gén. de méd.*, 1875, p. 303).

subjectifs de distinguer la névralgie de la névrite. Aussi peut-on, au point de vue symptomatique, les confondre.

C'est Beau (1) qui a le premier signalé l'anesthésie dans les névralgies. Après lui il y eut quelques observations disséminées (2), un travail de Notta (3), et surtout une thèse intéressante de Hubert Valleroux (4). Hubert admet que dans les névralgies et spécialement dans la névralgie sciatique, il est constant de rencontrer des points anesthésiques. Suivant lui, c'est une règle qui ne souffrirait que très-peu d'exceptions, toutes les fois qu'on explore attentivement la sensibilité. Il a remarqué encore que l'insensibilité cutanée est très-marquée là où la pression est le plus douloureuse. Ce fait, qui paraît invraisemblable, est pourtant en réalité plus commun qu'on ne le pense, et il a, selon nous, une grande importance au point de vue du diagnostic de la cause de la névralgie.

En effet, qu'avons-nous vu jusqu'ici dans les anesthésies nerveuses d'origine périphérique? La sensibilité à la douleur disparait après la sensibilité de contact, et, quelquefois même persiste dans les cas où il y a de l'anesthésie tactile. Au contraire, dans les anesthésies d'origine centrale, le nerf insensible à la douleur est encore sensible au contact.

Un autre point important à noter, c'est la facilité avec laquelle ces anesthésies apparaissent ou disparaissent,

----

(1) *De la névralgie intercostale.*

(2) Cf. Lagrelette. *De la sciatique.* Th. inaug. Paris, 1869.

(3) *Arch. gén, de méd.* (*Mém. sur les lésions fonctionnelles qui sont sous la dépendance des névralgies*), 1854, t. IV, p. 1.

(4) *De la sensibilité cutanée dans la sciatique,* Th. inaug. Paris, 1870.

soit d'elles-mêmes, soit sous l'influence d'un traitement convenable, la faradisation par exemple. C'est une probabilité pour la non-existence d'une névrite.

Groupe β. — Dans les maladies de la peau on rencontre fréquemment l'anesthésie. Il y a quinze ans, on aurait regardé ces altérations fonctionnelles comme la conséquence de la lésion organique cutanée, mais aujourd'hui les progrès de l'anatomie et de la physiologie pathologiques ont changé complétement la question. En effet, depuis les travaux de Brown Séquard (1), de Schiff (2), de Claude Bernard (3), et surtout de Samuel (4), de Muller (5), et de Charcot (6), on sait que les altérations soit des centres, soit des gros troncs nerveux, déterminent des lésions musculaires et cutanées de toutes sortes. On ne saurait juger alors si la lésion de la peau est antérieure à l'anesthésie ou si l'anesthésie a précédé la lésion cutanée. De même il est possible que l'anesthésie soit la cause même de la lésion périphérique. Si cela n'est pas prouvé pour la peau, au moins les expériences de Cl. Bernard semblent le démontrer pour les kératites et les ophthalmies consécutives à la section intra-crânienne du trijumeau.

(1) *Experimental Researches applied to Physiology and Pathology.* New-York, 1853.

(2) *Untersuchungen zur Physiologie des Nervensystem.* Francfurt am Mein, 1855.

(3) *Leçons sur le système nerveux,* 1857, t. II.

(4) *Die trophischen nerven.* Leipzig, 1860.

(5) *Beiträge zur Pathol. anatomie und Physiologie des Rückenmarks.* Leipzig, 1871.

(6) *Leçòns sur les maladies du système nerveux,* 1875, t. I, p. 1-152, cette question y est magistralement traitée tant au point de vue historique qu'au point de vue clinique.

Ne pouvant entrer dans tous les détails de ce sujet, nous passerons rapidement en revue les principales anesthésies cutanées de cette sorte, sans juger la question si intéressante de la cause même de l'anesthésie et de l'origine centrale ou périphérique de la maladie cutanée.

Le zona (herpes zoster) est le type parfait des affections cutanées symptomatiques. En effet il est le plus souvent consécutif à une névralgie et apparaît comme un épiphénomène de l'affection nerveuse primitive. On l'a vu se développer à la suite de myélites (1), de névrite (2), de traumatismes des nerfs (3), et dans tous ces cas on a constaté de l'hyperesthésie. Il est probable qu'on aurait souvent trouvé des parties anesthésiques, comme on l'a constaté dans quelques cas (4). Selon Rendu, ce qui caractériserait l'anesthésie du zona, ce serait sa dissémination par plaques au milieu de zones hyperesthésiques, aussi bien en dehors de la zone éruptive qu'au centre des vésicules. Il a signalé aussi la persistance de l'anesthésie après la cicatrisation de ces mêmes vésicules.

Dans la lèpre, l'anesthésie est antérieure à la maladie ou plutôt elle en est le premier symptôme. Virchow (5) a montré qu'il s'agissait là d'une périnévrite véritable, ainsi

(1) Charcot. *Mém. de la Soc. de biol.*, 1865, p. 41. — Baerensprung. *Canstatt's Jahresbericht*, 1864, t. IV, p. 128.

(2) Mongeot. Th. inaug. Paris, 1867. *Recherches sur quelques troubles de nutrition consécutifs aux affections des nerfs.* — Hybord. Th. inaug. Paris, 1871. *Du zona ophthalmique.*

(3) Verneuil. *De l'herpès traumatique* (*Mém. de la Soc. de biol.*, 1873, page 15).

(4) Rendu. *Recherches sur les altérations de la sensibilité* (*Journ. de dermatologie*, t. VI, n° 1, p. 37, et Th. d'agrégat., 1875, p. 106).

(5) *Die krankhafte geschwülze*, t. II, p. 215.

que des travaux plus récents semblent le démontrer (1).
Le mal perforant qu'on a, non sans quelque raison, comparé à la lèpre, présente aussi des plaques d'anesthésie
qui s'étendent bien au-delà de l'altération cutanée vi-
sible (2). A certains égards la sclérodermie et l'acrodynie
étudiées plus haut se rapprochent de ces affections.

Quant aux autres altérations de la peau, elles offrent
entre elles au point de vue des symptômes subjectifs beaucoup d'analogie. La thermo-anesthésie, plus ou moins
profonde, semble être la règle. On la rencontre dans
l'eczéma, le psoriasis, le lichen et dans toutes les affections
inflammatoires. Il y a là un fait qu'il est bon de rapprocher de la thermo-hyperesthésie qu'entraînent soit la
compression, soit l'anhémie des nerfs. La congestion
semblerait donc diminuer, et l'anhémie augmenter la sensibilité aux températures. Peut-être la différence tient-elle
à la différence qu'il y a entre la masse du sang qu'il faut
échauffer, dans l'un ou dans l'autre cas.

Dans les affections inflammatoires, la sensibilité tactile est diminuée, mais la plupart du temps il y a hypé-
ralgésie. Il y a néanmoins quelques exceptions. Dans le
psoriasis circiné, on trouve de l'analgésie au centre des
anneaux, là où la peau est intacte. Ce qu'il y a de particulier, c'est que dans le psoriasis scarlatiniforme, il y a
anesthésie sans analgésie, et que dans le psoriasis gut-
tata il n'y a aucun trouble fonctionnel (3).

----

(1) Rendu. *Loc. cit.*, p. 32. — Lamblin. Th. inaug. Paris, 1870.

(2) Poncet. *Gaz. hebd.*, janv. 1872. — Duplay et Morat. *Recherches sur
la nature et la pathogénie du mal perforant* (*Arch. gén. de méd.*, 1873,
page 257).

(3) Rendu. *Loc. cit.*, p. 166.

Richet.   11

Un autre fait général, c'est que les altérations de la sensibilité ne sont pas en rapport avec l'étendue des lésions des tissus. Ainsi dans les scrofulides, telles que le lupus, où la lésion est extrêmement étendue, il n'y a presque aucun trouble fonctionnel, tandis que dans le pitiriasis rubra aigu, où on observe à peine quelques petites macules, il y a une analgésie assez étendue. Cela ne paraît-il pas démontrer que le système nerveux central joue un grand rôle dans la production des maladies cutanées de cette nature ?

Nous pouvons maintenant envisager dans leur ensemble les différentes anesthésies périphériques, car leur étude, en montrant qu'il n'y a pas d'identité absolue entre elles, nous a cependant appris que leur mécanisme était très-semblable.

En résumé, nous avons deux faits principaux :

1° *L'anesthésie est toujours précédée d'une période d'hypéresthésie.*

2° *Les différentes sensibilités peuvent se paralyser isolément.*

Ces deux faits peuvent ainsi rentrer dans le cadre des fois physiologiques formulées dans le chapitre II. En effet, tous les agents excitateurs des nerfs, par cela même qu'ils excitent les nerfs, finissent par les épuiser : ils sont donc aussi des agents paralysateurs de ces nerfs, et réciproquement : de sorte que, d'une manière très-générale, on peut dire qu'une anesthésie périphérique est produite par l'épuisement du nerf, et a toujours été précédée, soit d'une vive douleur, soit des symptômes caractéristiques de l'hypéresthésie. Cette hypéresthésie est extrêmement variable d'intensité et de durée, mais elle est constante. Entre la vive et rapide douleur qui suit la section d'un tronc nerveux, et les douleurs prolongées qui résultent de l'anhémie nerveuse, il y a une différence d'intensité et de durée, partagées de telle sorte que l'intensité supplée à la durée et la durée à l'intensité.

En second lieu, dire que les sensibilités peuvent se paralyser isolément, cela signifie simplement que lorsque un nerf est paralysé, certains excitants agissent sur lui, quand d'autres sont impuissants. C'est aussi ce que la physiologie enseigne. Un nerf est épuisé par des excitations mécaniques, qui réagit encore aux excitations électriques.

Expliquons ce fait, qui peut paraître obscur. Après la compression élastique et l'anhémie, on ne sent plus les impressions de contact, mais on sent encore des impressions de chaleur. Le nerf n'est donc plus excitable par ie contact ; s'il était encore sensible aux excitations tactiles, on aurait des sensations tactiles, i'état des centres nerveux n'ayant pas changé. Il est donc paralysé pour la sensibilité tactile. Mais comme la sensibilité à la chaleur est hyperesthésiée, le moindre contact étant, même à l'état normal, une excitation de chaleur faible, produit, quand il y a de l'hyperesthésie à la chaleur, une sensation de chaleur forte. C'est, à la vérité, une hypothèse : mais cette hypothèse est préférable à une fin denon-recevoir, comme lorsque on rapporte la spécificité des sensations à des modifications particulières des troncs nerveux.

Après ces faits fondamentaux, nous pouvons signaler encore certaines propositions qui sont assez générales pour être rapportées de nouveau ici.

　　　CONCLUSIONS.

1. Le nerf sensitif meurt de la périphérie au centre.

2. Les parties superficielles de la peau s'anesthésient avant les parties profondes.

3. La thermo-esthésie persiste la dernière, alors que toutes les autres sensibilités ont disparu.

4. La finesse du tact est la fonction sensitive nerveuse qui disparaît en premier lieu.

5. Entre les agents anesthésiques et les agents hypéresthésiques, il ne semble pas y avoir de différence essentielle, attendu que l'excitation exagérée ou prolongée d'un nerf de sentiment finit par amener sa paralysie, et que l'on ne peut le paralyser sans l'exciter préalablement.

6. L'excitabilité d'un nerf est extrêmement variable selon ses conditions physiologiques, et l'excitation légère d'un nerf enflammé produit les mêmes effets que l'excitation violente d'un nerf sain.

DEUXIÈME PARTIE

De la Sensibilité comme fonction des centres.

—⌐∞◦∾—

CHAPITRE PREMIER.

DES LOIS DE LA SENSIBILITÉ.

Depuis longtemps on a divisé les nerfs sensitifs en nerfs sensitifs généraux et nerfs sensitifs spéciaux; les nerfs optique, olfactif et acoustique sont les trois nerfs de sensibilité spéciale.

Mais la limite entre 'un nerf de sensibilité spéciale ou *sensoriel* et un nerf sensitif ordinaire n'est pas facile à établir.

En effet, d'une part, le nerf glosso-pharyngien sert au goût, et pourtant c'est aussi un nerf affecté à la sensibilité générale. D'autre part, les nerfs qui servent au toucher ne sont pas seulement des nerfs sensitifs généraux, ils sont aussi des nerfs sensoriels.

Quoique je n'ignore pas à quel point le travail des classifications soit ingrat et stérile, je proposerai d'établir entre les nerfs de sensibilité cette division :

Nerfs sensoriels : olfactif, optique, acoustique.
    Intermédiaires : glosso-pharyngien, lingual.

Nerfs sensitifs : rachidiens, encéphaliques.
    Intermédiaire : pneumogastrique.

Nerfs sympathiques venant des viscères.

A ces trois sortes de nerfs répondent trois sortes de sensibilités.

Les nerfs de la I^e, de la IIe et de la VIIIe paires crâniennes ne servent qu'à des sensibilités spéciales et exactement déterminées. Ils nous mettent en rapport médiatement avec le monde extérieur.

Les nerfs sensitifs rachidiens ou encéphaliques nous font connaître le monde extérieur avec lequel ils nous mettent en rapport immédiatement. Ils transmettent des excitations qui, si elles sont trop intenses, produisent de la douleur, et ils règlent les mouvements musculaires.

Au contraire les nerfs sensitifs du grand sympathique ne transmettent qu'une sensation vague, la plupart du temps inconsciente, et sont destinés principalement à mettre en jeu l'action réflexe, soit des vaso moteurs, soit des nerfs moteurs viscéraux. Les nerfs sensitifs du grand sympathique partent des viscères, et ils ne nous font rien connaître des objets extérieurs.

Le pneumogastrique qui, anatomiquement, est un nerf de sensibilité générale, semble, au point de vue physiologique, avoir des fonctions assez analogues à celles du grand sympathique. C'est donc un intermédiaire entre les nerfs sensitifs proprement dits et les nerfs sensitifs sympathiques. De même le lingual et le glosso-pharyngien, servant à la fois au goût et à la sensibilité générale, sont des intermédiaires qui relient les nerfs sensoriels aux nerfs sensitifs.

Nous ne nous occuperons ici que des nerfs de sensibilité générale. C'est, en effet, à eux que se rapporte l'expression *sensibilité*, quand on n'y ajoute pas d'épithète qui en restreint la signification.

Il est de la plus grande importance de déterminer avec précision les lois, ou, pour se servir d'une expression moins ambitieuse, les conditions de la sensibilité; mais les auteurs classiques sont à peu près muets sur ce sujet, et on ne trouve rien non plus dans les mémoires originaux ou dans les recueils. C'est seulement dans le *Traité de physiologie* de J. Müller, qu'on trouve formulées quelques-unes des lois de la sensibilité.

Voici quelles sont les propositions énoncées par Müller :

1° Lorsqu'un tronc nerveux est irrité, toutes les parties qui en reçoivent des branches ont le sentiment de l'irritation, et l'effet est alors le même que si les dernières ramifications de ce nerf avaient été irritées toutes à la fois.

2° L'irritation d'une branche du nerf est accompagnée d'une sensation bornée aux parties qui reçoivent des filets de cette branche, et non d'une sensation dans les branches qui émanent plus haut, soit du tronc nerveux, soit du même plexus.

3° Lorsqu'une partie reçoit par le moyen d'une anastomose des nerfs différents, mais de la même espèce, après la paralysie d'un de ces nerfs, l'autre ne peut pas entretenir la sensibilité de la partie entière, et le nombre des points qui demeurent sensibles correspond à celui des fibres primitives demeurées intactes.

Nous ne pouvons accepter cette proposition de J. Müller. En effet, il ne connaissait pas la sensibilité récurrente, et nous avons vu quel rôle important elle jouait dans les fonctions des nerfs sensitifs, nous remplacerons donc la loi de Müller par cette loi démontrée précédemment.

Après la section d'un tronc nerveux, la sensibilité diminue d'autant plus que le tronc nerveux est plus gros. Plus ce tronc nerveux est volumineux et proche de la moelle, plus l'anesthésie est complète et étendue. A mesure que le tronc nerveux devient plus petit, son bout périphérique devient plus sensible, et les résultats de l'anesthésie sont ou nuls ou passagers.

4° Les différentes parties de l'épaisseur d'un nerf sensitif produisent, quand on les irrite, les mêmes sensations que si des ramifications terminales différentes de ces parties du tronc venaient à être irritées.

Müller a observé le fait sur lui-même et l'a bien démontré.

5° Les sensations des fibres nerveuses les plus déliées sont isolées comme celles des troncs nerveux, et elles ne se mêlent point les unes avec les autres depuis les parties extérieures jusqu'au cerveau.

6° Lorsque le sentiment est complètement paralysé dans les parties extérieures, par le fait de la compression ou d'une section, le tronc du nerf peut encore, dès qu'il vient à être irrité, éprouver des sensations qui semblent avoir lieu dans les parties extérieures auxquelles ils aboutissent.

7° Lorsque le membre dans lequel se répand un tronc nerveux a été enlevé par une amputation, ce tronc, attendu qu'il renferme l'ensemble de toutes les fibres primitives raccourcies, peut avoir les mêmes sensations que si le membre amputé existait encore, et cet état persiste pendant toute la vie.

J'ai pensé qu'il serait utile de compléter les remarques de Müller par des recherches plus détaillées : aussi ai-je fait, dans le courant de l'année dernière, au laboratoire de M. Marey, une série d'expériences dans le détail desquelles je vais entrer.

Je parlerai tout d'abord de la méthode que j'ai employée et des procédés d'exploration.

L'étude de la sensibilité ne peut guère être faite complètement que sur l'homme. En effet, nous n'avons aucun moyen de savoir d'une manière rigoureuse si un animal peçoit ou ne perçoit pas de sensations. A la vérité, l'action réflexe, soit normale, soit exagérée par certaines substances toxiques, donne un mouvement facile à voir et à enregistrer, et peut fournir quelques renseignements utiles sur l'intensité de la sensation, la rapidité avec laquelle elle s'est produite, etc. Les changements de pression du sang, le ralentissement et parfois l'accélération du cœur, les mouvements de la pupille sont autant de moyens détournés qu'on a mis en usage pour apprécier la sensibilité. On conviendra cependant que ces procédés sont insuffisants pour connaître avec exactitude les perceptions sensitives réelles. Aussi ai-je pensé qu'il serait utile d'étudier la sensibilité sur l'homme, lequel peut seul rendre compte de ses sensations, et de prendre pour explorer cette sensibilité, une excitation facilement mesurable.

Il n'y a guère que deux sortes d'excitants des nerfs qu'on puisse mesurer et doser, c'est l'électricité d'une part, et d'autre part, l'application sur les tissus de solutions salines ou acides, plus ou moins concentrées. Ce dernier moyen a donné à Türck et à Sanders-Ezn des résultats intéressants dans leurs expériences sur les grenouilles. Mais comme il ne peut être employé pour l'homme, on est obligé de recourir à l'électricité.

J'ai préféré l'emploi des courants d'induction à ceux de la pile, parce que le courant d'induction est plus puissant, qu'on a moins à s'occuper de la polarisation des tissus, et à envisager la différence des effets sensitifs qui dépendent du sens des courants, et du lieu d'application de l'un ou l'autre rhéophore.

En outre, l'électricité a cet avantage incontestable qu'on peut inscrire facilement sur un cylindre le nombre et la fréquence des excitations au moyen d'appareils à signaux dont les indications sont instantanées. Pour inscrire ainsi les excitations électriques, ce qui permet d'établir un contrôle indispensable, je me suis servi du signal de Marcel Deprez.

Comme pile, j'employais tantôt trois, tantôt six éléments Daniell. La bobine d'induction était celle qu'emploie Du Bois-Reymond.

Enfin, pour avoir une excitation toujours égale et comparable à elle-même, les électrodes du courant induit étaient immergées dans deux vases remplis d'eau, et dans cette eau l'on plongeait la partie à exciter.

Cependant, par cela même que la resistance des conducteurs organiques peut être variable, la sensibilité peut différer selon la manière dont on fait l'excitation.

En effet, avec des courants égaux, la perception sensitive n'est pas égale, selon qu'on fait passer le courant par les deux doigts de la même main dans un cas, et par les deux mains dans l'autre cas. Supposons que le courant passe du pouce à l'index de la même main, on arrivera, en éloignant graduellement la bobine, à un moment où l'excitation sera encore perçue, mais où elle sera très-faible. Si elle était plus faible encore, elle ne serait pas perçue. Ce sera la *limite* de la sensation distincte. Si on fait, au contraire, passer le même courant par un doigt de la main droite et un doigt de la main gauche, il n'y aura plus aucune sensation.

Cette différence tient à un phénomène purement physique, la différence de résistance des conducteurs organiques. Très-petite d'un doigt à l'autre de la même main, cette résistance est très-grande d'une main à l'autre, et comme l'intensité d'un courant est en raison inverse des résistances, si, dans le premier cas, on est sur la limite de la perception, dans le second cas la perception sera nulle.

On peut vérifier le même fait d'une autre manière. Selon qu'on enfonce plus ou moins les doigts dans l'eau, on diminue ou on augmente la résistance. En plongeant très-profondément les deux doigts de la même main dans chacun des vases, la résistance est presque nulle, et la sensation est forte. En ne plongeant que l'extrémité des doigts, la résistance est plus grande, et la sensation est moins forte.

Si on met un doigt seulement dans un vase, et qu'on en

mette plusieurs dans l'autre, pourvu que le courant ne soit pas trop fort, on ne sentira rien là où il y a plusieurs doigts, tandis qu'on percevra une sensation très-nette dans le vase où est plongé un seul doigt. Il est facile de rattacher ce dernier fait à une observation déjà fort ancienne, c'est que, en supposant deux excitations électriques égales entre elles, la sensation perçue est d'autant plus forte que la surface électrisée est moins grande. Ainsi une quantité d'électricité égale à 1, disséminée sur une étendue de 10 centimètres carrés de la peau, est moins douloureuse que si elle est appliquée sur une surface d'un centimètre carré. Aussi l'excitation par de larges plaques est-elle bien moins douloureuse que par des pointes, et l'électrisation avec le *balai électrique* est très-pénible.

Toutes ces conditions préliminaires étaient importantes à bien déterminer, pour donner quelque rigueur aux expériences dont le détail va suivre ; car, pour étudier les phénomènes physiologiques, il faut éliminer les phénomènes dépendant de causes physiques. On évite aussi de nombreuses occasions d'erreur.

Pour interrompre le courant inducteur, j'ai dû employer divers appareils, tantôt le métronome, tantôt un électro-aimant, tantôt un diapason vibrant 500 fois par seconde, tantôt une roue portant des plaques d'ivoire et de cuivre qui, alternativement, pouvaient ouvrir ou fermer le courant. Cette roue était mise en mouvement par un appareil d'horlogerie, mû lui même par la chute d'un poids. On avait ainsi des excitations de fréquence croissante, suivant un mouvement uniformément accéléré.

Enfin le courant inducteur passait aussi par le signal électrique et par un interrupteur placé à la portée du sujet en expérience, qui pouvait à volonté ouvrir ou fermer le courant.

Après avoir étudié les différentes conditions dans lesquelles se produit la sensibilité, j'ai songé à les comparer à celles qui donnent naissance au mouvement. La méthode graphique se prêtant merveilleusement à l'étude des fonctions musculaires, il ne restait plus qu'à choisir le muscle que je pouvais prendre comme terme de comparaison.

Il m'a semblé que le muscle de la pince de l'écrevisse offrait de grands avantages à ce point de vue. Il semble que sur nul autre muscle l'élasticité ne soit aussi marquée. La lenteur avec laquelle il se contracte, sa vitalité puissante sont autant de conditions favorables. Enfin on peut le mettre en rapport avec un levier sans mutilation grave : condition nécessaire pour une expérimentation physiologique rigoureuse.

Voici d'ailleurs, en quelques mots, quelle est l'anatomie de ce muscle. Son insertion fixe est radiée, et les fibres musculaires s'attachent d'une part à toute la surface interne de la pince, d'autre part, à une sorte de fibro-cartilage (squelette interne), placé dans l'intérieur même de la pince et entouré de toutes parts par les fibres musculaires. A sa partie médiane, ce cartilage porte une sorte de crête, laquelle est le point de départ du rayonnement du muscle. Toutes les fibres contractiles se réunissent en un fort tendon qui va s'attacher au tubercule externe situé à la base de la mandibule mobile. En face de ce tubercule, se trouve un autre tubercule à peu près semblable, quoique plus petit, et donnant insertion au tendon du muscle abducteur. Ce muscle est très-grêle, et s'insère dans toute la longueur de l'angle interne de la pince.

Ces deux muscles, dont la force est si différente, agissent simultanément quand on les excite directement. Il est facile de n'enregistrer que la contraction de l'adducteur en coupant à sa base, c'est-à-dire au-dessous du tubercule interne de la mandibule mobile, le tendon du muscle abducteur. Mais j'ai renoncé à cette opération préliminaire, car elle ne changeait en rien les résultats et amenait une lymphorrhagie funeste à la vitalité du muscle.

Pour éliminer toute action des centres nerveux sur le muscle, je faisais la section de la première patte, tout à fait à la base, entre le premier segment appendiculaire et le corps. Le muscle peut ainsi vivre quatre à cinq heures, et se prête très-facilement à toutes les expériences. Pour cela, on le fixe solidement sur une planchette et on attache la mandibule mobile à un *tambour à levier*, par un fil le plus court possible. Les oscillations du tambour à levier se transmettent à une plume qui inscrit le mouvement.

Dans ces conditions, on peut agir sur le nerf ou sur le muscle, et les résultats sont à peu près les mêmes. Mais comme je me proposais d'agir surtout sur le muscle, je coupais le bout de la mandibule fixe et j'enfonçais un des pôles par l'ouverture : l'autre pôle était planté à la base du muscle dans l'avant-dernier segment. Enfin j'employais les mêmes appareils électriques que pour l'exploration de la sensibilité, désirant autant que possible étudier dans les mêmes conditions le sentiment et le mouvement (1).

(1) Qu'il me soit permis de remercier mon ami Amiot, qui pour toutes ces recherches, m'a aidé avec tant de zèle et d'intelligence.

§I. — *Des variations de la sensibilité, suivant l'ex-*
citabilité.

La sensibilité n'est pas égale chez toutes les personnes. C'est un fait qu'il est très-facile de constater avec l'exploration électrique.. Il m'est souvent arrivé de sentir nettement des courants électriques que d'autres personnes ne pouvaient sentir, et réciproquement je ne sentais pas des excitations parfaitement perçues par d'autres personnes.

Cette particularité se rencontre aussi pour la contraction musculaire, et entre autres pour les muscles de l'homme. On peut, au moyen d'une pince myographique, enregistrer la contraction de certains muscles, entre autres ceux de l'éminence thénar. Or, en expérimentant sur différentes personnes, on voit que, pour produire la fusion complète, c'est-à-dire un tétanos sans oscillations, il faut chez des personnes différentes une fréquence variable dans les excitations : autrement dit, chez telle personne, il y aura fusion des secousses musculaires avec 20 excitations par seconde, chez d'autres, avec 20 excitations par seconde, il n'y aura pas de fusion parfaite, et il faudra 30 excitations.

Enfin ces différences individuelles de la sensibilité peuvent être rapprochées des différences dans l'énergie de l'action réflexe. Il est rare qu'on puisse trouver deux grenouilles, même décapitées, ayant des actions réflexes identiques. Non-seulement la taille des grenouilles, l'état de la température ambiante, changent leur sensibilité réflexe, mais encore on trouve des différences individuelles qui, quoique peu marquées, sont réelles.

D'ailleurs j'ai remarqué que ces variations individuelles de la sensibilité ne troublaient en rien les résultats. Je me suis assuré souvent que la loi qui était vraie pour la sensibilité d'un individu, était aussi vraie pour la sensibilité d'un autre : toutes les différences consistent seulement en ce que, pour éveiller une sensation distincte, il faut un peu plus ou un peu moins d'intensité dans l'excitation.

Un fait plus important, c'est l'épuisement de la sensibilité. Cet épuisement se manifeste aussi bien avec des courants faibles qu'avec des courants forts, et voici ce qu'on observe dans l'un et l'autre cas.

Prenons d'abord une excitation faible, quoique distinctement perçue. Si on la continue pendant quelques minutes, bientôt toute sensation disparaît et on ne sent plus rien. Cependant le courant passe, et avec la même intensité qu'au début, car si on le fait passer par l'autre main, on le sentira très-nettement.

Avec un courant fort l'épuisement se traduit d'une autre manière ; je ne sais si en électrisant pendant longtemps un même point, on finirait par produire l'insensibilité. En tout cas, si après quelques minutes d'électrisation avec un courant très-fort, on électrise ensuite avec un courant qui était parfaitement senti auparavant, le même courant faible ne déterminera plus aucune sensation. Il y a là un phénomène de *comparaison* entre une sensation forte et une sensation faible qui s'accorde très-bien avec ce que nous savons des sensibilités spéciales telles que la vue et l'ouïe. Une éclatante lumière nous fait paraître ensuite la pénombre tout à fait obscure. De même une excitation électrique forte nous fait paraître nulle une excitation électrique faible, laquelle cependant, dans d'autres conditions physiologiques, éveillerait une sensation distincte.

On peut faire disparaître une sensation faible par une sensation forte en procédant d'une autre manière. En excitant une main par des courants forts, et l'autre main par des courants faibles, on fera disparaître la sensation de l'excitation faible. C'est là un phénomène psychique assez irrégulier, l'attention et l'intelligence jouant un rôle prépondérant.

Ce qu'il y a d'ailleurs de particulier dans cet épuisement nerveux, c'est le retour rapide de l'excitabilité. Je crois qu'on ne saurait le mesurer avec précision. Ce sont des données trop variables pour être traduites par des chiffres. En tout cas il suffit que pendant vingt à trente-cinq secondes l'excitation cesse, pour qu'immédiatement son retour provoque une sensation distincte. Au bout de quelques minutes d'excitation la sensibilité a de nouveau disparu, et quelques secondes de repos suffisent pour la faire revenir. En somme, la décroissance de la sensibilité se compte par minutes, et le temps nécessaire pour son retour pourrait se compter par secondes.

Quand l'excitation est très-forte, la diminution dans la perceptivité douloureuse disparaît aussi assez rapidement. Si on arrête l'électrisation pendant quelques instants seulement, la reprise sera très-pénible et on préférera à ces intermittences être excité par les mêmes courants, sans que l'excitation soit suspendue. Il semble que le retour de l'électrisation surprenne douloureusement le nerf, et produise une sorte de choc, qui, si l'électrisation est continuée pendant quelque temps, s'atténue graduellement. Une pause de quelques secondes suffit au nerf pour qu'il retrouve ses fonctions, et soit de nouveau douloureusement ébranlé par le retour de l'excitation.

Richet. 12

Je n'ai pas besoin de faire remarquer à quel point ces phénomènes ressemblent aux phénomènes d'épuisement qu'on a constatés sur les muscles. Or, comme rien de semblable n'a été vu pour le nerf moteur, il est très-probable que ces faits de décroissance lente et de retour rapide tiennent bien moins aux nerfs sensitifs qu'aux centres nerveux percevant les sensations.

Nous avons parlé plus haut (page 165) de la limite de la sensation distincte. Il importe de revenir sur ce point. En effet, il y a pour la sensibilité générale, comme pour la vue et l'ouïe, un passage presque insensible entre la perception et la non-perception. Il arrive un moment où la perception est tellement confuse qu'on ne sait pas si elle existe. En tous cas, c'est une valeur limite, que nous appellerons *limite de la sensation :* elle répondra à l'excitation minimum capable d'être perçue nettement.

Pour arriver à la détermination exacte de cette limite, il n'est pas indifférent d'aller en augmentant ou en diminuant l'excitation.

En effet, si on part d'une sensation très-nette pour arriver au moment où elle devient à peine perceptible, on pourra aller très-loin, et des excitations faibles seront nettement perçues. Que si au contraire on part d'une sensation nulle pour arriver à la limite où la sensation commencera à être perçue, on trouve constamment qu'il faut une excitation plus forte que dans le premier cas. M. Marey, à qui j'ai fait vérifier le fait, l'a comparé à ce qui se passe pour le sens de la vue. Si on suit de l'œil un objet qui s'éloigne, un oiseau, par exemple, on pourra le voir alors même qu'il sera très-éloigné. Cependant il serait impossible de l'apercevoir à cette distance, si au lieu de s'éloigner,

il se rapprochait de nous. Il
semble qu'il y ait alors une sorte
d'éducation de la perception,
comme si la sensation précédente
nous apprenait comment il faut
s'y prendre pour voir ou pour
sentir la sensation qui suit.

On peut d'une autre manière
encore rendre plus clair le fait
de cette éducation de la perception : pour cela on fait passer le
courant de pile par un interrupteur, et on gradue la bobine d'induction de manière à ce que
l'excitation soit faible, mais distincte, puis, sur le trajet du courant de pile, on place un métronome qui ne rétablit le courant

(1) Pour lire le tracé ci-joint et les tracés suivants, il faut se reporter aux lettres placées à gauche de la figure. Ainsi,
la ligne *e* indique les excitations électriques, tandis que la ligne *m* représente le
graphique de la contraction musculaire.
Pour la ligne *e*, chaque petit trait est une
double secousse électrique d'induction (clôture et rupture de la pile). Ainsi, pour le
premier groupe, s'il y a huit traits, cela
indique huit ruptures et huit clôtures; par
conséquent seize excitations ; quant à la
fréquence du mouvement du cylindre enregistreur, elle varie dans les divers tracés que
je donne ici: mais, pour ce qui nous occupe,
sa détermination n'a pas très-grand intérêt.

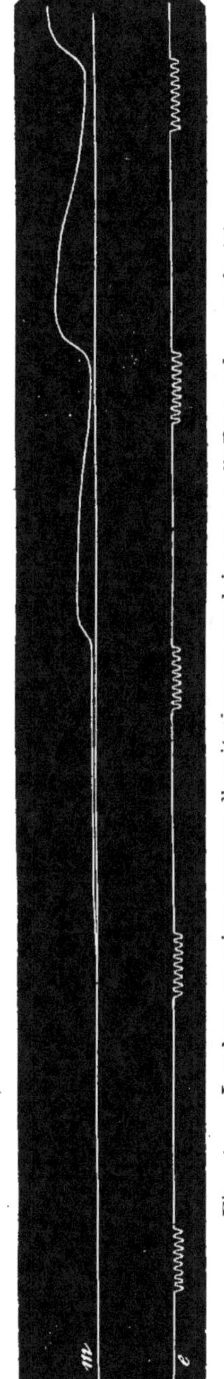

Fig. 1. — Les deux premiers groupes d'excitations ne produisent pas d'effet sur le muscle (1). — Les groupes suivants produisent une action de plus en plus marquée. — Ligne *e*, ligne des signaux. Ligne *m*, courbe myographique.

que pendant peu de temps; à cet effet on adapte à la tige du
métronome un fil métallique qui à chaque oscillation du
balancier plonge quelques instants dans le mercure. Toutes
les fois que le courant passe, l'interrupteur vibre et on peut
s'arranger de manière à ce que le nombre des vibrations,
pour chaque fois que le courant est rétabli par le métronome, soit invariable. Les signaux électriques de la figure
ci-jointe (fig. 1, ligne e), indiquent bien comment se fait
l'excitation, par différents groupes de huit excitations
réunies. Or, si on se sert de ces courants disposés
ainsi, pour explorer la sensibilité, on ne sent pas tout d'a-
bord, mais peu à peu on arrive à sentir l'excitation. Il
semble que les premières secousses servent seulement à
préparer les centres nerveux à sentir les suivantes.

Quoique le fait paraisse purement psychique, on peut
reproduire la même expérience sur le muscle, et le
tracé de la fig. 1, (p. 117) en montre les résultats.

Le premier groupe des excitations électriques de la ligne
e ne produit pas d'effet musculaire. Le second groupe, au
contraire, donne un commencement de contraction et
enfin au troisième et surtout au quatrième groupe, il y
a une contraction manifeste. Or si l'on traduisait la
perception sensitive par une représentation graphique
schématique, on aurait absolument le tracé de la courbe
myographique m de la figure 1.

En réalité, le phénomène est beaucoup plus complexe
qu'il ne paraît l'être, et nous verrons plus loin à quel
ordre de faits il convient de le rattacher. Constatons seulement ici qu'il y a une éducation de la perception et que
dans le muscle il y a un fait analogue, une sorte d'*éducation* de la contraction, ce qui rapproche avantageusement

un phénomène en apparence psychique d'un phénomène moins complexe et mieux connu comme la contraction musculaire.

§ II. — *Des variations de la sensibilité, selon le nombre, la fréquence et l'intensité des excitations.*

Des deux courants d'intensité moyenne développés dans la bobine induite par la rupture et la clôture d'un courant de pile, un seul agit en apparence sur le nerf sensible, c'est le courant de rupture. Pour que le courant de clôture agisse, il faut que la bobine induite soit tout à fait rapprochée de la bobine inductrice, et alors, tandis que le courant de clôture est faiblement perçu, le courant de rupture est extrêmement douloureux.

Ainsi, avec des courants d'intensité moyenne ou faible, c'est la rupture qui donne une sensation. Mais ce qu'il est nécessaire d'ajouter, c'est que le courant de clôture qui semble ne pas agir, agit en réalité efficacement lorsqu'il est très-rapproché du courant de rupture. Si pour un courant de moyenne intensité, la rupture et la clôture sont proches l'une de l'autre, la sensation perçue est unique, mais plus forte que si la rupture et la clôture étaient séparées par un intervalle de temps notable.

Cela est vrai aussi à la limite. Il arrive un moment où la rupture isolée ou séparée de la clôture par un intervalle suffisant, n'est pas sentie, tandis que la rupture suivant

immédiatement la clôture est légèrement. quoique nettement, sentie.

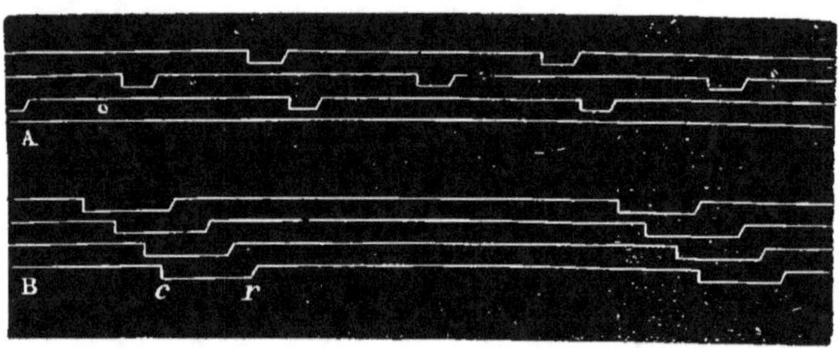

Fig. 2. — Série A. La rupture et la clôture, étant très-rapprochées, sont bien
perçues. — Série B. La rupture et la clôture (*r* et *c*), étant plus espacées,
ne sont pas perçues. L'intensité de l'excitation ne varie pas.

La figure 2 qui reproduit graphiquement des interruptions électriques faite au métronome fera comprendre
ceci plus facilement. On percevait une sensation aux interruptions très-courtes des lignes A, la rupture et la clôture se succédant de très-près, tandis qu'aux lignes B indiquant des interruptions (*c* clôture, *r* rupture) un peu
plus longues il n'y avait pas de perception.

On arrive donc par cette expérience très-simple à ce fait
qui ne laisse pas d'être imprévu. A. *Deux excitations, étant
isolées ou séparées par un long intervalle, sont insuffisantes
pour produire un effet sensitif, tandis qu'elles produisent cet
effet lorsqu'elles sont rapprochées l'une de l'autre.*

Il faut donc admettre qu'il y a un accroissement d'excitabilité ou une accumulation d'effet, ce qui revient absolument au même, soit dans les nerfs sensitifs, soit dans
les centres. Or, de ces deux hypothèses, la première est
manifestement erronée. Gruenhagen a montré que, quelle
que fût la fréquence des interruptions, jusqu'à dix mille

par seconde, il n'y avait pas de *fusion* dans la variation négative du nerf. D'ailleurs elle est en désaccord avec ce que nous savons du nerf moteur, tandis que la seconde est facile à comprendre, et s'accorde très-bien avec ce que nous savons du travail dans les centres nerveux.

C'est ce fait d'accumulation, de condensation, d'addition, de *sommation*, que nous allons maintenant étudier (1).

(1) La sommation a été entrevue par Pflüger (*Effets des excitations électriques*, Berlin, 1865), mieux étudiée par Gruenhagen (*Ueber die summation von nervenreizen, Arch. de Henle*, 1865, t. XXVI. *Versuche über die intermitterende nervenreizungen, Arch. de Pflüger*, 1872, t. VI, p. 157) et Setschenoff (*Effets des excitations électriques et chimiques*, Gratz, 1868). J. Tarchanoff en a fait l'objet d'un travail intéressant (*Bull. de l'Acad. de Saint-Pétersbourg*, 1871, t. XVI, p. 67). Le même sujet a été, à un point de vue différent, repris par Rosenthal (*Sitzungsberichte der phys. med. Soc. zu Erlangen*, février 1873, p. 13), Sterling (*Berichte der sachs. Acad.*, 1875, p. 372) et Spiro (*Studien über Reflexe. Centralblatt für die med. Wiss.*, 1875, p. 435). Mais ce que ces auteurs ont dit de la sommation et du travail des centres s'applique aux actions réflexes, et, sauf quelques courtes remarques de Gruenhagen, je ne crois pas que ces phénomènes aient été étudiés au point de vue des lois de la sensibilité générale.

Ainsi ce travail latent, soit des muscles, soit du cerveau, lequel ne se manifeste qu'à la fin d'une plus ou moins longue série d'excitations égales entre elles, n'avait été, à ma connaissance, étudié par aucun auteur avant moi : et tout ce qu'on avait observé jusqu'ici s'appliquait aux actions motrices de la moelle épinière. J'ai publié déjà l'exposé sommaire des résultats que j'avais obtenus dans les comptes-rendus de l'Académie des Sciences (4 décembre 1876).

Mais le mot de sommation n'est pas français dans ce sens, et on n'a le droit d'employer des néologismes que quand on n'a pas d'autres ressources. Or, si nous prenons comme point de comparaison les phénomènes de la contraction musculaire, nous avons des expressions qui peuvent nous être très-utiles. Lorsqu'un muscle est excité par des courants interrompus très-rapprochés, et qu'on ne peut plus distinguer les différentes secousses musculaires, on dit qu'il y a *fusion*. Ainsi dans la figure 3, les excitations très-rapprochées se sont fusionnées dans le muscle et il semble que les secousses musculaires marquées sur la ligne M soient uniques. Au contraire, il n'y a pas *fusion* pour les contractions marquées dans la figure 12, il y a simplement *addition*, la

Pour mettre en pleine évidence ce phénomène de l'addition dans les centres nerveux, il faut prendre d'une part des interruptions extrêmement fréquentes, d'au-

secousse suivante venant s'ajouter à la première avant que la première ait achevé son action.

Il faut dénommer aussi cet état particulier du muscle qui n'a pas encore achevé sa contraction, et qui est surpris par une excitation nouvelle au moment où il n'est pas encore revenu à l'état normal. Je crois qu'on pourrait l'appeler *persistance d'action*. Ainsi la persistance d'action fait que les secousses s'additionnent, si elles sont un peu rapprochées, et, si elles sont plus fréquentes, qu'elles se fusionnent.

Nous remplacerons donc le mot de sommation par le mot d'*addition* : seulement nous distinguerons l'addition latente, telle qu'on peut la voir dans la figure 1, de l'addition apparente qu'on voit dans la figure 12. Le mot de *summation* des allemands s'appliquera surtout à l'addition latente.

(1) On voit que les excitations marquées par les signaux électriques S produisent un effet musculaire M lorsque les signaux sont très-rapprochés, tandis que, s'ils sont plus espacés, comme par exemple au haut de la ligne S, il n'y a aucun mouvement musculaire, ainsi que l'indique la ligne M.

Fig. 3.—M courbe myographique; S ligne des signaux électriques. (1)

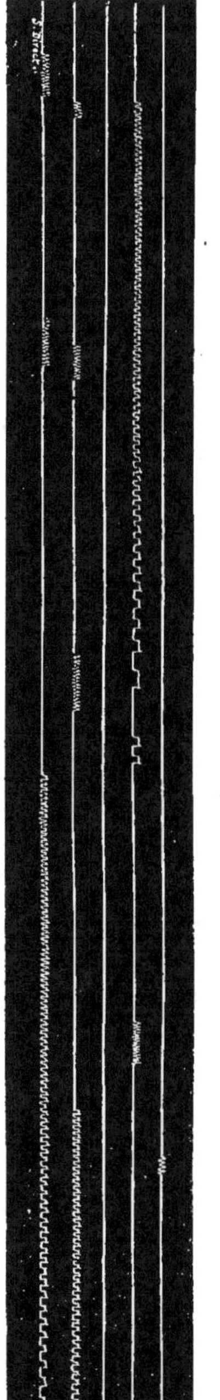

Fig. 4. (1).

tre part des interruptions très-éloi-
gnées. Alors rien n'est plus net, et
tout le monde peut facilement vérifier le phénomène. On ne perçoit
absolument rien avec une clôture
et une rupture isolées, tandis qu'a-
vec un courant d'intensité égale, on
a une sensation assez forte même
pour être désagréable, si les interruptions sont très-fréquentes,
comme celles qui sont produites
par les vibrations d'un diapason
vibrant cinq cents fois par seconde.

Par des excitations croissant selon un mouvement uniformément
accéléré, comme on peut en obtenir
en déterminant des ruptures et des
clôtures avec la chute d'un poids,
on arrîve au même résultat.

Sur le tracé de la figure 4, on
pourra en trouver une démonstration très-nette. Les interruptions
vont en croissant graduellement de
fréquence, et le sujet en expérience

(1) Pour lire ce tracé il suffit de comprendre
que la durée nécessaire à la perception est
égale à la longueur des signaux électriques.
Tant que les interruptions sont espacées, le
sujet ne perçoit rien, mais dès qu'elles se
rapprochent, le sujet perçoit et arrête le signal : la fin des signes électriques correspond
donc exactement au moment de la perception.

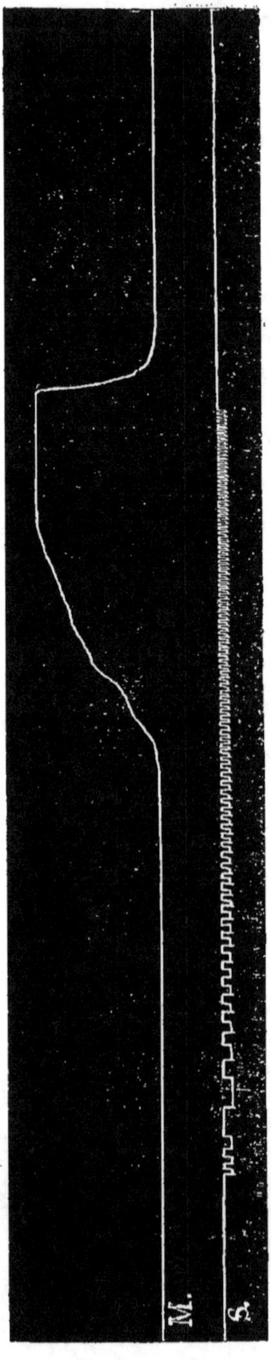

Fig. 5. — L'intensité de l'excitation reste invariable, mais la fréquence va en augmentant suivant un mouvement uniformément accéléré. M. courbe myographique. S. ligne des signaux.

interrompt le courant dès qu'il a senti. Aussi le point où s'arrêtent les interruptions électriques répond-il au moment de la perception. On voit qu'il faut aux interruptions une certaine fréquence pour qu'il y ait perception ; si elles sont au contraire très-rapprochées, il y a perception immédiate, et elles sont sur-le-champ arrêtées par l'individu qui perçoit.

Sur la seconde ligne on verra aussi l'influence de l'éducation perceptive. Les trois séries d'excitations reproduites sur cette ligne sont de plus en plus courtes, ce qui prouve qu'on perçoit plus rapidement après la seconde qu'après la première, et après la troisième qu'après la seconde excitation.

Donc, en premier lieu, nous pouvons affirmer que :
B. *Des excitations égales entre elles, mais répétées fréquemment, produisent un effet sensitif qu'une seule excitation*

égale aux premières, mais isolée, est impuissante à produire.

Pour le muscle le même fait se remarque, et l'analogie est très-frappante. J'en donne ici un tracé (fig. 5) suffisamment démonstratif. Les interruptions étaient faites de la même manière que pour l exploration de la sensibilité, et il n'est pas possible de contester l'identité des phénomènes.

Il y a toutefois cette différence, c'est que dans le muscle il y a fusion, tandis que dans les centres nerveux, il n'y a probablement qu'une addition. En effet, on ne perçoit pas une sensation unique et continue, mais une série d'excitations discontinues. Tout au moins pouvons-nous dire qu'il y a peut-être fusion partielle. D'ailleurs le fait n'a guère d'importance au point de vue qui nous occupe en ce moment, car entre l'addition et la fusion il n'y a qu'une différence de degré.

Mais il ne suffit pas de démontrer l'existence de l'*addition* dans les centres nerveux, il faut encore examiner dans quelles limites elle se produit, et quels sont ses principaux effets.

Si on prend tantôt des courants faibles, tantôt des courants forts, il n'y a pas de retard appréciable dans la sensation quand ce sont des secousses isolées. J'ai fait sur ce sujet de nombreuses expériences, après avoir rigoureusement noté mon équation personnelle. Or, une fois l'équation personnelle devenue à peu près constante pour une excitation d'intensité moyenne, j'ai vu que si l'intensité est faible ou si elle est forte, il n'y a que très-peu de retard, en tout cas il est à peu près négligeable. Le fait est important à noter, car il ne s'accorde pas avec les recherches récentes d'Exner ou de Donders. Mais je crois que ces savants physiologistes ont mal interprété le phénomène de retard, et que l'explication que j'en donne ici est la seule exacte et conforme à la réalité des faits.

Il n'y a donc aucun retard pour des secousses isolées ; mais c'est tout autre chose s'il s'agit de plusieurs secousses, et le retard avec des excitations fréquentes et faibles est la conséquence naturelle de l'addition. Supposons en effet que la première excitation ne produise rien, ni la deuxième, ni la troisième, mais que, par suite de l'addition de ces excitations successives, la douzième seule soit perçue, il est clair que le retard sera manifeste, puisque le moment de la perception n'arrivera qu'à la douzième excitation.

Si au contraire on excite avec des courants forts, la première excitation étant déjà perçue, il n'y aura pas de retard autre que celui qui est dû à l'équation personnelle et aux mouvements nécessaires pour que le sujet en expérience arrête lui-même les signaux électriques.

Fig.. 6 (1)

La figure 6 donne de ce phénomène une démonstration rigoureuse. Sur chaque ligne on voit des signaux électriques

______

(1) Les lignes A A A répondent aux courants d'intensité forte ; les lignes F F aux courants d'intensité faible. Le sujet arrête lui-même.

qui répondent alternativement à des courants tantôt très-forts, tantôt très-faibles, quoique toujours nettement perçus. Les courants forts répondent aux lignes AA et les courants faibles aux lignes FF, en sorte qu'un courant fort était toujours suivi d'un courant faible. Dès que le sujet en expérience percevait une sensation, il arrêtait lui-même le passage du courant de pile, et par conséquent le moment d'arrêt du signal répond exactement au moment où la sensation a été perçue. On voit donc à quel point la sensation est retardée pour les courants faibles F F, quand on les compare avec la rapidité de la sensation pour les courants forts AA.

Cependant, même pour les courants faibles, la sensation est encore très-nette : mais elle est retardée, parce que les premières excitations n'éveillent aucune sensation, lorsqu'elles sont faibles, et qu'il faut un certain nombre de ces excitations s'additionnant dans les centres récepteurs pour qu'un effet sensible soit produit.

Le même phénomène se démontre peut-être mieux en faisant lentement croître ou décroître l'intensité des excitations, résultat qu'on obtient facilement en éloignant ou en rapprochant la bobine induite de la bobine inductrice.

Dans la figure 7 l'intensité va en croissant : les signaux marquent les interruptions électriques, ils étaient arrêtés par le sujet en expérience dès qu'il percevait une sensation : on voit ainsi que la trace des signaux va en diminuant de longueur, à mesure que l'intensité de l'excitation augmente, ce qui signifie évidemment que la vitesse de la perception augmente avec l'intensité des excitations.

L'expérience a été faite si souvent, et les tracés obtenus sont si démonstratifs que je crois pouvoir affirmer l'exactitude de cette loi.

C. *Pour des excitations répétées et égales entre elles, le moment de la perception est d'autant plus retardé que leur inten-*

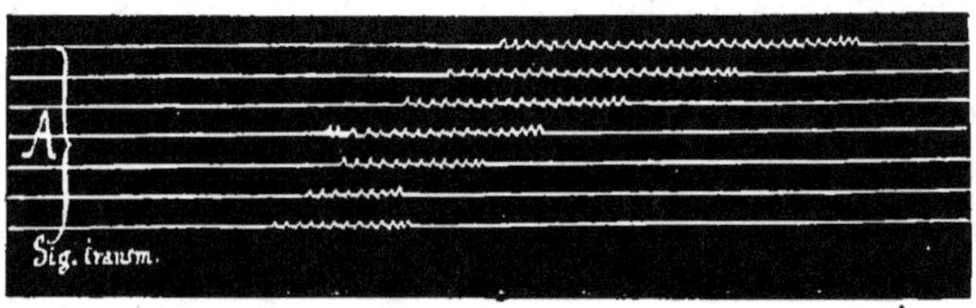

Fig. 7.

Courants d'intensité variable allant en augmentant d'intensité du haut au bas de la figure. Le sujet arrête dès qu'il sent.

sité est plus faible. et d'autant plus rapide que leur intensité est plus grande.

Cette loi peut s'appliquer aussi à la contraction musculaire. Seulement, pour avoir une expérience rigoureuse, il faut prendre des muscles qui ne soient pas fatigués. Alors on verra, comme dans le tracé de la figure 8, que si l'excitation est forte comme pour les excitations de la ligne *e*, la contraction musculaire est presque instantanée, tandis que pour les excitations marquées à la ligne *e'*, le retard est très-considérable, et que la courbe myographique *m'* ne commence que très-tard relativement à la courbe myographique *m* qui répond à une excitation plus intense.

Jusqu'ici nous n'avons considéré que l'excitation par des interruptions électriques, mais il est évident que nous pouvons regarder les excitations des nerfs par les agents physiques, mécaniques et chimiques, plutôt comme une

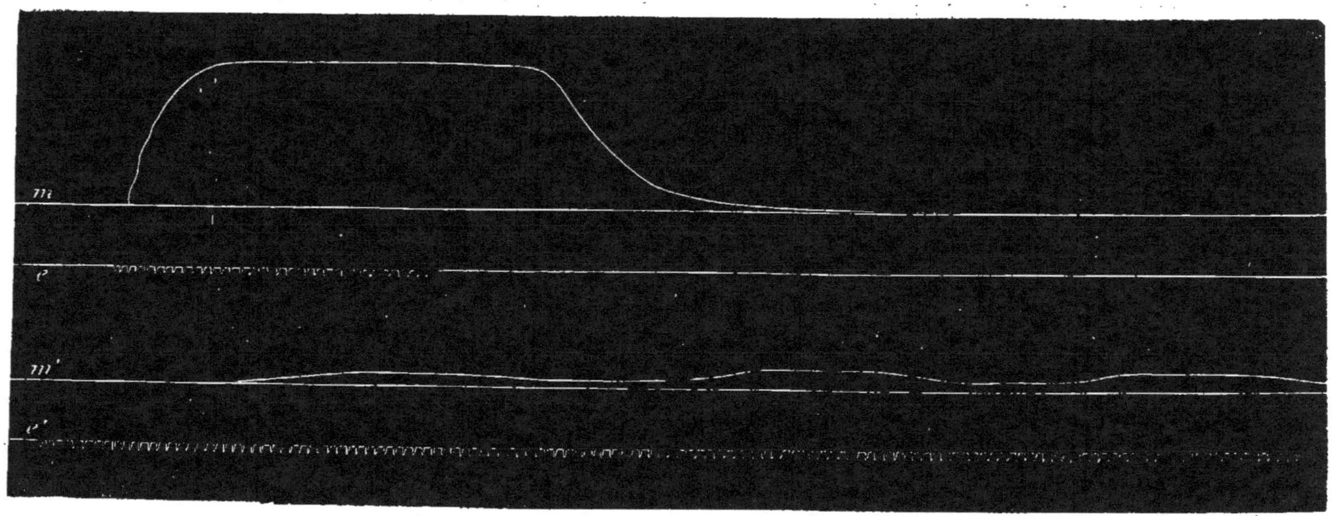

Fig. 8.

Les lignes *e*, *e'*, indiquent les signaux électriques : le courant est fort en *e*, faible en *e'*. Il n'y a aucun retard pour la contraction qui répond au courant fort, courbe *m*; tandis qu'il y a un très-grand retard pour la contraction *m'*. On voit aussi la forme rhythmique du tétanos des muscles de l'écrevisse en *m'*. C'est une forme spéciale qu'on ne retrouve guère ailleurs.

somme d'excitations que comme une excitation unique. Pour le sens de l'ouïe, par exemple, le fait est incontestable. La lumière, la chaleur, probablement aussi l'action chimique, ne sont que des vibrations moléculaires d'une fréquence prodigieuse, et il est probable qu'on peut appliquer à ces excitations la loi que nous venons de démontrer pour les excitations électriques. Tout nous porte à croire qu'il en est ainsi; cependant, nous ne pouvons donner que comme une hypothèse très-probable cette loi corollaire de la première.

D. *Pour une excitation ayant une durée appréciable, le moment de la perception est d'autant plus retardé que son intensité est plus faible, et d'autant plus rapide que son intensité est plus grande.*

Revenons maintenant aux effets sensitifs produits par l'électrisation avec des courants induits fréquents. Il s'agit de connaître le rapport de la sensibilité avec la fréquence des interruptions.

Tout d'abord j'ai cherché à mesurer non plus l'addition, mais la fusion des impressions sensitives. La connaissance exacte du moment où cette fusion se produit aurait une certaine importance. En effet, nous pourrions par là connaître la durée de la *vibration* des centres nerveux, comme nous connaissons la durée de la secousse musculaire, et calculer peut-être par ce moyen la durée de la persistance d'action dans les centres.

Les auteurs qui se sont occupés de la question sont arrivés à des résultats très-variables, au moins pour les nerfs de la sensibilité générale; car, pour la vue et pour l'ouïe, les résultats de Helmholtz sont positifs.

Il est évident qu'il y aura fusion lorsque deux excitations

successives se confondront au point qu'elles sembleront être une excitation unique. Or, si on dispose un courant électrique de manière qu'un cylindre enregistreur rompe le courant à un même moment de sa rotation, à chaque révolution du cylindre on percevra une sensation produite par la rupture du courant. Si, dès qu'on a eu la sensation, on rompt soi-même le courant par le moyen d'un petit ressort placé à portée, tantôt on percevra une seule excitation, tantôt on en percevra deux, selon qu'on aura répondu à l'excitation avec une grande promptitude ou une certaine lenteur. Si la promptitude est très-grande, on ne perçoit qu'une seule sensation. Naturellement, il faut pour que cette expérience réussisse, avoir acquis une certaine habitude et être arrivé à corriger son équation personnelle.

Or, en supposant que l'équation personnelle soit sensiblement constante, c'est-à-dire n'excédant pas $2/100$ de seconde, ce qu'on peut, sans trop de difficulté, obtenir sur soi-même, lorsque l'équation personnelle est à son minimum d'écart, il y a fusion, lorsqu'elle est à son maximum, il n'y a plus fusion : ceci n'indique-t-il pas d'une manière incontestable, que la limite maximum de la fusion est précisément, sans qu'il y ait entre ces phénomènes le moindre rapport, un espace de temps qui correspond à l'équation personnelle minimum ? Or, cet espace de temps étant d'environ $4/100$ de seconde, on voit que pour qu'il y ait fusion de deux excitations, il suffit qu'elles n'aient pas plus de $4/100$ de seconde de distance entre elles.

(1) Voyez ce que nous avons dit plus haut dans la première partie, dages 35 à 50.

Richet. 13

Quoique j'aie l'intention de tenter encore quelques expériences sur ce sujet pour le compléter, je tiens à faire remarquer qu'il ne faut pas, quand même la sensation paraîtrait discontinue, en conclure qu'il n'y a pas fusion des excitations. En effet, les nerfs de la sensibilité générale paraissent différer des nerfs spéciaux, tels que le nerf optique et le nerf acoustique, en ce que des excitations même continues, comme la compression ou la pression, par exemple, semblent discontinues. Le seul moyen donc de juger s'il y a fusion dans les centres nerveux, c'est de calculer la distance maximum nécessaire entre deux excitations pour qu'elles ne paraissent plus en faire qu'une seule. Aussi croyons-nous notre méthode la seule applicable, au moins pour l'excitation électrique. Pour les impressions tactiles, il est possible que les résultats soient tout différents.

J'ai ensuite cherché à étudier le *nombre* des excitations nécessaires pour provoquer une sensation dans le cas d'excitations trop faibles pour être perçues quand elles sont isolées.

Sur le tracé de la figure 9 sont marquées plusieurs ex-

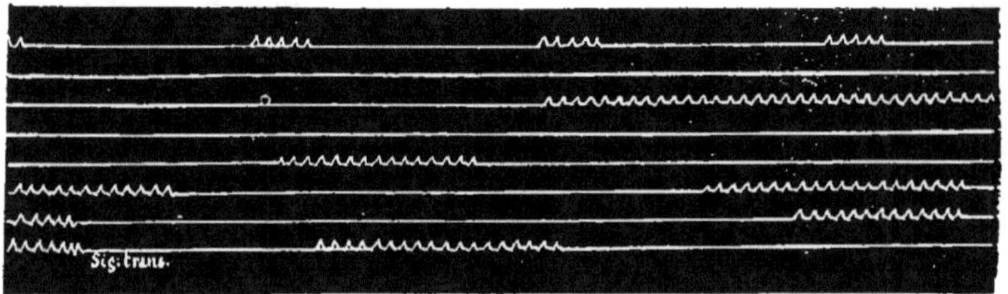

Fig. 9. — En haut, interruptions en nombre limité, non senties, marquées à la première ligne. Au-dessous, interruptions en nombre illimité arrêtées dès que le sujet perçoit. On voit que la première, celle de la troisième ligne, est la plus longue, comme toujours, par suite de l'éducation perceptive mentionnée plus haut.

citations électriques de même fréquence, l'intensité du courant étant invariable. Un métronome ne permettait le passage du courant que pendant un espace de temps limité, pendant qu'il y avait environ cinq interruptions de l'électro-aimant.

Les signaux de la première ligne représentent les interruptions faites par le métronome, de telle sorte que, chaque fois qu'il rétablit le courant, le courant est interrompu environ cinq fois par un électro-aimant. Or, ces cinq excitations n'étaient pas perçues. Au contraire, pour les lignes inférieures l'individu arrêtant lui-même dès qu'il éprouvait une sensation, on voit qu'il sentait parfaitement des courants exactement semblables et interrompus avec la même fréquence. La seule différence est que, pour le premier cas, le nombre étant illimité, il finissait par sentir, tandis que dans le second cas, le nombre étant limité par l'oscillation du métronome, il n'avait pas le temps de sentir.

Cette expérience est peut-être plus instructive que toutes les autres pour démontrer le phénomène de l'*addition* dans les centres, elle nous montre que souvent cinq excitations sont insuffisantes, et qu'il en faut un plus grand nombre pour produire un effet sensitif.

D'ailleurs, ce qui démontre mieux encore le même phénomène, c'est l'étude de la contraction musculaire. Si on prend un courant faible, des interruptions dont la période est limitée par un métronome n'auront produit aucun effet. Si, au contraire, on laisse quelque temps les interruptions s'établir, on voit que le muscle finit par se contracter.

Supposons que le courant soit un peu plus fort, et nous aurons un tracé analogue à celui qu'on voit à la figure 1. La première période ne produit pas d'effet musculaire, mais la seconde en produit un, et la troisième un autre plus marqué encore. De sorte que l'addition se manifeste, non-seulement pour les secousses isolées, mais encore pour les groupes et les périodes d'excitations, quoique elles soient séparées par un espace de temps très-appréciable.

L'importance de cette éducation musculaire comparée à l'éducation perceptive, n'échappera à personne : on verra que la rapidité plus grande des dernières perceptions est due à un phénomène d'ordre physique, à une sorte d'élasticité, qu'il est permis, vu la similitude des réactions, de comparer à l'élasticité du muscle : nous pouvons donc affirmer que ce qu'on appelle l'éducation de la perception, n'est qu'une variété particulière des phénomènes de l'addition dans les centres.

Ainsi, le nombre maximum des excitations qui peuvent s'additionner pour produire un effet sensible est certainement plus grand que cinq, et il est difficile de le déterminer avec plus d'exactitude. Au contraire, le nombre minimum est facile à trouver.

En effet, nous savons que les secousses de la rupture et

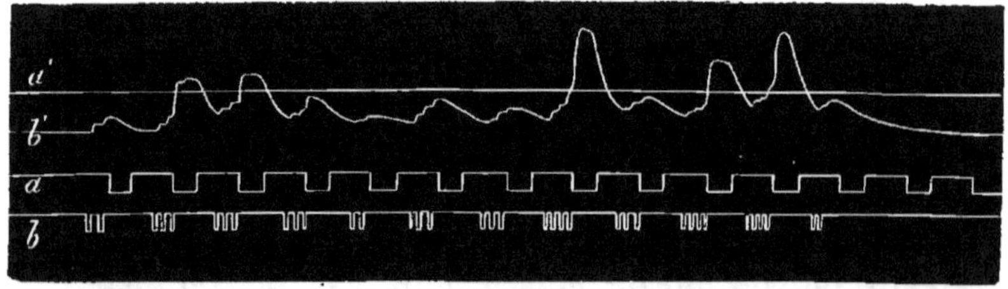

Fig. 10.

La ligne des excitations a répond à la courbe myographique a' qui est nulle. La ligne des excitations b' répond à la courbe myographique b'. Le courant en a et en b est le même. En b les interruptions sont produites par les mouvements combinés d'un métronome et d'un interrupteur très-lent.

de la clôture pouvaient s'additionner. Le même résultat est obtenu avec des courants d'ordre physique semblable, en sorte que deux excitations très-rapprochées éveillent une sensation; mais, lorsqu'elles sont plus éloignées, il n'y a aucun phénomène de perception.

La figure 10 montre à quel point pour la contraction musculaire le phénomène est identique. La ligne droite a' correspond aux interruptions de la ligne a, et indique qu'il n'y avait aucun mouvement produit dans le muscle, tandis que la ligne b' qui répond aux interruptions plus rapprochées, tantôt deux, tantôt trois, tantôt quatre de la ligne b', démontre que le muscle est excitable par deux excitations très-rapprochées qui ne produisent rien si elles sont plus éloignées. Naturellement aux lignes a et b, l'intensité du courant était toujours la même. On voit aussi dans cette figure à quel point la quatrième excitation est plus puissante que les trois premières. Chaque fois qu'elle vient se surajouter aux trois premières, la contraction devient plus énergique. On peut donc conclure que, lorsqu'une excitation unique est insuffisante, trois excitations, et même deux excitations, suffisent pour provoquer un mouvement.

Ainsi, pour résumer toute cette partie de notre étude, nous pouvons affirmer que, toutes choses égales d'ailleurs, des interruptions rapides seront mieux senties que des interruptions lentes, et regarder comme très-probable que le nombre des excitations nécessaires pour amener une perception, est d'autant moindre que ces excitations sont plus fortes et plus rapprochées.

Il nous reste maintenant à étudier la durée de la persistance des impressions sensitives dans les centres, autrement dit, quel est entre deux excitations successives l'intervalle minimum, pour que la seconde excitation ne vienne pas s'additionner à la première.

Je n'ai évidemment pas besoin d'ajouter qu'il n'y a pas d'identité à établir entre cet intervalle qui mesure la durée maximum de la persistance des impressions, et le très-court espace de temps pendant lequel deux excitations successives se sont confondues au point de n'en plus paraître former qu'une seule. Dans ce dernier cas, c'est un phénomène de fusion, tandis que dans le cas qui nous occupe ici, c'est un phénomène d'addition.

Je pensais d'abord que cette limite serait facile à connaître et qu'elle avait une durée constante. En conséquence, j'ai essayé de la mesurer en prenant des interruptions très-lentes et croissant très-lentement. Mais je ne tardai pas à m'apercevoir que mon hypothèse n'était rien moins que justifiée. En effet, plus l'interruption est lente, plus pour éveiller une sensation, l'excitation a besoin d'être forte. C'est une conséquence directe de la loi que nous venons de démontrer précédemment. On arrive ainsi à cette limite de la perception qu'il est toujours si difficile d'apprécier. C'est du reste à peu près ce qui se passe pour un muscle épuisé ou excité faiblement. Il se contracte si peu que sans le myographe on ne saurait dire s'il s'est contracté, ou s'il est resté immobile, et que, même avec le myographe, il est impossible de préciser exactement le moment où la contraction a commencé. D'ailleurs, pour tous les phénomènes physiologiques, il y a comme une chaîne continue dont tous les anneaux voisins se ressemblent tellement qu'il faut en prendre un plus éloigné pour constater une différence. Autant ces phénomènes sont faciles à délimiter quand on prend les extrêmes, autant, quand on prend les semblables, on trouve l'incertitude et la confusion dans les limites.

Il s'agissait donc de voir les effets de plusieurs courants d'intensité différente. La fig. 11 représente les interruptions produites par trois de ces courants. Le courant marqué à la ligne A est le plus faible, celui qui est marqué à la ligne C est le plus fort. Le sujet en expérience arrêtait le courant dès qu'il éprouvait une perception.

Ce qu'il était naturel de prévoir est arrivé. Plus le courant est fort, plus la ligne des excitations est vite terminée, ce qui signifie que la perception est plus prompte. En somme, dans ce tracé, les interruptions finales, qui sont les seules ressenties par le patient, sont d'autant moins rapprochées que l'intensité de l'excitation est plus grande.

La conclusion qu'on doit en tirer est toute naturelle, et elle s'accorde par-

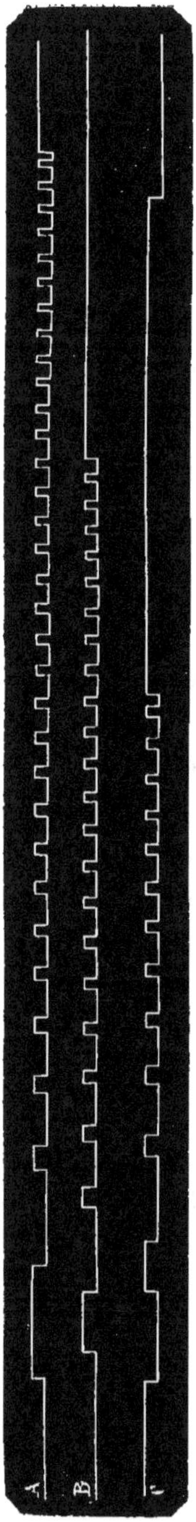

Fig. 11. (1)

(1) Le courant A est faible, le courant B plus fort, le courant C plus fort encore. Le sujet arrête dès qu'il perçoit, de sorte que les dernières excitations sont les seules perçues.

faitement avec les propositions précédentes qu'elle complète et justifie en les éclairant.

E. *La persistance d'une excitation dans les centres nerveux a une durée proportionnelle à l'intensité de cette excitation.*

Cette loi qui règle le phénomène de l'addition dans les centres nerveux ne s'applique probablement pas au phénomène de la fusion; mais on peut la vérifier pour les phénomènes d'addition musculaire. J'ai pensé que le phénomène serait plus net si au lieu de prendre des excitations isolées, je prenais des excitations multiples formant des groupes séparés par un certain intervalle, et composés d'un nombre égal d'excitations isolées; la disposition précédemment indiquée du métronome et de l'électro-aimant m'a servi à cet effet.

La fig. 12 nous donne la démonstration de ce phénomène musculaire. Les lignes e', m' se correspondent de telle sorte que les interruptions de e' ont produit les contractions fusionnées de la ligne m'. Après chaque contraction fusionnée, le muscle a repris la forme primitive et est revenu à la ligne m'. Dans ce cas, l'excitation étant faible, la fusion était complète pour les groupes d'excitation de la ligne e'. Mais il n'y avait pas d'addition pour les groupes envisagés séparément : au contraire, pour les excitations marquées à la ligne e', à laquelle répondent les lignes m', l'intensité du courant étant plus forte, la persistance d'action était plus longue et le muscle ne revenait que lentement à sa forme primitive. Donc, outre les fusions des excitations de chaque groupe, il y a, par suite de l'intensité de l'excitation, addition des grou-

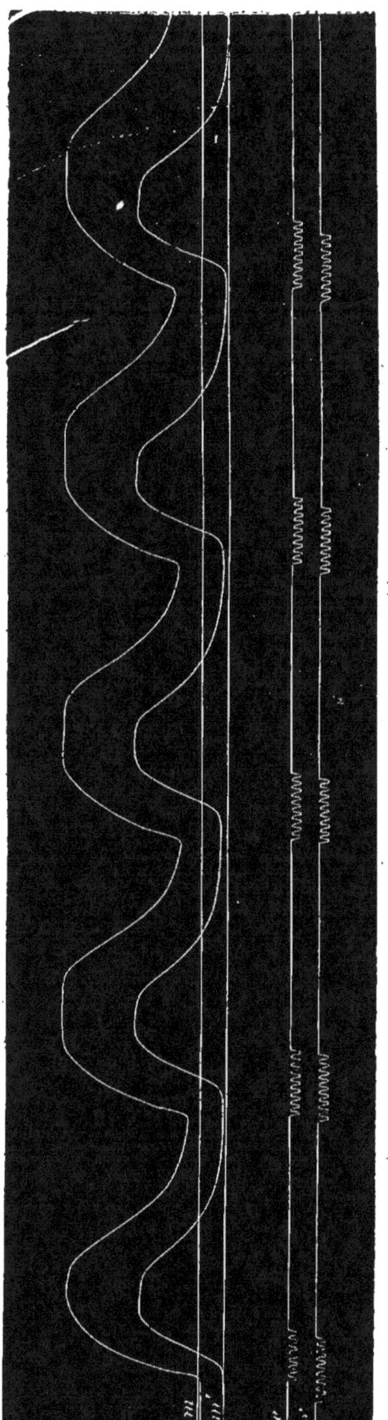

Fig. 12. (1)

pes, de telle sorte qu'a-
près chaque période ex-
citatrice, pour des cou-
rants forts, il y a per-
sistance d'action, quand
avec des courants fai-
bles, toutes choses éga-
les d'ailleurs, il n'y a pas
persistance d'action.

Il me semble donc
évident que pour le mus-
cle comme pour les cen-
tres nerveux, la persis-
tance d'une excitation
est proportionnelle à
l'intensité de cette excitation.

Ainsi tous ces faits
s'éclairent l'un par l'autre, et s'enchaînent de
telle sorte que l'on ne
saurait les séparer. La
conclusion générale est
que pour les centres
nerveux, comme pour

(1) La ligne des excitations
e répond à la courbe myogra-
graphique m. La ligne e' répond à m'. En m, par suite de
la persistance d'action, le muscle ne revient pas à sa forme
primitive.

les muscles, il y a identité dans la forme de la fonction. Si l'on pouvait traduire par un graphique les phénomènes du sentiment, on aurait des courbes analogues aux courbes de la contraction musculaire avec des secousses simples, des tétanos incomplets par addition, des tétanos complets par fusion.

Si nous pouvions prendre une comparaison vulgaire, nous dirions que l'excitation d'un nerf est semblable au passage d'un courant électrique dans un fil métallique, tandis que l'excitation des centres serait comparable aux vibrations d'une cloche qui continue à résonner longtemps après qu'elle a été ébranlée.

On pourrait aussi faire un rapprochement intéressant entre les phénomènes de perception sensitive et les phénomènes de perception douloureuse. En effet, une excitation dont la durée est aussi courte que celle d'une excitation électrique ne serait pas douloureuse, si elle ne durait que le temps même de l'excitation. Une douleur qui ne durerait pas au delà d'un dixième de seconde serait comme nulle, et on n'aurait pas à s'en préoccuper. Mais une excitation forte laisse après elle une trace qui dure longtemps, et c'est cette vibration des centres nerveux, consécutive à une excitation unique, d'autant plus prolongée que cette excitation est plus forte, qui constitue par sa durée la douleur même. Des excitations un peu moins intenses, mais durant plus longtemps, finissent par devenir douloureuses et produisent par leur addition une sorte de tétanos de la sensibilité.

Enfin les auteurs qui ont étudié l'action réflexe ont vu que les centres réflexes de la moelle épinière se comportent de la même manière, en sorte que l'on peut, d'une manière générale, établir une analogie entre les fonctions de ces deux tissus placés à l'extrémité, l'un des nerfs moteurs, l'autre des nerfs sensitifs, et admettre pour les centres nerveux encéphaliques ou médullaires une sorte d'élasticité comparable à celle du tissu musculaire.

Conclusions. — 1. La sensibilité ne peut être étudiée d'une manière fructueuse que sur l'homme, et l'électricité d'induction est le moyen le plus exact de l'apprécier.

2. Par une longue série d'excitations égales entre elles et très-rapprochées, la sensibilité décroit lentement, mais après un court repos revient rapidement à l'état normal.

3. Deux ou plusieurs excitations égales entres elles et très-rapprochées produisent un effet sensitif qu'elles sont insuffisantes à produire si elles sont isolées ou éloignées l'une de l'autre, ce qui démontre qu'il y a dans les centres nerveux une accumulation d'effet, ou mieux une persistance d'action comparable au phénomène de la contraction musculaire.

4. Le musclé avec lequel on peut le plus avantageusement comparer la sensibilité est le muscle de la pince de l'écrevisse dont l'élasticité est considérable, et qui, par la lenteur de ses réactions et sa puissante vitalité, est très-favorable à l'exploration myographique.

5. Il faut distinguer la transmission d'une excitation qui est toujours très-rapide, quelle que soit son intensité, et le résultat de cette excitation, qui est tantôt un sentiment, tantôt un mouvement. La transmission est un phénomène qui dépend du nerf : le sentiment et le mouvement sont des phénomènes dépendant, soit des centres nerveux, soit

des muscles, et ils ont après l'excitation une persistance d'action dont la durée est proportionnelle à l'intensité de l'excitation.

6. Par suite de cette persistance, quand les excitations se suivent avec une certaine rapidité, il se fait entre elles, dans les centres nerveux récepteurs ou dans les muscles, soit une addition, soit une fusion.

7. L'addition est évidente pour les centres nerveux comme pour les muscles : elle se produit avec un minimum de deux excitations, et un maximum qui semble être à peu près illimité.

8. La fusion s'observe plus difficilement pour les centres nerveux que pour les muscles. Elle semble se produire lorsque deux excitations sont séparées par un intervalle maximum de 1|25 de seconde.

9. Pour des excitations égales entre elles et fréquemment répétées, le moment de la perception est d'autant plus retardé que leur intensité est plus faible, et d'autant plus rapide que leur intensité est plus grande.

10. Le nombre des excitations nécessaires pour amener soit la perception, soit le mouvement, est inversement proportionnel à l'intensité et à la fréquence des excitations.

11. Il y a une sorte d'éducation de la perception, même à d'assez longs intervalles, entre deux perceptions consécutives. Le même phénomène s'observe sur le muscle, et il est rationnel d'y voir un fait d'addition.

12. Ces propositions sont probablement générales, et peuvent s'appliquer d'une part aux excitations physiques, chimiques, mécaniques, autres que l'électricité, d'autre part aux phénomènes de la perceptivité douloureuse.

13. Il y a analogie entre ces phénomènes sensitifs et les lois de l'action réflexe que Pflüger, Tarchanoff et Rosenthal ont récemment mises en lumière; ce qui porte à croire que le travail des centres nerveux, soit perception pour l'encéphale, soit action réflexe pour la moelle épinière, se fait d'une manière analogue.

14. Le système nerveux, placé à l'extrémité des nerfs sensitifs, et le système musculaire, à l'extrémité des nerfs moteurs, ont deux fonctions qui ne sont pas analogues, mais dont la forme est identique, et on pourrait représenter schématiquement le sentiment et le mouvement par des courbes graphiques absolument semblables.

CHAPITRE II.

DES DIFFÉRENTES VARIÉTÉS DE LA SENSIBILITÉ GÉNÉRALE.

Cette question est une des plus obscures de la physiologie, et malgré de nombreux travaux elle n'est pas encore sur le point d'être élucidée. Avant d'entrer dans le détail des faits il est nécessaire de résumer les données que nous possédons aujourd'hui sur les rapports des nerfs avec les centres nerveux.

Un nerf n'a pas d'autre fonction que celle de transmettre une excitation. La transmission de cette excitation est ce que nous avons étudié plus haut sous le nom de courant nerveux. Il y a un courant nerveux centripète et un courant nerveux centrifuge. Les courants centripètes agissent sur les centres, les courants centrifuges agissent sur les muscles. Ils ne font que mettre en jeu l'irritabilité des parties avec lesquelles ils sont en rapport, et cette irritabilité peut être éveillée par d'autres excitants que l'excitant nerveux. Ainsi d'une part l'électricité agit sur un muscle dont les nerfs sont paralysés par le curare, et d'autre part des excitations portant directement sur la moelle donnent des impressions sensitives.

Si après l'excitation du nerf optique il y a une sensation visuelle, la spécificité de cette sensation tient non pas au nerf lui-même, qui est simplement un cordon conducteur, mais au centre avec lequel il est en rapport. Il en est certainement de même pour le nerf acoustique, et probablement aussi pour les nerfs de l'olfaction et du goût.

Mais si cette distinction est facile à établir pour les nerfs sensoriels, il n'en est pas ainsi pour les nerfs de la sensibilité générale. A l'état normal, des excitations différentes éveillent des sensibilités différentes. Un corps chaud appliqué sur la main donnera une sensation de chaleur, la pression une sensation de pression, le contact une sensation de contact, etc.

Cette distinction entre les diverses formes de la sensibilité n'est pas une pure abstraction. Dans la plupart des maladies des nerfs, l'une d'elles peut être atteinte sans que les autres le soient, et les paralysies de ces sensibilités se font isolément, l'une étant détruite, quand l'autre est exaltée, ainsi que nous l'avons démontré au chap. IV de la première partie.

De là, deux hypothèses qu'il faut poser le plus nettement possible. Naturellement l'une est vraie, à l'exclusion de l'autre. Ou bien le mode de transmission par le nerf

diffère selon le mode de l'excitant. La différence de perception tient à la différence de l'excitation du nerf. Ou bien
l'excitation d'un nerf est toujours identique à elle-même,
ne variant que d'intensité et de durée, et la différence de
perception tient à la différence des centres percepteurs.

Pour corriger ce que ce langage a d'abstrait, prenons
un exemple. Le nerf sciatique transmet des sensations
de chaleur, de contact, de pression, de douleur ; tel est le
fait qu'il faut expliquer.

Or, on ne peut l'expliquer que de deux manières : ou
bien ces perceptions différentes tiennent à ce que, l'excitant étant variable, une coupure agissant autrement qu'un
morceau de glace, ou la pression par une pince, la nature
de la transmission nerveuse varie selon le genre de l'excitation que le nerf subit. C'est l'explication la plus généralement adoptée (1). Ou bien il existe dans le cerveau des
centres percepteurs pour la température, le contact, la douleur, tels que, s'ils entrent en jeu par suite de l'excitation
des nerfs qui y arrivent, il y a perception de chaleur, de
contact ou de douleur. C'est l'opinion développée par Brown
Séquard, et qu'il est maintenant lui-même porté à aban-
donner (2).

Pour ma part, j'ai étudié pendant longtemps les différents phénomènes des paralysies du sentiment, soit périphériques, soit centrales, et je n'ai pu me former une
conviction définitive en faveur exclusivement de l'une ou
l'autre de ces hypothèses. Toutefois je ne comprends
guère le discrédit dans lequel est tombée l'opinion de
Brown-Séquard, et, sans me faire le champion d'une hy-

(1) Voir Vulpian. Art. *Moelle* du *Dict. encyclop.*
(2) Voir Mac-Donnell dans la *Revue des sciences méd.*, 1876, t. I, p. 469,

pothèse évidemment très-contestable, je dirai qu'elle a deux avantages sur l'autre.

Le premier avautage, c'est qu'elle est très-claire et très-facile à saisir. Elle rend compte des faits démontrés de la manière la plus précise et la plus nette. Voilà une hystérique qui a une analgésie complète de la main, et pourtant elle sent très-bien le froid, le chaud, le contact, le chatouillement ; donc les nerfs qui transmettent la douleur sont paralysés. Un ataxique ne sent que la température et la douleur ; donc tous les nerfs transmettant d'autres sensations que ces sensations de température et de douleur sont paralysés. A la vérité, on peut et on doit admettre que dans certains cas ce ne sont pas les nerfs eux-mêmes, mais les centres récepteurs qui sont paralysés. Ainsi, chez les hystériques, par exemple, il est très-probable que l'analgésie a une cause centrale : toutefois l'explication reste la même.

Le second avantage de la théorie de M. Brown-Séquard est qu'elle fait rentrer le nerf sensitif dans les conditions générales du nerf moteur, et qu'elle cadre bien mieux avec les données physiologiques.

Ces deux avantages seraient donc suffisants pour la faire adopter dans son ensemble, si elle ne prêtait pas à trois objections, dont une seule d'ailleurs nous paraît digne de considération.

La première objection est qu'il faudrait supposer une complexité prodigieuse aux centres nerveux et aux nerfs, puisque chaque région du corps, si petite qu'elle fût, devrait posséder plusieurs sortes de nerfs, dont chacun serait en rapport avec un des centres destinés spécialement à la perception d'une des impressions périphériques.

Or, à vrai dire, cette objection ne nous paraît pas fondée, puisque nous ne nous faisons aucune idée de la complexité des organes nerveux centraux, et que cette complexité paraît extrême. Dans l'une et l'autre hypothèse,
il n'y a pas de simplification possible, et la science est
forcée de reconnaître qu'elle ne sait rien de précis sur
cette sorte de travail intérieur des centres, qui fait que
telle excitation est suivie d'une sensation de chatouillement, telle autre d'une sensation de douleur, etc.

La seconde objection est qu'il faudrait créer alors une
infinité de conducteurs spéciaux (Vulpian), le besoin de
respirer, de tousser, d'éternuer, de vomir, etc., consti-
tuant des sensibilités spéciales.

Malgré l'autorité du professeur Vulpian, il me paraît
impossible d'admettre cette objection et pour plusieurs
raisons. D'abord parce que le nombre de ces *besoins* n'est
pas extrêmement considérable, qu'on pourrait le ramener
à une dizaine, tout au plus ; que le nombre des centres
moteurs spéciaux, d'après les nouvelles recherches, paraît
devoir être beaucoup plus grand, et qu'en tout cas l'existence de ces centres de sensibilité est nécessaire, puisque
ces sensibilités existent réellement, et ne peuvent être
niées comme existences distinctes. La principale raison
pour laquelle cette objection n'a pas de valeur, c'est que
ces différents besoins n'ont rien de caractéristique que le
réflexe qu'ils provoquent. Cligner, respirer, bâiller, éternuer, sont des fonctions dans lesquelles le nerf sensitif,
qui va aux centres, et le nerf moteur, qui en vient, jouent
également leur rôle. Ce qu'on appelle un besoin n'est autre
qu'un réflexe sollicité avec énergie par le nerf sensitif. La
sensation vient donc, à proprement parler, de ce qu'on

appelle le sens musculaire, et n'en est qu'une variété. Au demeurant, du moment qu'on est forcé d'admettre l'existence de centres moteurs spéciaux pour ces différentes fonctions, on ne peut regarder comme trop complexe la coexistence, à côté de ces centres moteurs, de centres sensitifs qui leur sont étroitement liés.

Dans l'une comme dans l'autre hypothèse, on doit reconnaître qu'il existe plusieurs genres de sensibilité, et pour ma part je trouve la difficulté tout aussi grande d'admettre que selon le mode d'excitation du nerf les cellules nerveuses de la moelle seront irritées d'une certaine manière, et produiront une perception spéciale, que de reconnaître à la moelle certaines régions spéciales, desservies par des nerfs spéciaux, lesquels entrent en jeu sous l'influence des excitations diverses.

La troisième objection a beaucoup plus de force que les deux autres. Elle n'est cependant point énoncée dans l'article de Vulpian (1) sur les fonctions de la moelle. Le fond de cette objection est qu'il y a à la périphérie une série d'appareils (corpuscules de Pacini, de Vater, de Malpighi, de Krause, etc.), encore assez imparfaitement connus au point de vue anatomique, et dont la fonction est absolument ignorée. Or, il est très-possible que ces appareils ne soient pas également impressionnés par les différentes excitations, telles que la chaleur, le contact, la pression, etc. ; et selon leur mode d'excitabilité ils transmettraient aux centres telle ou telle sensation à l'exclusion des autres sensations.

Vulpian (2) assimile cette spécificité des cellules ner-

(1) *Dict. encyclop.*, t. VIII, p. 398 et suiv.
(2) *Loc. cit*, p. 423.

veuses périphériques à la fonction que certains auteurs attribuent à la rétine. En effet M. Donnell (1) et Dor (2) pensent, contrairement à la doctrine d'Helmholtz et de Young, qu'il n'y a pas de conducteurs spéciaux pour les différentes couleurs du spectre, et que la sensation de telle ou telle couleur dépend du rapport entre l'excitabilité du nerf et la qualité physique des excitations lumineuses. Cependant, en pareille matière, les autorités de Young et d'Helmholtz sont tellement imposantes qu'on a de la peine à se décider contre eux, surtout quand leur opinion n'est pas solidement réfutée.

En résumé, la valeur des objections dirigées contre l'ancienne doctrine de Brown-Séquard, que Schiff admet encore aujourd'hui, est presque nulle, et il est extrêmement facile de les mettre à néant de fond en comble. Nous ne prétendons pas la défendre ; elle est trop hypothétique pour être inattaquable, mais cette doctrine explique si clairement les faits qu'elle offre une très-grande commodité pour le langage, et c'est à ce titre que nous nous en servirons. Il n'est pas besoin de rappeler ici que ce n'est qu'une hypothèse, que par conséquent elle est sujette à caution, mais nous attendrons pour la rejeter qu'on ait trouvé contre elle des arguments plus sérieux que ceux qui ont été invoqués jusqu'ici.

Voici donc ce que nous admettrons dans le courant de cette étude.

Il existe dans l'axe encéphalo-médullaire des centres de sensibilité qui, lorsqu'ils sont mis en jeu, éveillent telle

---

(1) *Bull. de la Soc. de biol.*, 1874.
(2) *Sitz. der Bern. naturfors. Gesellchaft*, juillet 1872.

ou telle perception. Ils sont mis en jeu par les nerfs venant de la périphérie.

Ces nerfs n'ont pas de spécificité d'action ; ils sont simplement excitables, et, selon le centre avec lequel ils sont en rapport, c'est telle ou telle excitation qui est perçue. Ainsi l'excitation du nerf optique donnera une sensation de lumière, l'excitation du nerf laryngé supérieur, le besoin de tousser, l'excitation d'un nerf mixte, la sensation de température, de contact, de pression, de chatouillement, de douleur même, selon ses connexions avec les centres de contact, de pression, de chatouillement ou de douleur.

Ces excitations nerveuses sont renforcées et développées par la disposition des appareils périphériques qui sont annexés aux nerfs et qui rendent les sensations plus nettes et mieux déterminées, en développant l'intensité des faibles excitations. Cela est démontré pour les nerfs sensoriels, très-probable pour les nerfs du toucher, et vraisemblable pour les autres nerfs.

Mais laissons de côté les hypothèses, qui sont toujours plus ou moins stériles, et venons à l'étude des différentes sensibilités. en tâchant d'éclaircir ce dédale obscur qu'on appelle la sensibilité générale.

La distinction entre la sensibilité tactile et les autres sensibilités avait échappé à Weber, qui a fait sur le sens du toucher de si belles observations (1). Entrevue par Gerdy (2) et Gendrin (3), elle a été réellement affirmée d'une manière précise, pour la première fois, par Beau,

(1) *De pulsu, resorptione, auditu et tactu*, 1834.

(2) *Mém. sur le tact et les sensations cutanées. L'Expérience*, 1842, t. IX. p. 401.

(3) *Bull. de l'Acad. de méd.*, août 1846.

qui en a fait le sujet d'un mémoire important. Beau distingue avec beaucoup de sagacité la perte de la sensation tactile ou anesthésie de la perte de la sensation douloureuse ou analgésie (1). Plus tard, Landry étudia avec soin (2) les divers genres de sensibilité, et il a été suivi dans cette voie par beaucoup d'auteurs, parmi lesquels je citerai seulement Brown-Séquard (3) et Schiff (4). Quant aux autres auteurs qui ont parlé des différents modes de sensibilité, je les mentionnerai en temps et lieu.

La classification admise actuellement pour les différentes sensibilités et développée dans les traités classiques de physiologie, est qu'il y a environ six genres de sensibilités :

Le toucher ;

La pression ;

La température ;

Le chatouillement ;

Le sens musculaire ;

La douleur.

Cependant, si nous recherchons quelles sont les différentes sensations arrivant aux centres nerveux, nous en trouverons un certain nombre d'autres qui n'ont pas pris place dans cette classification.

Eliminons d'abord les sensations générales telles que la

(1) *Bull. de l'Acad. de méd.*, août 1847, et *Recherches cliniques sur l'anesthésie (Arch. gén. de méd.*, 1848).

(2) *Des sensations tactiles (Arch. gén. de méd.*, 1852).

(3) *Transmission dans la moelle épinière (Journ. de physiol.*, t. VI, p. 124).

(4) Même sujet (*Comptes-rendus de l'Acad. des sciences*, mai 1854 et sept. 1862).

faim et la soif. En effet, quoique rapportées à des organes périphériques, ces sensations sont manifestement centrales ; nous n'avons pas à nous en occuper ici.

Nous passerons encore sous silence la sensation qu'on a appelée sensation d'*équilibre*, et qu'on a voulu localiser dans les canaux semi-circulaires de l'oreille interne (1) et le sentiment général de l'existence (2), deux sensations trop mal définies et trop peu connues pour être étudiées avec fruit.

Parmi les autres sensations, les unes sont *sensorielles* ou perceptives, la vue, l'ouïe, l'odorat et le goût ; les autres sont rapportées à la sensibilité générale ; c'est de celles-là seulement que nous nous occuperons.

Parmi elle, il en est un petit groupe qui a un caractère commun le différenciant nettement des autres. Certaines sensibilités sont spéciales à certains organes et liées à des mouvements de ces organes. Ce sont des sensibilités qu'on pourrait appeler *motrices*, parce qu'elles éveillent toujours l'action réflexe. Elles sont locales, provoquées par l'excitation des nerfs de la région et tiennent très-probablement à l'excitabilité de certains centres sensitifs, liés étroitement aux centres moteurs correspondants. Ce sont les sensations de :

(1) Flourens. *Recherches sur le système nerveux.* Paris, 1842, p. 438. — Goltz. *Pflüger s Archiv*, t. III, p. 172.

(2) Béraud et Robin (*Elém. de physiol.*, t. 1, p. 155) décrivent comme sensation distincte les angoisses circulatoires, et une sensation de malaise général, qu'ils attribuent aux nerfs centrifuges du cœur, et qui seraient au sentiment de la vie (cénesthésie) ce que la fatigue est à la contraction musculaire.

Volupté (1) ;

Respiration ;

Bâillement ;

Eternument ;

Toux ;

Déglutition ;

Vomissement ;

Défécation ;

Miction ;

Clignement.

Sans pouvoir entrer dans tous les détails qui seraient nécessaires, nous allons étudier le caractère général qu'offrent ces dix sensibilités. Cette étude étant faite, nous comprendrons plus facilement les différentes variétés de la sensibilité générale.

§ I.

Des sensibilités motrices.

Ainsi que nous le disions plus haut, toutes ces sensibilités ont un caractère spécial, qui est de mettre en jeu un groupe de muscles appropriés à une fonction, ou quelquefois le muscle qui est seul à remplir cette fonction.

Prenons un exemple ; la sensation de la toux, je suppose : cette sensation est un véritable besoin, en ce sens qu'elle

---

(1) Le rapprochement de la sensation voluptueuse avec les sensibilités spécialement liées à une fonction musculaire a été fait il y a déjà plusieurs années par Lussana (*Journ. de physiol.* de Brown Séquard, t. VI, p. 187).

commande énergiquement l'acte musculaire qui doit expulser des bronches le corps étranger qui s'y est introduit. En analysant cette sensation et l'ensemble de ce phénomène, on trouve ;

1° Des nerfs bronchiques transmettant une excitation aux centres ;

2° Un centre sensitif excité, et par conséquent une perception;

3° Le centre moteur juxtaposé, excité de même; et par conséquent un mouvement musculaire, par l'intermédiaire des nerfs expirateurs ;

4° La conscience de ce mouvement revenant aux centres, grâce au sens musculaire.

Nous pourrions analyser de même toutes les autres sensibilités que nous avons appelées motrices : et nous y trouverions toujours les mêmes éléments, nerf centripète excitateur d'un centre sensitivo-moteur qui donne à la fois la perception aux centres nerveux et le mouvement aux muscles.

Ainsi ce sont des sensibilités différentes, mais ces différences tiennent uniquement à la nature du centre nerveux excité, et non à la différence de l'excitation. La fonction du nerf laryngé supérieur qui donne la sensation de la toux, est la même que celle de la branche ophthalmique de Willis qui donne la sensation du clignement. Dans l'un et dans l'autre cas, c'est toujours la fonction nerveuse, tandis que la fonction des centres qu'ils excitent est différente dans l'un et dans l'autre cas.

Aussi ces nerfs ne font-ils aucune différence entre les agents qui les excitent ; que ce soit un agent thermique, chimique et mécanique, le résultat est le même et la sensation produite ne diffère pas.

Ce point est trop important pour ne pas mériter d'être éclairci.

Lorsque la vessie est distendue par l'urine, la muqueuse vésicale donne aux centres une sensation spéciale qui est le besoin d'uriner, et de même la muqueuse rectale distendue par les matières fécales provoque le besoin de la défécation.

Mais il n'y a dans ces sensibilités rien qui dépende fatalement de la nature de l'agent excitateur : et l'excitation des deux muqueuses, de quelque nature qu'elle soit, amène le même effet. Par exemple, si on introduit dans l'anus des corps étrangers, on provoque le besoin de la défécation absolument comme si le rectum était rempli de matières. Les blessures du rectum occasionnent souvent la même sensation. Quand, à la suite de rectite, la muqueuse rectale est enflammée, comme dans la dysentérie, par exemple, l'hypéresthésie nerveuse est telle que le plus léger contact entraîne le besoin de la défécation. Il en est de même pour la vessie. Lorsqu'on sonde un malade, le contact de la sonde avec le sphincter vésical provoque la même sensasion que l'accumulation d'une trop grande quantité d'urine. C'est ainsi qu'un calcul vésical donne lieu à de fréquentes envies d'uriner. Comme dans la rectite, il y a dans la cystite une telle hypéresthésie nerveuse, que la plus légère excitation devient une excitation forte capable de mettre en jeu le centre sensitivo-moteur, d'où dépendent, d'une part, le besoin d'uriner, d'autre part, l'expulsion de l'urine.

On comprendra sans peine qu'il serait inutile de poursuivre la même démonstration pour tous les nerfs sensitifs qui servent à provoquer ainsi des actions réflexes irrésistibles: il me suffira d'ajouter que l'excitation électrique de ces nerfs provoque des sensations de même nature, ce qui par conséquent est une preuve de plus pour démontrer qu'il n'y a pas de spécificité dans le genre de l'excitation, et que le caractère particulier de telle ou telle de ces sensations tient aux centres nerveux excités. Ainsi un fort courant électrique appliqué près de l'anus provoque le besoin de la défécation; l'excitation du bout central du largyngé supérieur fait tousser les animaux sur lesquels on expérimente.

Il est intéressant de voir à quel point ce que nous avons dit dans le chapitre précédent de la perception et de la lenteur du travail cérébral se justifie pour ces perceptions sensitives spéciales. Rien n'est plus lent en effet que l'ébranlement nécessaire pour amener le mouvement réflexe et la perception complète. Par exemple pour la sensation nauséeuse produite par la titillation du voile du palais, ce n'est qu'au bout d'une demi-minute et souvent plus de temps encore que la nausée et le vomissement surviennent. D'abord, il n'y a aucune sensation très-nette, puis peu à peu l'excitation finit par s'accumuler : elle monte, monte graduellement, comme de l'eau tombant goutte à goutte dans un vase, finit par déborder le vase. C'est qu'il se passe là dans les centres nerveux un travail identique au travail cérébral et au travail médullaire étudiés plus haut, et que l'élaboration, soit d'une perception, soit d'un mouvement, nécessitent un espace de temps appréciable. Toutefois, pour des excitations très-fortes, la durée du travail perceptif est négligeable. Ainsi une blessure de la conjonctive produit immédiatement le clignement. Un corps étranger dans le larynx amène immédiatement la toux qui doit l'expulser des voies aériennes.

Quoi qu'il en soit, la perception du besoin précède toujours le mouvement qu'elle doit provoquer. Le mouvement ne se produit qu'à la fin, lorsque les centres nerveux sont chargés, pour ainsi dire, par l'excitation prolongée venant de la périphérie. Si, le mouvement étant accompli, la cause de l'excitation persiste, le besoin deviendra de plus en plus impérieux, et peu à peu se transformera en une véritable douleur. Tout se passe donc comme si l'excitation exagérée des centres sensitifs mis en jeu, finissait par arriver jusqu'à un centre cérébral siége de la douleur. Mais c'est là un domaine encore trop hypothétique pour qu'il nous soit permis de nous y aventurer. Nous nous contenterons donc de constater que l'excitation démesurée de ces nerfs spéciaux peut produire de la douleur.

En tout cas, ces centres sensitivo-moteurs peuvent être paralysés isolément, ainsi que la pathologie nous en donne de fréquents exemples. Le bromure de potassium agit spécialement sur la sensation nauséeuse qu'il empêche. Chez les personnes ayant pris une dose plus ou moins forte de ce sel, on peut titiller la luette, le voile du palais, et l'arrière-gorge, sans provoquer de vomissements

Pareillement, chez les hystériques, cette sensibilité est souvent paralysée isolément, comme aussi la sensibilité spéciale de la conjonctive au clignement (1). Il en est de même pour la partie supérieure des voies respiratoires

(1) Liégeois (*Mém. de la Soc. de biol.*, 1859, p, 209 et 261) a constaté l'anesthésie de cette sensibilité avec persistance du clignement.

chez les malades atteints de paralysie labio-glosso laryngée, et la paralysie de la sensibilité réflexe du larynx y est notée comme un des premiers phénomènes (1). Chez un grand nombre de paralytiques généraux, l'anesthésie rectale ou vésicale précède la plupart des autres symptômes, lorsque à ce moment il n'y a encore aucune anesthésie des téguments. Les malades ne sentent pas le besoin d'uriner ou de déféquer, et ces paralysies isolées devancent toutes les autres.

Réciproquement, les sensibilités spéciales du rectum et de la vessie peuvent être conservées alors que toutes les autres sont abolies. Ainsi récemment, j'ai vu dans le service de M. le professeur Lasègue, (salle St-Charles, n° 22) une hystérique de 17 ans complétement anesthésique. Cette malade, ainsi qu'elle le disait elle-même, ne sent *aucun* point de son corps, et cependant elle sent parfaitement le besoin d'aller à la selle et d'uriner (2).

De même la sensation de la volupté est aussi, dans des cas fort rares, lésée isolément. Brown-Séquard a vu deux cas d'anesthésie spéciale de la volupté ; toutes les autres espèces de sensibilités de la muqueuse uréthrale et de la peau de la verge persistant (3).

Althaüs en rapporte un autre cas (4). On en trouverait peut-être un plus grand nombre sans la fausse honte qui empêche les malades de parler. Fonssagrives en cite un

(1) Krishaber. *Gaz. hebd.*, 1872.

(2) Son observation, assez incomplète d'ailleurs, est rapportée dans la thèse inaug. de Desbrosses (Paris, 1876). *De l'anesthésie dans l'hémiplégie hystérique*, p. 75.

(3) *Journ. de physiol.*, *Transmission des impressions sensitives dans la moelle épinière*, t. VI, p. 125.

(4) *Gaz. méd. de Paris*, 1859. p. 525.

exemple très-remarquable observé sur une femme (1).
Pour ma part, j'ai vu le cas inverse. Un jeune homme
atteint de fracture de la colonne vertébrale avait une
paralysie complète des membres inférieurs, de la vessie et
du rectum. Cependant le gland avait conservé sa sensibilité, obtuse au point de vue du tact, de la chaleur et de la
douleur, mais complète au point de vue des sensations
voluptueuses. Le malade m'assurait avoir des érections et
des éjaculations.

De tous ces faits nous pouvons conclure qu'il y a des
centres sensitifs liés aux différentes sensations que nous
avons énumérées plus haut. Certes, il serait désirable de
pousser plus loin l'analyse physiologique et de déterminer
avec plus d'exactitude la situation, la nature et les fonctions de ces centres, mais nos connaissances sont si peu
avancées là-dessus que toute hypothèse serait prématurée.
Heureusement les recherches contemporaines ont fait
faire de grands progrès à l'étude des centres moteurs dans
l'encéphale (2) et dans la moelle (3).

Il n'y a donc rien d'invraisemblable à admettre qu'il en
est de la sensibilité comme de la motricité, et qu'à certaines sensibilités spéciales répondent des centres sensitifs spéciaux placés dans l'encéphale.

En somme les centres encéphaliques sensitifs ne jouent
pour ces différents mouvements qu'un rôle assez secondaire;
la déglutition, le vomissement, le bâillement etc. (4), peu-

____

(1) Art. *Aphrodisie* du *Dict. encyclop.*, t. IV, p. 105.
(2) Ferrier. — Hitzig. — Carville et Duret.
(3) Büdge. *Comptes-rendus de l'Acad. des sciences*, t. LVIII. p. 529. —
Schiff. — Giannuzzi. *Comptes-rendus de l'Acad. des sciences*, 1863, t. LVI,
p. 53. — Masius. *Journ. de l'anatomie*, 1869, t. VI, p. 103.
(4) Flourens. *Expér. sur le syst. nerveux*, 1842.

vent s'accomplir sans qu'il y ait perception : il y a là cependant un courant nerveux centripète, partant de la périphérie pour aller à la moelle; mais l'excitation ne pouvant aller plus loin s'est bornée à mettre en jeu le centre moteur dans la moelle, sans exciter le centre percepteur situé probablement plus haut dans l'encéphale : le courant nerveux centripète pourrait à bon droit être nommé sensitif, mais il faudrait alors distinguer la sensibilité consciente de la sensibilité inconsciente.

Cependant, dans la plupart des cas, en dehors de l'état pathologique et de l'état de sommeil, il y a perception sensitive. Quelquefois les centres nerveux intellectuels peuvent arrêter ou suspendre le réflexe provoqué par l'excitation périphérique, mais cet arrêt ne peut durer longtemps, et cette influence cérébrale est forcément limitée. Lorsque les aliments sont préparés à la déglutition, il est très-difficile de retenir les mouvements de déglutition qui doivent introduire le bol alimentaire dans l'œsophage, et une fois le premier temps de la déglutition achevé et le second commencé, il est impossible d'arrêter l'action synergique des muscles du pharynx. De même, quand le rectum est distendu par les matières, ou la vessie par l'urine, un moment arrive enfin où la volonté est impuissante à empêcher la contraction expulsive de l'un ou l'autre de ces réservoirs.

Pour la sensation de volupté, l'action des centres supérieurs a une influence prédominante; cette influence est telle que l'excitation périphérique est facilement entravée dans son action par une influence cérébrale de sens contraire : une préoccupation, une crainte, une inquiétude suffisent pour rendre nulles toutes les excitations des nerfs des organes génitaux. D'un autre côté, en dehors de toute action cérébrale, il a pu y avoir, chez des animaux dont la moelle était sectionnée, érection et même éjaculation, en sorte que dans les circonstances dont nous parlons plus haut, l'action des centres nerveux serait une sorte d'action paralysante plus ou moins analogue à ces paralysies par irritation que Brown-Séquard a si bien étudiées.

Enfin, pour terminer, nous dirons que souvent l'excitation sensitive, venant de la périphérie, n'est pas nécessaire, et que l'excitation des centres sensitifs eux-mêmes peut, en dehors de tout courant nerveux centripète, produire des sensations spéciales. Certains poisons provoquent le vomissement en agissant sur l'éncéphale comme aussi les tumeurs cérébrales.

Dans les rêves, des illusions érotiques suffisent pour provoquer l'éjaculation et la sensation voluptueuse. Mais toutes ces conditions sont relativement rares, et dans la plupart des cas il faut une irritation venant de la périphérie. Il n'y a d'exception que pour le bâillement et le besoin de respirer. Ces besoins sont très-probablement d'origine purement centrale, et tiennent aux modifications chimiques du sang qui nourrit le bulbe rachidien.

Toutefois des excitations partant de la périphérie peuvent, par une sorte de phénomène d'arrêt, suspendre la respiration. Ainsi Schiff (1) a remarqué qu'un jet d'eau froide sur la peau produisait de la dyspnée. Rolling et Falk (2), disent que toutes les excitations cutanées amènent un ralentissement des mouvements respiratoires.

(1) *Comptes-rendus de l'Acad. des sciences*, 1861, t. LIII, p. 33.
(2) *Arch. für anat.*, 1869. — *Deutsche Klinik*, 1873.

§ 2.

De la sensibilité tactile et de ses différentes formes.

Nous venons de voir qu'il y avait des sensibilités spécialement dévolues au mouvement ; il y en a d'autres qui
ont un autre but, c'est de nous faire connaître les objets
extérieurs, la forme, la consistance, le poids, la température de ces objets.

Aussi, à côté des sensibilités motrices, proposons-nous
d'établir un groupe de sensibilités *perceptives* ayant pour
fonction une connaissance plus ou moins complète du
monde extérieur.

Les physiologistes ont établi six groupes ; mais il est
facile de voir que le chatouillement n'a aucune analogie
avec le sens du toucher : c'est une modification des centres
qui ne nous fait rien savoir sur l'excitation produite, et
par conséquent nous devons le ranger, ainsi que la sensation de démangeaison, dans le groupe des sensibilités que
j'appellerais volontiers *affectives*, dans lesquelles la sensibilité à la douleur joue le principal rôle.

Cette classification est en partie artificielle, comme
toutes les classifications des faits. En réalité, les faits ne
peuvent être classés naturellement ; car il y a une chaîne
ininterrompue de l'un à l'autre, en sorte que tout ce qui
établit des catégories est factice : mais il importe peu. Ce
qu'on peut exiger d'une classification, c'est qu'elle soit de
nature à rendre les démonstrations plus claires et plus
méthodiques, et à faire saisir le lien qui réunit des faits en

apparence disparates. Aussi croyons-nous bien fondée cette division : sensibilités *motrices*, provoquant un réflexe musculaire particulier, et une perception sensitive particulière ; sensibilités *affectives*, provoquant une sensation douloureuse à différents degrés ; sensibilités *perceptives*, amenant une connaissance du monde extérieur.

Etant ainsi comprises, ces sensibilités perceptives seront toutes destinées à un seul sens, c'est-à-dire au sens du toucher. A vrai dire, elles doivent se subdiviser en plusieurs sous-ordres : contact, température, sens musculaire, pression. Le sens du toucher n'est donc qu'une entité psychologique : car il se compose de ces quatre variétés qui peut-être exigent chacune des nerfs spéciaux, et en tout cas se paralysent isolément.

Examinons d'abord le contact : cette sensation se compose elle-même de plusieurs éléments qu'il faut distinguer.

Létiévant (1) fait remarquer avec raison que l'on sent le contact même à travers une masse inerte, que par conséquent la notion du contact léger, de l'ébranlement produit par une impression extérieure peut très-bien coexister avec une paralysie superficielle de la sensibilité. Il suffira que les parties sous-jacentes aient conservé l'intégrité de leurs fonctions sensitives, pour qu'il y ait courant nerveux centripète et perception dans les centres.

Cette sensation que j'appellerais volontiers le *contact léger*, ou simplement le contact, est la sensation tactile par excellence. Il est probable que chez les animaux inférieurs, tels que les mollusques et les bryozoaires, la sensa-

(1) *Des sections nerveuses*, p. 50.

Richet.   15

tion tactile se borne à la notion d'un corps étranger venant toucher leur périphérie tégumentaire. En tout cas, chez l'homme elle est prodigieusement développée. Nous avons fait remarquer plus haut (1) que le nerf sensitif était plus facilement excitable que le nerf moteur, et que cette différence tenait probablement au renforcement de l'excitation pour les nerfs sensibles par les appareils placés à la périphérie. Bien des faits viennent à l'appui de cette hypothèse.

Je vais en citer un qui concorde avec les expériences de Volkmann et les miennes sur la sensibilité cutanée réflexe chez la grenouille. Souvent on a l'occasion de voir des plaies bourgeonnantes, assez sensibles et douloureuses; or, si on les touche fortement, on provoque de la douleur; au contraire, si on ne les touche que légèrement, le contact ne sera pas perçu, l'excitation était insuffisante pour mettre en jeu les nerfs sans appareils terminaux, tandis que cette même excitation est suffisante pour exciter les nerfs du derme qui ont une disposition de renforcement toute particulière. De même sur la grenouille strychnisée, l'excitation cutanée produit un tétanos que l'excitation directe du nerf ne produit pas.

Cette sensation de contact ne peut pas être hyperesthésiée; si, à l'état normal, sur la peau saine, un contact léger n'est pas perçu, il ne sera pas perçu non plus même dans le cas d'hyperesthésie de la région. Cependant l'hyperesthésie pourra être telle qu'un léger contact devienne une douleur. Dans les inflammations de la peau (phlegmon, furoncle, etc.), comme dans les névralgies, le fait est très-

____

(1) Voyez page 38 et suiv.

évident. Dans certains cas même, l'hyperesthésie est
générale, par exemple dans quelques myélites. Carpen-
ter (1) rapporte l'observation extrêmement curieuse d'un
individu nommé Kitto, pour qui le moindre ébranlement
du sol devenait une cause de douleur. Ses nerfs tactiles
étaient tellement hyperesthésiés que toute sensation tactile devenait une sensation douloureuse. Voici comment il
s'exprimait lui-même : « The touch could not but have
been slight, but to me the concussion was dreadful, and
allmost made me scream with the surprise and pain, the
sensation being very similar to that which a heavry person
feels on touching the ground when he has jumped from a
higher place that he aught. » Chez les névropathiques,
dans la migraine, dans les névralgies, le moindre ébranlement devient douloureux. Cela ne signifie pas que chez les
personnes saines ces ébranlements de contact ne soient pas
perçus, mais ils sont trop légers pour éveiller notre attention d'une manière tant soit peu durable. En un mot, s'il
y a hyperesthésie à la douleur, il n'y a pas hyperesthésie
du toucher.

Le sens du toucher est constitué par d'autres perceptions
encore, en particulier par la *localisation* et la *distinction*
des excitations, pour lesquelles le jugement joue un
très-grand rôle. Ce rôle est même tel qu'on pourrait
dire que ce sont purement des appréciations psychologiques. En tout cas, au point de vue de l'étude de la sensibilité dans les maladies, et du toucher physiologique,
les données que nous fournissent les modifications de ces
sensibilités sont d'un grand secours.

Pour juger si un individu distingue parfaitement deux

(1) *Todds Cycloped. Anat. and Physiol.*, art. *Touch.*

pointes, on emploie le compas de Weber (1), l'esthésio-mètre de Sieveking (2) ou celui de Manouvriez (3). Beaucoup d'auteurs ont fait des recherches sur cette particularité du sens du toucher. Weber a constaté qu'il y avait des différences considérables entre les différentes régions du corps, et il a dressé des tableaux qu'on trouvera dans tous les traités élémentaires de physiologie (4). Vierordt (5) appelle sens du lieu cette sensibilité qui permet de distinguer deux points différents. Ses recherches et celles de ses élèves (6) ont démontré que la délicatesse du sens du lieu était d'autant plus marquée que l'on s'éloignait plus de l'axe de rotation du membre. Plus récemment le même auteur a étudié la précision avec laquelle on juge le trajet et la direction d'une excitation cutanée. Gubler (7) a fait remarquer, après Weber, que la sensibilité transversale était plus développée que la sensibilité longitudinale, à l'exception du bout des doigts et de la langue. Enfin, M. Brown-Séquard (8) a fréquemment étudié les modifications pathologiques de la sensibilité tactile (9).

(1) *Loc. cit.*.

(2) *British and Foreign med. chir. Review.* janvier 1858.

(3) *Bull. de la Soc. biol.*, 1874, p. 375 et *Arch. de physiol.* 1876, p. 757.

(4) Beaunis, p. 878; Longet, t. III, p. 66, etc.

(5) *Zeitschrift für Biol.*, 1870, t. VI, p. 53. Traduit dans le *Journ. d'anat. et de physiol.*, 1870, t. VII, p. 265.

(6) Kottenkamp et Ulrich. *Versuche ueber den Raumsinn der Haut der oberen Extremitäten* (*Zeitschrift für Biol.*, 1870). Hartmann. *Ibid.*, 1871.

7) *Comptes-rendus de la Soc. de biol.*, 1859, p. 125.

(8) *Journ. de physiol.*, t. IV, p. 124.

(9) Voir aussi Meissner. *Zeitschrift für Rationnelle medizin*, 1859, t. VII, . 92. — Schuppel. *Revue des sciences méd.*, t. III, p. 618. — Putnam. bid., t. VI, p. 120. — Drosdorff. *Centralblatt*, 1875, n° 17, p. 259. — Rendu. *Ann. de dermatologie*, déc. 1874 et janv. 1875. Belfield-Lefèvre. Th. inaug. Paris, 1837.

J'ai fait de nombreuses explorations au moyen du compas de Weber, et j'ai été frappé de la difficulté qu'on éprouve à faire des observations précises. Rien n'est plus étonnant à cet égard que les dixièmes de millimètre que les élèves de Vierordt reconnaissent avec tant de sûreté. Si on n'applique pas les deux pointes instantanément, si on ne les maintient pas absolument immobiles, si on permet au sujet de faire le plus léger mouvement, si on les laisse trop longtemps en place, toute l'observation est faussée : or, est-on jamais assuré de réaliser toutes ces conditions ?

Outre cela, il est très-difficile, pour ne pas dire impossible, de saisir quelle est exactement la limite de la sensation. Il y a pour chaque région de la peau une étendue très-nette où, par l'application de deux pointes, on ne perçoit qu'une seule pointe ; mais au delà de cette zone en existe une autre, d'autant plus étendue que la sensibilité tactile est moins développée (Vierordt) : c'est une zone *d'indécision*, dans laquelle les sujets ne peuvent dire si on les touche avec deux pointes ou avec une seule. Je proposerais donc d'établir, d'une manière précise, l'étendue de cette zone aux différentes régions : nous aurions ainsi une exactitude beaucoup plus grande dans les déterminations.

Enfin, il n'est pas indifférent d'aller en augmentant l'écartement du compas ou en le diminuant. Si on prend un écartement perçu nettement pour arriver à la sensation limite, cette limite sera très-reculée et toute différente de ce qu'elle aurait été, si l'on eût procédé en sens inverse, en mettant d'abord les deux pointes toutes voisines pour les écarter ensuite peu à peu. Manouvriez (1), qui a aussi re-

(1) Th. inaug. *Loc. cit.* et *Arch. de physiol.*, p. 759, 1876.

marqué le fait, propose de prendre la moyenne de deux observations faites ainsi en sens contraire.

J'ai eu plusieurs fois l'occasion d'explorer avec le compas de Weber des malades ayant une distension énorme de la peau, et j'étais surpris de la distance à laquelle il fallait mettre les pointes du compas pour obtenir une distinction des pointes. Une malade portant une énorme tumeur sarcomateuse de la cuisse, grosse comme une tête d'enfant, à plus de 20 centimètres ne distinguait encore qu'une pointe. Un malade, ayant une volumineuse tumeur du scrotum, ne distinguait les pointes qu'à 9 centimètres, ce qui est près de trois fois plus qu'à l'état normal. Je pourrais citer d'autres exemples, mais il suffit de signaler le fait qui est constant.

Sur les malades ayant une cicatrice qui réunit deux portions de la peau primitivement éloignées, c'est en vain qu'on rapproche les pointes ; pourvu que chacune d'elles soit sur un côté distinct de la cicatrice, elles ne seront jamais confondues.

Tous ces faits sont confirmatifs de la théorie de Weber, qui est ingénieuse et probablement vraie, quoique encore hypothétique.

J'ai fait une observation qui a vraisemblablement échappé à Weber et aux auteurs qui l'ont suivi. La notion de contact est très-obscure sur les parties autres que la peau, en particulier sur les plaies granuleuses. Si on met les deux pointes du compas sur la plaie, le malade sentira un écartement A, par exemple (en général 6 à 10 centimètres). Si, au contraire, on ne met qu'une pointe sur la plaie, l'autre étant située sur la peau, en appuyant également avec les deux pointes, on n'obtiendra qu'une seule

sensation même avec un écartement 2 A (12 à 20 centimètres).

En somme, le fait est facile à expliquer, c'est la con-
firmation expérimentale du vieil adage hippocratique :
« Duobus doloribus simul obortis, non in eodem loco, ma-
« jor alterum obscurat. » En tout point c'est analogue à
l'expérience que j'ai faite sur la sensibilité électrique, par
laquelle je montrais qu'une excitation forte paralysait une
excitation faible et empêchait la perception de cette dernière.

Ainsi que Weber l'avait remarqué, la muqueuse du
gland est douée d'une sensibilité tactile très-obscure (1),
tandis que le prépuce a une sensibilité tactile assez développée : or, en appliquant une pointe sur le prépuce et
l'autre sur le gland, on voit qu'il faut un écartement de
plus de 8 centimètres pour qu'il y ait distinction de la
perception. Au contraire, si les deux pointes sont appliquées simultanément sur le gland, un écartement de 4 centimètres est distinctement perçu. L'explication de ce fait
est absolument la même que pour le fait d'une surface
granuleuse. La pression du compas sur la peau produisant
beaucoup plus que la même pression sur le gland, cette
dernière n'est pas sentie ; elle le serait cependant si l'autre
n'existait pas qui obscurcit la plus faible.

Si on touche très-rapidement la peau avec une pointe et
qu'ensuite avec l'autre pointe, à quelque distance, on
touche une autre région de la peau, le sujet percevra *quelquefois*, mais non toujours, deux sensations. Il faut évi-

(1) Weber, *loc. cit.*, — Valentin. *De functionibus nervorum cerebralium*,
Berne, 1839, — Graves, *Observat. on the sens of Touch* (*Edimburgh
new Philosophical Journ.*, 1836, t. XLI, p. 74).

demment rapporter ce fait à la persistance de l'impression, en vertu de laquelle le sujet éprouve encore la sensation, alors que la cause qui l'a provoquée a disparu. Il serait sans doute très-intéressant de rechercher le temps et les conditions nécessaires à la persistance de cette impression ; mais je n'ai pu tenter cette recherche, et je me contente de signaler le fait qui est assez intéressant pour être noté.

Le sens du toucher nous fournit encore beaucoup d'autres notions sur les objets extérieurs ; il nous permet de juger leur forme, leur consistance, leur poids, leur température. La forme relève évidemment de la notion de contact et de la notion de localisation. La consistance et le poids dépendent du sens musculaire.

Bien des travaux ont été faits sur le sens musculaire (1), et ce qui résulte le plus clairement de la lecture des principaux mémoires écrits sur ce sujet, c'est que le sens musculaire existe, ou tout au moins qu'il y a une notion complexe de certaines qualités des objets extérieurs, notion que le contact simple ne peut pas donner (2). Quels sont les conducteurs dans la moelle de ces impressions ? c'est ce qu'on ne saurait bien déterminer. Il y a complet désaccord sur cette question entre la plupart des physiologistes.

(1) Bernstein. *Untersuchungen ueber den Erregungsvorgang.* Heidelberg, 1871, p. 239. — Bernhardt. *Zur Lehre von muskelsinn* (*Arch. für Psychiatrie*, 1872, p. 618). — Sachs. *Recherches sur les nerfs sensibles des muscles* (*Archiv für anat.*, 1874, p. 645). — Schultze et Furbringer. *Schnenreflexe. Centralblatt*, 1875, p. 929). — Schiff. *Lehrbuch der Physiol.*, p. 118. — Kölliker. *Zeitschrift für Wissenschaftliche zoologie*, t. XII, p. 157.

(2) Vulpian n'admet pas l'existence du sens musculaire (art. *Moelle* du *Dict. encyclop.*, p. 422). Il en est de même de Bernhardt (*Archiv für Psychiatrie*. 1872, t. III, p. 618).

En tout cas, faire du toucher un sens ne relevant que de la sensation de contact, ce serait singulièrement rétrécir le domaine de ce sens. Le sens musculaire n'est pas un sens particulier, il ne fait que concourir au toucher et dans une mesure très-grande. Lorsqu'on fait des essais avec l'esthésiomètre, invariablement les sujets en expérience font des mouvements pour donner plus de netteté à leur sensation. Régulièrement il en est toujours ainsi. Pour toucher un objet et le connaître, nous ne nous contentons pas de l'effleurer, mais de le palper, de le presser, en sorte que nous jugons de son poids, de sa résistance, de sa consistance, toutes données qui ne sont fournies que par le sens musculaire.

Ce qu'il y a de plus curieux dans l'étude du sens musculaire, c'est que souvent il conserve son intégrité au milieu de l'anesthésie générale. Ainsi les hystériques ne perdent que rarement le sens musculaire, et alors que toutes les autres sensibilités tactiles ou affectives sont abolies, ont conservé la faculté de coudre, de tricoter, d'écrire, etc., mouvements qui exigent des sensations très-parfaites et complexes.

Le sens de la température ou thermoesthésie existe véritablement, et il fait encore partie du sens du toucher. On observe très-rarement sa paralysie isolée, mais souvent on voit sa persistance au milieu de l'anesthésie générale, soit centrale, soit périphérique. Dans les affections du système nerveux central, la paralysie agitante par exemple, il y a souvent une sensation de chaleur insupportable (1). Dans les intoxications par l'arsenic (2), par la belladone, on retrouve

(1) Charcot. *Leçons sur les maladies du système nerveux*, 2ᵉ édit., t 1. p. 176.

(2) Rabuteau. *Toxicol.*, p. 137.

aussi cette sensation. Les amputés ont souvent des *bouf-fées* de chaud et de froid, et la compression d'un nerf pro-duit aussi le même résultat; ce qui prouve que pour les sensations de froid ou de chaleur l'appareil tégumentaire périphérique n'est pas nécessaire.

Quant au sens dit de la pression, je ne comprends guère comment il a été admis, sans motif, par la plupart des auteurs : en effet, ou la pression est douloureuse, ou elle n'est pas douloureuse. Si elle est douloureuse, on ne sent plus de pression réelle, on éprouve une douleur qui ne donne aucune notion perceptive; si bien que certaines douleurs, ayant une tout autre cause, ressemblent aux douleurs produites par la pression, une forte brûlure par exemple (1). Il n'y a donc pas lieu de faire une classe à part pour la douleur produite par la pression : c'est une forte excitation des nerfs, toute mécanique, et qui n'a rien de particulier, ni comme excitation ni comme perception.

Si la pression est légère sans être douloureuse, on aura bien à la vérité une perception nette de pression; mais si l'on voulait en faire une sensation spéciale, à ce compte il faudrait en créer une infinité d'autres, par lesquelles nous jugeons de la dureté, de l'humidité, de la rugosité des objets, etc. En somme ce n'est qu'une excitation méca-nique qu'il faut assimiler aux excitations mécaniques que donne le contact.

Cependant, comme parmi toutes les erreurs, il y a dans la classification généralement reçue, par laquelle la sen-sation de pression est distinguée des autres, un certain point de vue qui est exact. Souvent on voit des malades ayant une anesthésie incomplète. On peut piquer, pincer,

(1) Robin et Béraud. *Elém. de physiol.*, t. 1, p. 140.

brûler la peau sans provoquer ni perception, ni douleur.
Mais si on presse fortement dans la main le membre tout
entier, le malade sentira une douleur dans quelques cas,
dans d'autres cas il aura la simple perception sans douleur. Cela suffit-il pour faire de la sensibilité à la pression
une classe à part (1)?

Pour résoudre la question, rappelons-nous la manière
dont meurent les nerfs sensitifs : d'après les expériences
rapportées plus haut, le nerf sensitif meurt de la périphérie au centre et des parties superficielles aux parties
profondes; il arrive alors très-souvent que les rameaux
profonds et les branches volumineuses d'un nerf sont encore sensibles, alors que les ramuscules terminaux dis-
persés dans la périphérie tégumentaire ont perdu leurs
propriétés vitales. Or, l'excitabilité de ces rameaux profonds est mise en jeu par une pression forte, tandis que le
contact, le toucher proprement dit, ne met en jeu que les
ramuscules terminaux dont la fonction est abolie en premier lieu. Il y a donc lieu de distinguer une sensibilité
superficielle, tégumentaire, et une sensibilité profonde qui
appartient aux muscles, aux troncs nerveux eux-mêmes,
au tissu conjonctif et aux os. Ce n'est pas une différence
dans la nature de la sensibilité, mais uniquement une
différence dans son siége (2).

Cette sensibilité tégumentaire et superficielle doit même
être subdivisée en deux classes fort distinctes, surtout au
point de vue pathologique : en effet, il arrive souvent,
surtout dans les anesthésies légères, que le malade ne

(1) M. Brown-Séquard (*Journ. de physiol.*, t. VI, p. 613), se refuse aussi
à admettre la sensation de pression comme une espèce distincte.
(2) Weir Mitchell. *Loc. cit.*, p. 228.

sente pas un contact léger; la piqûre très-superficielle d'une épingle ne provoque ni douleur, ni même perception. Que si on enfonce l'épingle profondément, il ressentira nettement la douleur (1). Il n'est pas anesthésique à proprement parler, puisqu'il sent encore nettement des excitations, mais il a perdu la finesse, et, comme je le disais plus haut, la *fleur* de la sensibilité. Il distingue mal les pointes de l'esthésiomètre, il ne sent pas un effleurement, tandis qu'un contact brusque et un peu plus fort éveille une sensation très-nette; l'excitation, portant sur la face profonde du derme, produit une vraie douleur. Il y a donc lieu, selon moi, de distinguer une sensibilité *superficielle* et une sensibilité *dermique* plus profonde.

Je crois que ces distinctions, insuffisantes peut-être, au point de vue de la physiologie absolue, sont très-vraies et très-sûres au point de vue clinique.

Voici donc la division que je proposerais d'établir pour les sensibilités perceptives qui constituent, par leur ensemble, le sens du toucher :

Sensibilité *musculaire*, répondant à une excitation physiologique, à la fois à la périphérie par une contraction musculaire, et dans les centres par la mise en jeu des noyaux moteurs juxtaposés aux noyaux sensitifs;

Sensibilité *thermique*, répondant à une excitation physique, et permettant d'apprécier la température des corps;

Sensibilité *tactile*, répondant à une excitation mécanique; et ainsi subdivisée :

> Sensibilité superficielle;
>
> Sensibilité dermique;

1) Cf. Mesnet. Th. inaug., 1852.

Sensibilité profonde (sens de la pression des anciens auteurs).

Toutes ces sensibilités peuvent, si l'excitation est trop forte ou le nerf trop excitable, ce qui revient au même, devenir des sensibilités à la douleur; ainsi une contraction musculaire exagérée devient une crampe atrocement douloureuse : une température très-élevée, une excitation mécanique trop forte, causent des douleurs dont par l'effet de l'habitude on arrive à distinguer la cause, mais qui n'ont en réalité qu'un seul résultat, une sensation douloureuse.

Quant à la sensibilité provoquée par l'électricité ou par des actions chimiques, comme, à l'état normal, il n'y a pas d'excitations de cette nature; elle ne répond à aucune perception, et on ne peut leur supposer de conducteurs spéciaux, puisque l'électricité et les corps chimiques actifs mettent en jeu un tronc nerveux dans sa totalité, de sorte que c'est le *courant nerveux* que ces excitations produisent et que leurs effets ont déjà été étudiés plus haut (1).

Il est toutefois un point sur lequel je voudrais insister de nouveau, car il me tient à cœur pour ainsi dire, et il serait à désirer que l'attention des histologistes se portât sur cette question. Il y a certainement à la périphérie, pour la sensibilité tactile, des appareils destinés à renforcer l'impression mécanique, et je ne comprends guère qu'un aussi bon physiologiste que Weir Mitchell ait pu dire (2) :

« L'hypothèse d'appareils de réception spéciaux à la périphérie reste sans fondements physiologiques solides. »

Or ces fondements physiologiques nous les trouvons,

(1) Voyez 1re partie, chap. II, p. 46.
(2) *Loc. cit.*, trad. franç., p. 48.

au contraire, dans ces faits qui sont maintenant surabon-
damment démontrés (1) :

A. La sensibilité extrême des nerfs tactiles aux excitations mécaniques, même très-faibles, si faibles qu'elles
n'exciteraient pas un nerf sciatique de grenouille, lequel
est pourtant si excitable.

B. L'absence totale de sensations tactiles par l'excitation
des troncs nerveux, laquelle excitation produit des sensations de chaleur, de contracture, de fourmillements, etc.,
selon l'intensité de l'excitation et certaines conditions pathologiques mal déterminées.

La voie de transmision des impressions sensitives dans
la moelle, dans le bulbe et le cerveau, a fait le sujet d'un
nombre immense de travaux, et je me contenterai d'en
donner un résumé succinct.

Après le mémoire de Fodéra (2), les ouvrages plus étendus de Longet (3) et de Stilling (4), on crut à une très-
grande simplicité dans les fonctions de la moelle épinière.
Les cordons postérieurs servaient au sentiment, les cordons antérieurs au mouvement. Cependant le problème
devint bientôt plus compliqué. M. Brown-Séquard (5) ad-
mit, en s'appuyant sur les expériences les plus ingénieuses,
et un ensemble imposant d'observations pathologiques,

(1) Voyez plus haut, chapitre II, 1ʳᵉ partie.

(2) *Journ. de Magendie*, 1823, p. 197.

(3) *Anat. et phys. du syst. nerveux*, t. I, p. 267. Paris, 1842.

(4) *Untersuchungen uber die functionen des Rückenmarks und der
nerven*. Leipzig, 1842.

(5) Th. inaug. de Paris, 1846.

Comptes-rendus de la Soc. de biol., 1849, p. 162 et p. 15.

Gaz. hebd. de médecine, 1855, nᵒˢ 31, 32, etc.

Journ. de physiol., t. I, p. 176, t. VI, p. 124, etc.

que les conducteurs de toutes les impressions sensitives (sauf le sens musculaire) s'entre-croisaient dans la moelle epinière, et passaient par la substance grise, que les impressions de la douleur sont disséminées dans la substance grise et dans les cordons antérieurs, et que les impressions de contact et de chatouillement passent par les cordons antérieurs. De son côté Schiff (1) suppose que les impressions tactiles passent par les cordons postérieurs, tandis que toutes les autres impressions sensitives sont transmises à l'encéphale par les parties grises de la moelle. D'autres expérimentateurs ont cru que les faisceaux latéraux étaient chargés du rôle de conducteurs (2); cependant leurs expériences, quoique plus récentes, sont loin d'avoir une valeur suffisante pour renverser, soit la théorie de Schiff, soit la théorie plus satisfaisante de M. Brown Séquard (2). Vulpian qui réfute toutes ces opinions, en présence de tant de contradictions, admet qu'il n'y a probablement pas pour les impressions sensitives de route déterminée dans la moelle. (3). Cette opinion se rapproche de celle de Wundt (4) qui suppose qu'il y a une voie principale (*haupbahn*) et une voie accessoire (*nebenbahn*) pour la conduction de la sensibilité.

Quoi qu'il en soit, il est certain qu'une partie des fibres

(1) *Comptes-rendus de l'Acad. des sciences*, 22 mai 1854 et sept. 1862.
Luys. *Mém. de la Soc. de biol.*, 1856, p. 94.
Voir aussi Longet. *Traité de physiol.*, t. III, p. 332.
(2) Türck. *Arch. génér. de méd.*, 1852, t. XXIX, p. 79.
Miescher. *Comptes-rendus des travaux du laboratoire de Leipzig*, 1870.
Nawrocki. *Ibid.*, 1870.
Woroschiloff. *Ibid.*, 1874, p. 99 et 1875.
(3) Art. *Moelle* du *Dict. encyclop. des sciences méd.*, p. 396.
(4) *Grundzüge der physiol. psychol.*, p. 110 et suiv.

nerveuses qui conduisent à l'encéphale les excitations de la périphérie cheminent par la substance grise et s'entre-croisent (au moins une fois), et il est avéré aussi que les cordons postérieurs ont un certain rôle dans cette transmission, mais qu'il faut bien se garder de les considérer comme les seuls conducteurs, ainsi qu'on l'admettait autrefois.

Pour la moelle allongée et l'encéphale, il y a encore de plus nombreuses incertitudes. Ainsi, il n'est pas certain que les impressions passent par les cordons restiformes, comme le veut Longet (1), ou qu'elles soient sans route déterminée (2) ou même qu'elles passent toutes par la substance grise, comme le suppose Brown-Séquard.

Quant à l'encéphale, des travaux remarquables et tout récents (3) ont déterminé avec précision le point où se faisait la concentration générale de tous les conducteurs de la sensibilité. Ce point qui est comme le centre et le foyer de toutes les sensations qui viennent de la périphérie, a été démontré, tant par les expériences physiologiques que par les observations d'hémi-anesthésie suivies de mort, être à la limite de la couche optique (capsule interne de Meynert). Toute lésion, dit M. Charcot, qui interrompt la

(1) *Traité de physiol.*, t. III, p. 367.
(2) Vulpian. *Leçons sur le système nerveux*, p. 491.
Laborde. Art. *Moelle allongée* du *Dict. encyclop.*, p. 608.
(3) Türck. *Situngsberichte der Acad. zu Wien.*, 1859, t. XXXVI, p. 191. — Jackson. *London Hospitals Reports*, 1866, t. III, p. 373. — Veyssières. Th. inaug. Paris, 1874. — Charcot. *Leçons sur les maladies du système nerveux*, 2e édit., p. 300 (*Progrès méd.*, 23 janv. et 6 fév. 1875, et *Gaz. méd.*, 1876, p. 380). — Raymond. Th. inaug. Paris, 1876. — Lasègue, *Arch. gén. de méd.*, mars 1876 — Pitres. *Gaz. méd.*, 1876, p. 361.

continuité de la capsule interne dans son tiers postérieur
a pour conséquence une anesthésie totale du côté opposé et
qui porte simultanément sur la sensibilité cutanée et les
sensibilités spéciales.

Au delà de ce point y a-t-il dans le cerveau des parties
spécialement destinées à la sensibilité? On regarde les
lobes postérieurs comme étant probablement destinés à
cette fonction : mais il faut encore de nombreuses recherches pour que le fait puisse être affirmé. En tout cas, le
développement de ces lobes cérébraux paraît, en anatomie comparée, être corrélatif à la perfection de la sensibilité, laquelle est elle-même en rapport avec la perfection
de l'intelligence.

CHAPITRE III.

DE LA SENSIBILITÉ A LA DOULEUR.

Est-il besoin de définir la douleur? Nul être vivant ne
l'ignore, et si, parmi les êtres vivants il en est qu'une
organisation rudimentaire rend impropres à souffrir beaucoup, l'homme a le triste privilége d'une organisation
assez délicate pour éprouver, connaitre et apprécier la
douleur sous toutes ses formes.

En fait, la douleur est une fonction intellectuelle, et
l'homme tient le premier rang, aussi bien pour l'aptitude
à la douleur que pour toutes les autres facultés intellectuelles.

La nature, qui semble se soucier beaucoup moins du
bonheur que de la vie de ses enfants, a placé à côté de

nous cette gardienne infatigable qui nous avertit des dangers. Elle veille sur nos organes et nous empêche de leur demander des efforts trop lourds pour eux. C'est la sentinelle de la vie : elle nous arrête dans nos excès, et nous châtie sans pitié de nos fautes. Mais aussi, que de fois dépasse-t-elle le but ? Et ne vaudrait-il pas mieux vivre peu de temps, à l'abri de toute souffrance, que de mener une longue existence empoisonnée par la douleur?

Le médecin doit se donner la noble tâche de combattre la douleur. C'est là son principal rôle ; car bien souvent il est impuissant à arrêter les efforts de la maladie. L'organisme épuisé n'est pas une machine qu'un habile mécanicien peut remettre en état, et toutes les ressources de la thérapeutique sont impuissantes à conjurer la mort d'un hydrophobe, d'un phthisique ou d'un cancéreux; mais au moins nous ne sommes pas désarmés contre la douleur et l'expérience de plusieurs siècles nous a légué de précieuses indications : c'est à les connaître, à les mettre en usage que le vrai médecin doit surtout s'appliquer, et on comprendra sans peine quel immense intérêt doit lui offrir l'étude de la douleur.

Cette étude a été faite de tout temps : mais elle a été disséminée partout, et c'est à peine si on peut citer quelques travaux d'ensemble entrepris sur ce sujet (1). Sans

___

(1) Boissier de Sauvages. *Theorica doloris. Dissertat.* Montpellier, 1757.
Petit (M. Ant.). *Discours sur la douleur.* Lyon, an VII.
Vivier. *Esquisse sur la douleur.* Th. inaug. Paris, 1851.
Guénébaud. *Du symptôme de la douleur. Ibid.,* 1853.
Leclercq. *Phénomènes de la douleur. Ibid.* 1865.
Dieulafoy. Art. *Douleur* du *Dict. de méd. et de chir. pratiques.* t. XI, p. 678.

nous dissimuler la difficulté du sujet, nous allons essayer de rattacher ce phénomène aux autres fonctions mieux connues du système nerveux (1).

Nous traiterons d'abord des manifestations et des origines extérieures de la douleur ; nous étudierons ensuite les effets de la douleur sur le système nerveux, et successivement les analgésies de cause centrale, les caractères et les causes physiologiques de la douleur.

§ I. — *Des signes de la douleur.*

La douleur est un phénomène purement central. C'est une perception qui peut exister, même assez intense, sans se manifester par aucun signe extérieur, et que par conséquent il est impossible de *doser*.

Tous les physiologistes savent que, quand on fait une vivisection, il y a une diversité absolue entre la manière dont les animaux semblent souffrir. Les uns restent immobiles, l'œil fixe, sans s'agiter, sans se plaindre : ils paraissent comme frappés de stupeur. Les autres, au contraire, gémissent ou hurlent, se débattent, ne restant pas un instant sans lutter et chercher à fuir. Chaque incision qu'on fait, chaque déchirement, chaque tiraillement est immédiatement suivi d'un soubresaut qui trouble le résultat de l'expérience.

Il en est de même pour les opérations chirurgicales.

____

(1) Les thèses soutenues à la Faculté de médecine, Bilon (an XI), Sarrazin (an XIII), Mengy (1821), Nicod (1822), Bazot (1843), Schnepf (1855), Rousse (1865), Saïd (1869), ne sont que pour traiter la question de séméiologie.

Aujourd'hui que la pratique de l'anesthésie s'est généralisée à toutes les opérations, il est rare de voir ces exemples de courage stoïque dont il était fait mention dans la
première partie de ce siècle, et aux époques qui l'ont précédée. On cite le cas d'une femme à qui l'on fit la résection
du maxillaire supérieur, et qui, pendant l'opération qui
dura près d'une heure, ne fit entendre ni un cri ni une
plainte. J'ai vu un cas de courage assez rare pour être
mentionné. C'était un homme de 45 ans environ, très-éner-
gique et très-résolu, qui voulut se faire enlever sans chloroforme une petite tumeur de la parotide. Il se trouva que
cette tumeur s'enfonçait profondément dans la glande, et que
l'opération qui eût dû être achevée en trois minutes ne le
fut guère qu'au bout d'un quart d'heure. Pendant ce
temps, il fallut tirailler avec la sonde cannelée et le doigt,
et couper avec le bistouri une bonne portion de la parotide
et des tissus voisins, et le malade ne poussa pas une
seule plainte. Quand ce fut fini, il poussa un soupir de
soulagement, mais ce fut le seul signe indiquant qu'il eût
ressenti de la douleur.

Dans les accouchements, dans les douleurs intenses
comme celles de la colique hépatique ou de la colique néphrétique, il y a encore des différences, mais ces différences
sont beaucoup moins accusées. Quelle est la femme qui
supporte un accouchement laborieux sans se plaindre?
Quel est le malade atteint de crampes douloureuses,
d'accès de goutte ou de névralgie, qui supporte la douleur
sans contorsions et sans gémissements?

Pour notre part (ceci est, et ne pourra jamais être qu'une
hypothèse), nous ne croyons pas tant aux différences de
courage qu'aux différences de sensibilité. Il y a certaine-

ment de grandes variations individuelles dans la résistance à la douleur. Tel qui se lamente s'il est seul, en présence d'une foule nombreuse contiendra ses gémissements : et nous ne voudrions pas qu'on pût nous croire capables de refuser à l'homme le pouvoir de se commander. Mais il y a une limite au-delà de laquelle le courage n'est qu'un vain mot.

Claude Bernard fait remarquer que certaines races de chiens ne sont pas propres aux expériences sur la sensibilité récurrente : ainsi les chiens de chasse meurent par *épuisement nerveux*, avant qu'on puisse voir la sensibilité reparaître dans les racines antérieures. Dupuytren dit que certains malades étaient pris d'accidents nerveux après de grandes et douloureuses opérations. C'est ce qu'il appelait des hémorrhagies de la sensibilité. Brown-Séquard a remarqué que les hommes et les animaux du Nouveau-Monde supportaient avec plus de *courage* les traumatismes et les opérations que ceux du vieux continent. On peut se demander si ce sont des différences de courage ou de sensibilité.

Pour rendre plus claire cette distinction, prenons un animal dont l'intelligence modeste ne semble pas compatible avec des efforts d'héroïsme. Accorder à la grenouille du courage, ce serait faire un abus de langage inexplicable, et émettre une hypothèse pour le moins bizarre. Et pourtant, toutes les grenouilles ne réagissent pas de la même manière à des excitations identiques. Dira-t-on que certaines grenouilles sont courageuses, et que les autres ne le sont pas ? On serait d'autant moins autorisé à le faire que lorsqu'on prend des grenouilles de même taille, de même variété, nourries de la même manière, et dans des conditions de température identiques, elles réagissent toujours autant, et il n'y a guère de différence appréciable. En hiver la sensibilité de ces animaux est tellement engourdie qu'on peut pratiquer sur eux toutes sortes de vivisections sans paraître leur faire de mal. En été, au contraire, dès qu'on les touche, elles se mettent à crier. Elles seraient donc plus braves en été qu'en hiver, plus braves quand elles n'ont pas perdu de sang que quand elles ont subi une hémorrhagie? Ne vaut-il pas mieux reconnaître que leur sensibilité est plus vive en été qu'en hiver, et qu'une opération, lorsque leur moelle est anhémiée, est bien plus douloureuse que lorsque leur moelle est intacte?

Pour les mammifères, et surtout pour l'homme, il y a un élément de plus que chez les batraciens. Cet élément, c'est le courage et la volonté. Quelle est au juste son influence, c'est ce que personne ne saurait dire. Mais il me semble certain qu'en général on ne tient pas assez compte des variations individuelles de la sensibilité.

Quelle que soit la cause de la douleur, ses manifestations ont à peu près toujours la même forme, et nous pouvons distinguer ses effets sur les muscles de la vie animale, et ses effets sur les muscles de la vie organique. Nous ne parlons, bien entendu, que de la douleur subite, vive et aiguë, survenant brusquement et surprenant l'animal ou l'homme en plein repos organique.

Les muscles de la vie animale peuvent se contracter sous l'influence de la douleur. Ainsi, le cri qu'on ne peut retenir. les gémissements, les hurlements plaintifs pendant l'expiration, et surtout le spasme des muscles innervés par le facial. Est-ce ou n'est-ce pas un réflexe? et quelle est la part de la volonté dans cette contraction synergique de tout un groupe musculaire? C'est un problème encore insoluble aujourd'hui. Cependant, certains faits tendraient à prouver que c'est un simple réflexe. Ainsi, par exemple, lorsque des malades endormis par le chloroforme subissent une grave opération, il peut se faire que le chloroforme n'ait pas complètement paralysé leur système nerveux ; et à un moment donné, celui qui devrait être le plus douloureux de l'opération, sans que le malade se réveille, on surprend une contraction spasmodique, passagère, rapide comme un éclair, des muscles de la face. Ces malades sont d'ailleurs en un état de résolution presque complète. Dira-t-on qu'ils ont souffert? Leur volonté et leur mémoire ne sont-elles pas entièrement abolies?

Quant aux appareils de la vie organique, ils sont peut-être plus sensibles à la douleur. Ceux-là sont les véritables agents réflexes de la douleur.

Il y a longtemps déjà que Bichat avait fait cette remarque importante que pour reconnaître si une douleur est fausse ou véritable, il suffit d'explorer le pouls. Mais les expériences des physiologistes modernes ont donné des résultats plus précis. Je ne puis entrer dans tous les détails de cette question fondamentale, mais il est nécessaire d'en dire quelques mots.

Lorsqu'on excite le bout central d'un nerf de sensibilité, on voit entre autres deux phénomènes se produire, l'élévation de tension dans l'appareil circulatoire et la diminution de fréquence sinon l'arrêt des battements cardiaques.

Selon Wundt (1), ce sont les premières manifestations de la sensibilité, et elles ne manquent jamais même quand toutes les autres font défaut. Il y a là un effet réflexe, d'une part sur le muscle cardiaque, d'autre part, sur ces muscles innombrables qui forment la paroi contractile des plus petites artères. La voie centrifuge réflexe pour ces derniers éléments est encore peu connue, tandis que pour le cœur, la voie centrifuge est certainement le nerf vague. En sectionnant le pneumogastrique on n'a plus d'effet cardiaque, et d'autre part, en graduant l'excitation des nerfs de sensibilité générale, on obtient des résultats identiques à ceux qu'on aurait en graduant de la même manière l'excitation électrique directe du nerf vague. Les intéressantes expériences de mon ami François-Franck ont porté quelque lumière sur plusieurs points de la question (2). Ainsi il a montré qu'une excitation vive et brusque déterminait toujours un arrêt du cœur et quelquefois un abaissement de la pression carotidienne (3). Sur des animaux à qui les lobes cérébraux sont enlevés, le réflexe persiste encore, et il est vraisemblable qu'il y a ici simple réflexe sans conscience, c'est-à-dire sans douleur. Si on anesthésie les animaux en expérience, le réflexe ne se produit pas. Mais Franck a bien montré que cette absence de réaction tenait à la paralysie du pneumogastrique qui ne répondait plus à l'excitation, en sorte qu'on aurait tort de conclure *rigoureusement* qu'il n'y a pas de douleur. A vrai

---

(1) *Grundzüge der physiol. psychol.*, p. 186.
(2) *Travaux du laboratoire de M. Marey.* année 1876. p. 221.
(3) Voy. la figure 127 du *Mém. de Franck.* p. 258.

dire, il est très-probable que dans l'anesthésie chloroformique complète, il n'y a plus de sensibilité à la douleur. Mais ce qui empêche le réflexe cardiaque de se produire, c'est que le pneumogastrique, qui en est la voie centrifuge, est paralysé.

Nous n'accepterons donc aucunement l'opinion de Vigouroux (1). Selon lui, la sensibilité serait encore conservée, même après l'abolition de tous les réflexes, et pendant l'anesthésie, la douleur agirait sur le cœur de manière à produire une syncope. Le pouls disparaît au moment de l'opération qui serait le plus douloureux (!). Il ne faut donc pas pousser le chloroforme jusqu'au bout. L'action réflexe est une sorte de dérivation à la douleur (!!), et quand cette dérivation est supprimée par l'agent anesthésique, la douleur se porte tout entière sur le cœur dont elle peut arrêter les battements.

Nous n'accepterons pas non plus l'opinion de Koch, qui prétend (2) que la sensibilité des nerfs cutanés disparaît après celle des nerfs des muqueuses. Au contraire, il nous semble prouvé, d'après les nombreuses chloroformisations auxquelles nous avons assisté, que la sensibilité des conjonctives, des narines et de l'anus est celle qui disparaît en dernier lieu.

J'ai fait souvent cette remarque que, chez des individus chloroformés, les deux derniers muscles (après les muscles de la respiration), capables de se contracter étaient l'iris et le sphincter anal. Sur un individu immobile, endormi, plongé dans une résolution complète, l'iris est contracté;

(1) *Comptes-rendus de l'Acad. des sciences.* 1861. p. 202.
(2) *Centralblatt für Chirurgie.* nov. 1875.

si à ce moment l'opération devient plus douloureuse, il y
a immédiatement une réaction du côté de l'iris qui se dilate:
en même temps le sphincter anal se contracte : cependant
les battements cardiaques n'ont changé ni de rhythme ni de
fréquence. C'est, il est vrai, l'effet d'une excitation intense,
qui devrait être douloureuse : mais de faibles excitations,
non douloureuses à l'état normal, peuvent aussi produire
cette dilatation de l'iris. En effet, quand l'iris est ainsi contracté, si, dans la sphère du trijumeau et des nerfs de la face,
on excite la peau mécaniquement par un léger choc ou de
l'eau froide, on voit immédiatement l'iris se dilater: quelquefois même il y a des contractions dans les muscles de
la face. Ce ne sont pas des excitations douloureuses, mais
des excitations de contact simples, qui provoquent ces réflexes. Quand l'iris n'est plus capable de se contracter, la
résolution est complète, et il n'y a plus ni douleur, ni aucun des signes de la douleur : c'est à ce moment qu'il faut
cesser les inhalations chloroformiques (1), et il serait
dangereux de les pousser plus loin.

Ainsi tous ces actes réflexes ne sont pas à proprement
parler des réflexes de la douleur. Ils coïncident avec la
douleur, mais ne sont pas produits par la douleur. D'une
part, en effet, si on supprime les centres cérébraux, ces
réflexes n'en persistent pas moins; d'autre part, ils se produisent avec des excitations faibles, non douloureuses,
aussi bien qu'avec des excitations intenses. Il faut toutefois
reconnaître qu'il est impossible de savoir d'une manière
précise si la douleur est perçue ou ne l'est pas, quand la
mémoire et la volonté sont abolies, et que les manifesta-

(1) Budin et Coyne. — *Archives de physiologie*, 1875, p. 61.

tions de la douleur ne peuvent plus avoir lieu. Dans ce cas la douleur ne serait plus une réalité ; ce serait une sorte d'abstraction théorique, mais non la douleur véritable, celle qui fait souffrir et crier.

En résumé, il est probable que les réflexes de la vie organique n'ont aucun rapport direct avec la douleur. Ils sont produits par la même cause qui a produit la douleur ; et l'excitation forte d'un nerf de sensibilité, laquelle amène une impression douloureuse, se réfléchit en même temps sur les organes délicats et impressionnables comme le cœur, l'iris et les vaso-moteurs ; quant aux réflexes de la vie animale, portant sur les muscles du larynx et de la face, ils sont en quelque sorte des mouvements de défense plus ou moins instinctifs et coordonnés.

§ II. *De l'influence de l'état des nerfs sur la douleur, et de l'influence de la douleur sur le système nerveux.*

Variations de la sensibilité dans les nerfs. — L'état des nerfs joue un rôle important dans la sensation douloureuse, et on commettrait une grave erreur en supposant au nerf une excitabilité toujours égale, et aussi régulièrement soumise à des lois physiques, qu'un fil de métal conducteur de l'électricité. Les exemples d'hyperesthésie liée uniquement à des troubles nerveux périphériques sont assez communs pour qu'on ne puisse mette en doute cette affirmation.

Ainsi, par exemple, quand le bras est fortement comprimé au-dessus du pli du coude, au moment où il y a de la thermo-hyperesthésie, un quart d'heure après le début de la compression des nerfs, il suffit de presser fortement un doigt de la main pour faire éprouver au patient une vive douleur. Cette douleur semble une sensation de chaleur, mais ce n'en est pas moins une vraie douleur : cependant les centres ne sont en rien modifiés par cette compression périphérique.

Dans tous les cas de phlegmon, d'arthrite, de névralgie, etc., le moindre contact est douloureux : la plus légère excitation dans la sphère du nerf hypéresthésié produit une douleur intense, extrêmement redoutée par le malade.

Cet état d'hypéresthésie des nerfs, à la suite de causes diverses, soit inflammatoires, soit névralgiques, explique fort bien comment l'avulsion d'une dent malade est plus douloureuse que celle d'une dent saine, l'incision de la peau phlegmoneuse plus pénible que celle de la peau intacte. Ce sont comme des tissus tout préparés à la douleur par les souffrances antérieures, et une incision au milieu de ces tissus est en effet beaucoup plus douloureuse qu'au milieu des tissus sains. L'observation de chaque jour est là pour le confirmer.

Cette différence de sensibilité entre des parties enflammées et des parties saines est telle que certains organes absolument insensibles normalement, deviennent sensibles aux excitations douloureuses quand ils s'enflamment. Flourens, remarquant que les observations de Haller (1) étaient en désaccord avec les affirmations des chirurgiens et en particulier de J.-L. Petit, a fait sur ce sujet des

(1) *Mém. sur la nature des parties sensibles et irritables, etc.*, t. I, p. 136. Lausanne.

expériences intéressantes et décisives (1). Il reconnaît
d'abord, ainsi que Haller, l'insensibilité absolue des parties fibreuses non enflammées, dure-mère, périoste et tendons. Puis il les enflamme par l'application d'une pom-
made épispastique, et alors il leur trouve une certaine
sensibilité. On pouvait piquer à côte l'une de l'autre, dit-
il (p. 803) la portion de la dure-mère enflammée, et la portion de la dure-mère à l'état sain, et selon qu'on piquait
l'une ou l'autre, l'animal criait, souffrait et s'agitait, ou
l'animal ne sentait rien.

«Toutes ces expériences, dit-il encore, sont nettes et décisives, toutes parlent, toutes accusent la sensibilité des
parties fibreuses et tendineuses, latente ou cachée à l'état
sain, et manifeste, patente, excessive à l'état malade. Une
grande contradiction de la science disparaît donc enfin, les
mots douleurs de la goutte, douleurs des os, ont un sens, et
un sens physiologique, car tant que les parties siége de
ces douleurs passaient pour absolument insensibles, ces
mots n'en avaient pas. Au fond, quoi qu'en dise Haller et
son école, il n'y a point de partie absolument insensible
dans le corps vivant. La sensibilité est partout, et, dans les
parties mêmes où elle est le plus obscure, il suffit d'un
degré d'irritation donné pour la faire passer de l'état caché
à l'état manifeste. »

Ces expériences sont trop précises pour être infirmées
par l'affirmation plus ou moins dénuée de preuves de Jo-
bert (2) qui déclare que les tendons ne deviennent jamais
sensibles, mais que c'est leur gaîne qui s'enflamme. Aussi

(1) *Comptes-rendus de l'Acad. des sc.*, t. XLIII, p. 642 et t. XLIV, p. 804.
Linas. *Lettre à Flourens. ibid.*, t. XLIV, p. 922.
(2) *Comptes-rendus de l'Acad. des sciences*, 1861, 2ᵉ sem., p. 561.

regardons-nous comme démontré que les tendons enflammés sont sensibles (1), ce que l'on peut expliquer du reste très-bien si on se rappelle qu'il y a des nerfs dans les tendons ; c'est un utile rapprochement à tenter que de comparer cette sensibilité des tendons malades à la sensibilité des nerfs malades. Le nerf hypéresthésié a gagné autant de sensibilité que le tendon, et entre un nerf malade et un nerf sain, il y a la même différence de sensibilité qu'entre un tendon malade et un tendon sain. Seulement la sensibilité du nerf sain est déjà exquise, tandis qu'elle est très-obscure sur le tendon sain. Romberg déclare que le tiraillement d'un nerf sain est peu douloureux, tandis que le tiraillement d'un nerf enflammé est atrocement pénible.

Un fait intéressant nous montre bien la différence qu'il y a entre l'excitabilité d'un nerf sain et celle d'un nerf enflammé, en dehors de toute condition psychique. Tarchanoff (2) a montré qu'en excitant le mésentère ou l'intestin d'une grenouille, on n'obtenait pas facilement le réflexe d'arrêt cardiaque signalé par Goltz. Que si on laisse le péritoine exposé à l'air, en quelques heures il s'enflammera et les nerfs sensitifs seront tellement hypéresthésiés qu'il suffira du plus léger attouchement pour arrêter les mouvements du cœur.

Prenons l'utérus par exemple. Chez une femme bien

____

(1) Voy. Sachs, *Die nerven der Sehnen* (*Arch. de Reichert et Dubois Reymond*, 1875).

Schultze et Furbringer. *Experimente über Sehnenreflexe* (*Centralblatt*, 1875, p. 929).

(2) *Nouveau moyen d'arrêt du cœur de la grenouille* (*Gaz. méd.*, 1875, n° 15).

portante, l'utérus est presque tout à fait insensible. On peut
le couper, le cautériser sans provoquer de douleurs. Mais
s'il est enflammé, il est devenu, au contraire, si excitable
que son contact provoque des douleurs intolérables. Certains cancers de l'utérus, même quand le vagin n'est pas
envahi, sont tellement douloureux, que je ne crois pas
qu'on puisse trouver d'affection plus cruelle. Il est vrai
que souvent les cancers de l'utérus poursuivent leur évolu-
tion sans provoquer de phénomènes de sensibilité. Les
tissus fibreux insensibles normalement deviennent parfois
le siége de douleurs très-vives, dans les rhumatismes et
dans les tumeurs blanches. Le périoste qui est dépourvu
de sensibilité s'il est inctact, s'il s'enflamme, provoque des
douleurs intolérables, et la douleur d'une périostite chronique est véritablement atroce. Les os eux-mêmes acquièrent par l'inflammation une sensibilité dont ils sont à peu
près dépourvus, quand ils ne sont pas enflammés. Cette
proposition est aussi vraie pour la plupart des organes
viscéraux, dont la sensibilité normale est pour le moins
très-obtuse. L'estomac, les intestins, la vésicule biliaire, la
vessie sont dans ce cas. C'est à peine si un homme sain
sent le contact d'une sonde dans la vessie. Au contraire,
les individus qui ont la pierre et une cystite consécutive
souffrent énormément, dès qu'on vient à toucher la muqueuse vésicale avec un corps étranger. Certains malades,
dont la peau est anesthésiée, peuvent, si elle subit une
altération pathologique, recouvrer la sensibilité sous cette
influence excitatrice. Ainsi Manouvriez (1) cite le cas d'un
saturnin qui avait de l'analgésie au bras. Il se brûla

____

(1) *Loc. cit..* Th. inaug.

le bras, et la sensibilité à la douleur reparut avec l'inflammation qui suivit cette brûlure. Guyon (1) a vu que dans l'anesthésie lépreuse, s'il y avait inflammation, l'anesthésie disparaissait.

L'origine de ces troubles nerveux, si dans quelques cas rares on a pu trouver de la névrite, est loin d'être une névrite dans le sens anatomique du mot, c'est-à-dire une congestion du névrilème, ou une altération organique du nerf affecté. Il y a une hypéresthésie nerveuse siégeant soit dans les troncs nerveux, soit dans la moelle, ce qui est plus vraisemblable : nous pouvons presque jusqu'à un certain point comparer cet éréthisme sensitif que donnent à la moelle des excitations douloureuses trop intenses, prolongées pendant longtemps, à l'état d'éréthisme moteur de la moelle empoisonnée par la strychnine.

De l'hypéresthésie dans les centres. — Mais l'hypéresthésie peut faire un pas de plus et, gagnant les centres supérieurs, devenir générale. Weir Mitchell en cite plusieurs exemples des plus intéressants. C... (p. 324) eut le nerf médian et le nerf cubital déchirés par une balle ; quelques jours après, il souffrait tellement que le moindre contact, le pas d'un visiteur causaient une exacerbation insupportable. On lui réséqua deux ou trois pouces du nerf médian. Le malade prétendit qu'il n'en recevait aucun soulagement, et ses souffrances au lieu de diminuer ne firent que s'accroître. Le simple froissement du papier lui causait des douleurs insupportables. Pendant un jour ou deux après son opération, il n'était plus le même, suivant son expression. S... (p. 323), blessé par une balle au

<hr>

(1) *Comptes-rendus de l'Acad. des sciences*, 1856, t. LXIII, p. 900.

creux axillaire du côté droit, eut une contracture et une
névrite qui au bout d'un mois atteignit son maximum d'intensité. Les bruits, les vibrations, le contact des corps secs
réveillaient ses souffrances. Le frottement de ses bottes
lui produisait une sensation insupportable à laquelle il
remédiait en mouillant ses bas... Il fait usage de gants
ouatés qu'il humecte fréquemment. Il craint par-dessus
tout qu'on imprime le moindre mouvement à sa main
droite, et il manifeste un nervosisme et des dispositions
hystériques telles que les personnes en relation avec lui le
croient atteint de folie... La fin de cette observation est
aussi intéressante. En effet, il guérit, et ses douleurs
disparurent, mais non pas complètement, car elles reparaissent lorsqu'il entend un grand bruit, ou lorsqu'il est
vivement ébranlé, par un train de chemin de fer, par exemple, à une émotion morale, à un choc un peu fort de la
main jadis malade. Sans avoir vu d'hyperesthésie centrale aussi intense, j'ai soigné une jeune fille atteinte
d'ostéite vertébrale et souffrant d'horribles douleurs que
la morphine seule soulageait: elle ne pouvait cependant
se résoudre à supporter la douleur de la piqûre qui lui
paraissait épouvantable, comme si une douleur nouvelle
se surajoutant aux autres eût été au-dessus de ses
forces.

Rien n'est plus instructif que de comparer ces altérations
fonctionnelles du système nerveux sensitif avec certaines
altérations fonctionnelles du système nerveux moteur. A
l'état normal, pour produire un réflexe, il faut une excitation périphérique assez intense ; mais dans certains cas la
plus légère excitation amène un réflexe, qui tantôt se

limite à une région de la moelle, tantôt devient général. Il y a des cas d'hypéresthésie motrice localisée et d'hypéresthésie motrice généralisée. Les premiers sont de beaucoup les plus rares ; c'est ce que Brown-Séquard, qui en a fait une étude remarquable, appelle l'épilepsie spinale (1). J'en ai vu pour ma part un cas extrêmement remarquable à la Salpêtrière dans le service de mon cher maître M. Moreau, de Tours. Une petite imbécile, âgée de dix-sept ans, avait la jambe criblée de cicatrices consécutives à une ostéite. Il suffisait de lui toucher soit une cicatrice, soit la peau de la jambe, pour provoquer aussitôt, dans les muscles de ce membre, mais nulle part ailleurs, un spasme instantané que j'ai essayé de mesurer avec des appareils enregistreurs, et qui m'a semblé être plus rapide que l'impression perçue par la malade. Quant aux cas d'épilepsie traumatique si bien étudiés encore par Brown-Séquard, ils sont extrêmement fréquents, et aujourd'hui, ce semble, assez bien connus (2). Le spasme, au lieu de porter sur un petit groupe de muscles, porte sur l'ensemble du système musculaire de la vie animale. Enfin le tétanos ne paraît être autre chose qu'une contracture générale par suite d'une excitation périphérique ayant produit une excitabilité démesurée du système moteur de la moelle épinière.

Ainsi, nous voyons un remarquable accord entre ces différents états qui constituent deux séries parallèles dont l'excitation sensitive est le premier terme. L'excitation d'un nerf sensitif, si elle est modérée, produit une sensation

____

(1) Voyez Oppler. *Arch. für Psychiatric.* 1874, t. IV. p. 784.
(2) *Bull. de la Soc. de biol..* 1870, p. 9 et 91 et *passim.*

simple; un peu plus forte, elle produit soit un seul réflexe, soit plusieurs réflexes, soit ces réflexes de la douleur, que nous avons étudiés plus haut, soit de la douleur. Enfin dans certains cas, cette excitation sensitive produit une hyperesthésie de la moelle, portant, tantôt sur la sensibilité, et alors c'est d'abord l'hyperesthésie d'une région, et plus tard l'hyperesthésie générale, tantôt sur la motilité, et alors suivant l'intensité et suivant des conditions pathologiques mal déterminées, c'est en premier lieu l'épilepsie spinale et la contracture; en second lieu, l'épilepsie générale et le tétanos. Cette hyperesthésie générale, que nous avons signalée plus haut, est donc en quelque sorte un tétanos de la sensibilité. On ne saurait mieux faire que de comparer des phénomènes assez bien connus, comme ceux du tétanos, aux phénomènes encore si mystérieux de la sensibilité et de la douleur.

La douleur par son intensité même peut finir par altérer la raison. Un des exemples rapportés plus haut en est une preuve. J'en citerai encore deux cas empruntés à Weir Mitchell. « C..., sergent, eut une névrite atrocement douloureuse du nerf cubital, à la suite d'une blessure par une balle. Il guérit incomplètement. Cependant C... déclare que ses souffrances ont altéré sa raison. Quoiqu'elles soient bien calmées au moment où je le vois, il se plaint que son esprit a autant souffert que son corps; sa mémoire est altérée et son caractère est devenu très-irritable. P... (p. 68) à la suite d'une névrite du nerf sciatique eut des douleurs atroces. Par moments, le blessé supplie qu'on le tue...; à d'autres moments, il est étendu, les yeux ouverts, jetant des regards furieux sur les personnes qui, en passant devant son lit, déterminent des

secousses qui exaspèrent ses tourments. Au bout de
quelques mois d'un traitement actif, il guérit : mais de gai
et jovial qu'il était auparavant, puisqu'il avait dans sa
compagnie la réputation d'un joyeux compagnon, il était
devenu mélancolique et morose. La lecture lui donnait des
vertiges ; la mémoire des événements récents était infidèle.»
Les douleurs de l'accouchement peuvent aussi être la cause
d'accès de manie passagère. Cazeaux (1) raconte qu'une
femme, après un travail prolongé et après les plus horribles souffrances, cessa tout à coup de se plaindre, prit un
visage riant, et après quelques phrases incohérentes,
chanta à pleine voix le grand air de la « Lucia di Lammer-
moor. » « Souvent, dit-il, la violence des douleurs plonge
la femme dans la plus vive anxiété et trouble ses facultés
à tel point qu'on la voit se livrer à des actes de violence.
La face est brûlante, l'œil fixe et hagard, les traits se dé-
composent, la malheureuse crie, se lamente, appelle la
mort et supplie qu'on la tue ou qu'on mette fin à ses souffrances. Le trouble des facultés intellectuelles est quelquefois complet, et les femmes disent dans leur délire les
choses les plus extravagantes. J'ai observé deux cas semblables. M. Montgommery dit aussi avoir observé des
femmes qui, pendant quelques minutes, déliraient complètement au moment où la tête franchissait l'ouverture
de la matrice. »

Après les opérations, on constatait autrefois, quand il
n'y avait pas de chloroforme, un délire de durée plus ou
moins variable. Dupuytren l'appelait délire nerveux des
opérés. Il est admis que le délire nerveux n'était que le

---

(1) *Traité des accouchements*, 7e édit., 1867, p. 283.

délire alcoolique et que les opérés étaient tout simplement des ivrognes; mais peut-être y aurait-il lieu de vérifier plus rigoureusement le fait.

Descot (1) rapporte le cas d'un malade qui, ayant un traumatisme du nerf sciatique, était pris par accès de douleurs si vives qu'elles « allaient jusqu'à l'épilepsie. »

D'un autre côté, le spasme douloureux des amputés et des blessés est excessivement douloureux, et il est possible que la douleur perçue au moment du spasme, quoique l'ayant précédée, fût confondue avec celle-ci.

En somme, ce qui fait ici pour nous l'intérêt des spasmes traumatiques, c'est qu'ils nous permettent de bien comprendre les phénomènes sensitifs avec lesquels, ainsi que je l'ai dit plus haut, les phénomènes moteurs présentent une remarquable analogie. Dans les deux cas il y a intermittence, repos apparent, pendant lequel soit le système nerveux central, soit le muscle, semblent se *charger* lentement pour donner ensuite une brusque décharge soit de mouvement, soit de sensibilité.

Ces vues sont sans doute hypothétiques, mais il est possible que les faits pathologiques les confirment. Je pourrais citer à ce sujet l'observation d'une femme chez qui le spasme traumatique et la douleur se confondaient au point qu'on ne pouvait les distinguer. M. Verneuil avait fait l'amputation du sein pour une tumeur cancéreuse de cet organe, et pour aller chercher les ganglions malades dans l'aisselle, le nerf musculo-cutané avait été sectionné. Les douleurs furent très-vives pendant les quelques heures qui suivirent l'opération; elles disparurent

____

(1) *Affections locales des nerfs.*

peu à peu le jour suivant pour reparaître le surlendemain avec une intensité vraiment formidable. Toutes les huit ou dix minutes, la malade est prise de crampes douloureuses qui vont du coude à l'épaule ou de l'épaule au coude sans qu'elle puisse préciser dans quel sens. La douleur est telle que la malade crie, contracte la bouche et la face, et ouvre démesurément les yeux. L'agitation est continuelle ; elle se remue sans cesse, ne fait que parler de plaies, de coupures, de blessures, de son opération. Une injection de 2 centigrammes de morphine, puis une nouvelle dose égale sont impuissantes à la calmer. Le lendemain, ce sont les mêmes phénomènes, plus accentués encore, surtout du côté de la crampe musculaire qui est devenue plus intense. Enfin survient vers dix heures un véritable accès de délire ou de manie aiguë, qu'il est très-difficile de calmer. C'est sur cette malade que M. Verneuil fit, pour la première fois, l'opération de névrothripsie dont nous avons parlé plus haut (1).

La marche de cette douleur est des plus instructives, en ce sens qu'elle a suivi une voie parallèle à la contracture. D'abord localisée dans la plaie, la douleur s'est étendue ensuite à tout le bras ; puis est survenue la crampe des muscles du bras, consécutive à l'irritation périphérique produisant d'abord de la douleur, ensuite du spasme musculaire. L'hyperesthésie est devenue ensuite générale et a sans doute été la cause des accès de manie, et il serait possible que le tétanos fût survenu plus tard, si la névrothripsie n'eût entravé la marche ascendante de la névrite.

(1) Voy. 1re partie, chap. 1.

Dans les maladies chroniques accompagnées de longues souffrances, quel est le médecin qui n'a remarqué le changement de caractère, l'irritabilité, le nervosisme des malades? La moindre chose les contrarie ou les met en colère. Les goutteux, les rhumatisants, les névralgiques sont dans ce cas. Il semble qu'à la suite d'une hypéresthésie médullaire il y ait plus tard une sorte d'hypéresthésie cérébrale. L'aptitude du système nerveux à être excité fortement par des excitations faibles, irait donc en suivant cette progression : hyperesthésie de la partie malade, d'abord ; plus tard, de toute la région avoisinante ; plus tard enfin, hyperesthésie sensitive générale ; et enfin, après de longues années où la douleur semble s'être accumulée par le temps, hypéresthésie morale.

Ainsi il existe un rapport étroit entre une douleur et l'état des nerfs. Nous savons que ce qui est douloureux dans un cas n'est pas douloureux dans un autre, par suite de l'hypéresthésie soit acquise, soit idiopathique de l'individu atteint, et nous avons vu que la névralgie, irradiée ou directe, était une des causes les plus fréquentes de l'hypéresthésie, que l'inflammation était une cause non moins efficace, et que des excitations sensitives, longtemps prolongées, finissaient par produire une hypéresthésie gagnant progressivement une région de la moelle, puis toute la moelle, et, plus tard, les centres nerveux eux-mêmes.

La douleur ne peut agir directement que sur le système nerveux ; mais par l'entremise du système nerveux elle semble porter son action sur les fonctions nutritives. Une douleur prolongée produit un abaissement notable de la température (Mantegazza). Je rappellerai aussi le fait qu'ont signalé les physiologistes d'Alfort : sur les animaux qui servent aux opérations, le sang est presque dépourvu de fibrine comme le sang des animaux surmenés. Quan aux dyspepsies et aux troubles des fonctions digestives qu'entraîne une douleur prolongée, c'est un phénomène plus psychique que physiologique, et la douleur agit comme le chagrin et les privations.

Le grand sympathique peut aussi être le siége d'une hypéresthésie plus ou moins vive. Colin (1) dit que les ganglions du grand sympathique sont tous sensibles, surtout le ganglion semi-lunaire et les ganglions thoraciques. Le pincement est de toutes les excitations celle qui paraît agir le plus efficacement. Les irritations faibles semblent n'agir qu'au bout d'un long temps. Enfin, les nerfs ganglionnaires sont moins sensibles que les ganglions, et la sensibilité s'affaiblit à mesure que les nerfs et les plexus deviennent plus petits. Les petits nerfs n'ont presque pas de sensibilité; mais de tous les nerfs du grand sympathique, les plus sensibles seraient ceux qui unissent les ganglions au système cérébro-spinal (rami communicantes). Selon Cl. Bernard (2), l'excision du grand sympathique produirait de l'hypéresthésie dans la région où il se distribue (3).

Nous ne savons guère comment expliquer ce fait que dans l'état normal la sensibilité du grand sympathique est nulle, mais qu'elle s'exagère démesurément par la maladie.

(1) *Comptes-rendus de l'Acad. des sciences*, 1861, 1ᵉʳ sem., p. 969.
(2) *Bull. de la Soc. de biol.*, 1851, p. 184.
(3) Pour ce qui a trait à la pathologie et aux hypéresthésies du sympathique, lire la revue critique d'Eulenburg et Guttmann (*Arch. für Psychiatrie*. t. II. p. 153 et 176).

Piégu (1) suppose que c'est une hypertrophie du névrilème,
et Reil (2) admet que les ganglions sont des demi-conduc-
teurs qui arrêtent les impressions faibles et ne laissent
passer que les excitations intenses.

§ III. *Des analgésies provoquées, de cause centrale.*

Le chloroforme, qu'on peut regarder à juste titre comme
le type des agents anesthésiques, supprime la douleur des
opérations. Si on pousse très-loin la chloroformisation, il
arrivera un moment où tous les membres de la vie animale
et tous les réflexes de la vie organique seront supprimés.
Le malade est plongé dans un état de sommeil absolu et de
résolution complète. Il n'est guère probable qu'il perçoive
de la douleur à ce moment; mais si l'intoxication est
moins profonde, il se débat, s'agite, se plaint comme s'il
souffrait; une fois réveillé, il n'a conservé aucun souvenir
de ce qui s'est passé. Est-ce ou non de la douleur?

Pour moi, il me semble évident que toutes les fois que
le malade se plaint et se débat, il y a douleur, douleur
moins vive peut-être, et surtout plus passagère; mais
le fait de la douleur n'en est pas moins positif, et nous
n'avons pas d'autre moyen pour le juger que de nous en
rapporter aux gémissements plaintifs des malades. C'est là
le seul signe extérieur, et, si nous l'avons, il doit nous suf-
fire : cependant cette douleur a un caractère spécial, c'est sa
rapidité et sa facilité à disparaître de la mémoire. Souvent, pendant le chloroforme, on voit un cri de douleur se

(1) Th. inaug. Paris, 1846.
(2) *Reils Archiv.* t. VIII. p. 189.

terminer par un chant joyeux graduellement transformé ;
comme si, dans le cerveau empoisonné, les impressions
passaient sans laisser de trace. A vrai dire, cette douleur,
si rapide qu'on n'en conserve pas le souvenir, n'est rien,
et c'est un moment presque mathématique dont il n'y a
guère à tenir compte. Ce qui fait la cruauté de la douleur,
c'est moins la douleur elle-même, si intense qu'elle soit, que
son souvenir et le retentissement pénible qu'elle laisse
après elle. Une douleur aiguë qui dure une seconde, et
qu'une seconde après on ne se rappelle plus avoir existé,
n'est pas une vraie douleur, et les gens qui souffrent ainsi
ne méritent pas qu'on les plaigne.

Souvent le chloroforme agit d'une autre manière ; il est
analgésique et laisse persister les autres sensibilités. Mon
père raconte (1) que s'étant fait chloroformer pour l'extirpation d'une dent, il sentit le contact de l'instrument, entendit tout ce qui se passait et cependant n'éprouva aucune
douleur. Je pourrais en multiplier les exemples tant per-
sonnels qu'empruntés aux divers auteurs : Mme X...,
opérée de fissure à l'anus avec fistule, respire à peine 6
grammes de chloroforme ; on lui fait quatre incisions
dans sa fistule. Elle sent le contact des ciseaux et distingue bien qu'on lui fait quatre incisions, mais ne peut
pas parler, ni exprimer ce qu'elle sent, et ne souffre en
rien de l'opération qu'on lui fait. X..., âgée de 41 ans,
est opérée par M. Verneuil au moyen de l'excision combinée avec la cautérisation au thermo-cautère pour des
fistules multiples à l'anus. Pendant qu'on l'opère, je lui
demande : Quel âge avez-vous ? Elle me répond : J'ai 41 ans.

(1) *Anat. méd. chir.*, 5e édit., p. 316.

Elle ne se plaint pas du tout. Une fois réveillée, elle ne sent rien, ni la blessure, ni la brûlure ; pendant une demi-heure, elle croit qu'elle n'est pas opérée et se lamente, s'imaginant qu'on l'a négligée. X... est chloroformée pour une fistule vésicale ; pendant l'opération je lui dis : Comment cela va-t-il ? Elle répond : Cela ne va pas mal. A ce moment je la pince très-fortement et elle ne sent rien. X... est opéré d'une tumeur du testicule ; pendant qu'on l'opère, il ne respire plus bien. Je lui introduis fortement dans la touche une pince pour lui prendre la langue. Otez-moi donc cette cigarette, dit-il aussitôt. Réveillé, il ne conserve aucun souvenir. X... est chloroformé pour une amputation du pied ; pendant qu'on lui lie les grosses artères, temps très-douloureux de l'opération, je lui passe une barbe de plume sous le nez. Ne me chatouillez donc pas les narines, dit-il. J'ai cité (1) le fait d'un jeune homme qui, étant chloroformé, pendant qu'on lui liait le cordon spermatique, entendit sonner la demie, et il dit tranquillement : Voici onze heures et demie. Au réveil, il n'eut aucun souvenir de ce fait. Un malade chloroformé pour une résection partielle du pied prétendit avoir été mal endormi et cependant n'avoir pas souffert. Je sentais tout ce qu'on me faisait, disait-il, mais c'était comme sur *une jambe de bois.* D'autres malades mal endormis accusent une sensation de pression et de pesanteur dans la région qui est incisée. Peut-être faudrait-il rapprocher ce fait de cette sensation de pesanteur et de pression que Robin et Béraud (2) ont dit être éprouvée par les malades à qui on fait subir une violente cautérisation.

(1) *Journ. de l'anat. et de la physiol.*, 1875, t. XI, p. 374.
(2) *Elém. de physiol.*, t. I, p. 140.

Chez les enfants l'analgésie est presque instantanée (1)., Dès les premières bouffées ils deviennent insensibles à la douleur. Il semble qu'il en soit de même pour les hystériques chez qui la sensibilité, si vive en apparence, est si fragile pourtant et toujours sur le point de disparaître. Récemment j'ai observé une fille de 14 ans (salle Saint-Augustin, n° 28), hystérique, quoique non réglée encore, et atteinte de contracture des muscles de la région externe de la jambe. On la chloroforma pour redresser sa jambe et la mettre dans un appareil inamovible. Dès les premières inspirations de chloroforme, la contracture avait disparu et l'insensibilité était complète. Cependant la malade avait conservé toute son intelligence et répondait très-nettement à toutes mes questions. Elle avait les yeux ouverts, et sans l'insensibilité qui était complète, on n'aurait pas vu qu'elle était chloroformée.

Lacassagne, qui a étudié avec soin (2) les phénomènes psychologiques du chloroforme, admet que l'action de cette substance porte d'abord sur la sensibilité, ensuite sur la sensitivité. La sensibilité est excitée, émoussée, faussée ; peu à peu elle disparaît. Ce n'est que plus tard que les fonctions intellectuelles se troublent et produisent alors des sensations subjectives de toutes sortes. Quelquefois il y a une sorte de catalepsie cérébrale, le malade reprenant la conservation au point où il l'avait laissée. Un fait analogue se rencontre assez souvent dans certains cas d'épilepsie, d'hystéro-épilepsie, et même dans le tic douloureux de la face.

(1) Bergeron. Th. inaug. Paris, 1875. *Du chloroforme chez les enfants.*
(2) *Mém. de l'Acad. de méd.,* 1868.

Parfois, sans qu'on puisse en savoir la cause, l'action du chloroforme est singulièrement prolongée. Il agit à distance, pour ainsi dire, et son action anesthésique dure très-longtemps. On observerait ce phénomène peut-être plus souvent, si on prenait soin de le rechercher. Je l'ai noté deux fois, une première fois chez cette femme citée plus haut, et chloroformée pour une fistule à l'anus; une autre fois, chez un homme assez âgé, venu de la campagne pour se faire opérer d'un sarcome du maxillaire supérieur. On le chloroforma pour lui faire la résection de cet os, et il respira environ 10 grammes de chloroforme; puis il sembla se réveiller, mais l'opération qui dura près de trois quarts d'heure, sans qu'il fût nécessaire de lui redonner du chloroforme, ne lui parut pas douloureuse, quoiqu'il eût l'esprit très-présent et qu'il assistât, comme patient et comme spectateur, à tous ses détails.

Un fait très-intéressant et que simultanément Cl. Bernard en France et Nüssbaum en Allemagne(2) ont mis en lumière, c'est qu'il suffit d'une petite dose de morphine, avant ou après la chloroformisation, pour obtenir des effets analgésiques remarquables. Si on commence par le chloroforme, l'insensibilité produite se prolonge fort longtemps par suite de l'influence de la morphine, tandis qu'en donnant d'abord de la morphine, à peine l'inhalation du chloroforme est elle interrompue, que la sensibilité reparaît très-vite, mais en revanche, elle disparaît dès les premières bouffées de chloroforme.

(1) *Leçons orales de 1863*, reproduites par Rabuteau (*Bull. de thérap.*, 1864, t. LXVI, p. 233); *Leçons sur les anesthésiques* (*Revue des cours scientifiques*, mars-avril 1869).

(2) *Intelligenzblatt für Bayer. Aerz.*, oct. 1863.

Ce procédé a été employé souvent pour les opérations chirurgicales, et il a donné des résultats excellents selon Guibert (1) : quelques bouffées de chloroforme chez un malade ayant subi une injection de morphine suffiraient pour émousser la sensibilité et permettre de petites opérations sans que le malade perde la volonté ou la conscience. Labbé et Goujon (2) ont eu des résultats analogues, quoique moins nets ; d'autres auteurs nient complètement cette analgésie (3). Ils ont simplement constaté que par l'association de la morphine et du chloroforme, la période d'excitation faisait défaut, et la résolution survenait très-vite. C'est donc un sujet méritant encore de nouvelles recherches.

Les autres agents anesthésiques généraux paraissent agir comme le chloroforme. Il semble que l'intelligence et la conscience disparaissent toujours après la mémoire, et que toutes les fois que la mémoire disparaît, la douleur est presque négligeable. Ce rapport intime entre la douleur et la mémoire mériterait d'être étudié avec soin. Voici un fait qui montre à quel point ces deux fonctions sont liées l'une à l'autre, même quand il ne s'agit plus du chloroforme.

X... âgé de 15 ans, ayant par mégarde avalé une gorgée de potasse caustique est atteint trois mois après cet accident de rétrécissement de l'œsophage tel qu'il lui est impossible d'avaler la moindre cuillerée de liquide. M. Verneuil

(1) *Comptes-rendus de l'Acad. des sciences*, mars 1872.
(2) *Comptes-rendus de l'Acad. des sciences*, févr. 1872.
(3) Piétri. Th. inaug. Paris, 1875.
Demarquay. *Gaz. des hôp.*, 1872.
Koch. *Sammlung Klinischer vorträge de Volkmann*, 1874, n° 80.

pensant qu'au rétrécissement cicatriciel se joint un certain degré de spasme musculaire empêchant le passage des sondes œsophagiennes même de petit calibre, lui fait prendre en trois heures 7 grammes de chloral en lavement; le moyen réussit complètement, et pendant que le patient est plongé dans une sorte de résolution complète, on réussit à faire franchir à la sonde le rétrécissement de l'œsophage. A ce moment le malade pousse un cri, puis gémit et se plaint pendant quelques minutes. On lui fait une piqûre pour lui injecter 1 centigramme de morphine. Un sommeil prolongé s'ensuit. En sortant de ce sommeil, le petit malade déclare ne rien se rappeler, et n'avoir pas du tout souffert. Il a cependant conservé le souvenir de la piqûre, mais quant au passage de la sonde, qui avait provoqué ses gémissements et ses lamentations, il ne s'en souvient en rien. Ainsi le chloral, qui, à faible dose, est un agent précieux pour calmer la douleur, peut faire disparaître la sensibilité complètement lorsqu'on emploie de fortes doses, et il n'est pas besoin d'obtenir la résolution musculaire.

Certainement ce petit malade a souffert, mais cette souffrance a été très-vague, puisqu'il ne s'en souvient pas, et on peut se demander si c'est de la vraie douleur, et si, pour une vraie douleur, l'intégrité de l'intelligence et de la mémoire ne sont pas nécessaires.

Quelques chirurgiens et surtout Oré ont employé d'ailleurs le chloral en injections intra-veineuses pour faire disparaître la douleur des opérations (1).

(1) Oré. *Comptes-rendus de l'Acad. des sciences*, août 1874 (*Journ. de thérap.*, 1874, I, p. 787); *Comptes-rendus de l'Acad. des sciences*, 1876, 1er sem., p. 1272. Linhart. *Comptes-rendus de l'Acad. des sciences*, 1876, 12e sem., p. 85.

En somme, toutes les substances volatiles anesthésiques agissent de la même façon : l'amylène (1), le bichlorure de méthyle (2), l'oxyde de carbone (3), le protoxyde d'azote, le kérosolène (4), le chlorure de carbone, le bromoforme (5), le nitrite d'amyle, etc. (6). L'alcool lui-même, à forte dose, est un véritable anesthésique dont l'action est incontestable, mais qu'il est dangereux d'employer. D'ailleurs, même à une dose modérée il émousse la sensibilité. Pendant une ivresse légère, la douleur est perçue incomplètement ; les blessés qui arrivent à l'hôpital ont en général été blessés pendant l'ivresse, et souvent ils ne se plaignent de souffrir que quand l'ivresse est dissipée.

Peut-être y aurait-il intérêt à comparer entre eux tous les corps alcooliques, tous les éthers et leurs dérivés ; et à constater qu'il y a dans leur action intime moins de différence qu'on le croit en général, et que cette différence est surtout due à leurs propriétés physiques.

En tout cas, ces substances agissent non sur l'excitabilité des nerfs, mais sur la sensibilité des centres.

Les belles expériences de M. Cl. Bernard le démontrent très-nettement, au moins pour l'éther et le chloroforme. Une solution faible de chloroforme dans l'eau n'agit sur

(1) Snow. *Med. Times*, 18 avril 1857 ; *Lancet*, janv. 1857.
Tourdes. *Bull. de l'Acad. de méd.*, 1857.
Luton. *Arch. de méd.*, 1857.
Robert. *Bull. gén. de thérap.*, 1857, p. 126 et 227.
(2) Saenger. *Chloromethyl und chloroform* (*Berlin. Klin. Wochensbl.*, 1874, n° 38).
(3) Tourdes. *Comptes-rendus de l'Acad. des sciences*, 1857.
(4) Bigelow. *Union méd.*, sept. 1861.
(5) Rabuteau. *Bull. de la Soc. biol.*, janv. 1875.
(6) Hardy. *Bull. de la Soc. de biol.*, 1872, p. 185.

une grenouille que si la solution vient au contact de la moelle épinière : les parties supérieures de la moelle ne sont anesthésiées que si elles sont directement en contact avec le chloroforme, tandis que la solution de chloroforme anesthésie toute la moelle, même lorsque c'est le cerveau seul qui est intoxiqué (1).

Les anesthésiques généraux agissent donc parce qu'ils pénètrent dans la circulation et influencent les centres supérieurs. Si l'on suppose, ce qui est assez vraisemblable, que la douleur a son siége dans une partie déterminée de l'encéphale, les anesthésiques agiraient sur cette partie même. Ils agissent en même temps sur l'intelligence, et comme, pour le système nerveux, toute action paralysatrice est précédée par une action excitatrice, la première période est l'excitation cérébrale qui n'a pas besoin de se traduire par des mouvements désordonnés (2), mais qui se traduit par de l'hyperidéation et de l'ivresse. La morphine, le protoxyde d'azote, le chloral, le chloroforme, l'alcool, agissent tous de la même manière, et l'ébriété est leur premier effet. Lorsque cette ébriété est poussée plus loin encore, il y a perte de la conscience et de la mémoire, mais la sensibilité persiste. Dès ce moment la douleur se trouve tellement modifiée par cette altération de la mémoire, qu'il est permis de se demander si c'est une douleur, quoique les réflexes de la vie organique persistent encore, et qu'il y ait certains actes intellectuels s'accomplissant en désordre, rêve, délire, association des idées, etc. Ce sont les ré-

(1) *Leçons sur les anesthésiques*, p. 131.
(2) Voy. Bert. *Journ. de l'anat. et de la physiol.*, 1868. t. IV, p. 325.

flexes de la vie organique qui disparaissent ensuite, et à la dernière période, tout a disparu, la résolution musculaire est complète, il n'y a plus aucune réaction aux excitations sensitives même les plus fortes (1).

Il est des substances qui semblent être l'inverse de anesthésiques et exciter la sensibilité au lieu de l'éteindre Le hachich, le café, la belladone paraissent être dans ce cas, mais leur étude n'est guère faite à ce point de vue. Quoi qu'il en soit, à la dernière période, l'anesthésie survient aussi, et dans la pratique on les appelle hypéresthésiques, parce que le stade d'hypéresthésie est très-long.

Nous avons parlé des intoxications chroniques où les divers genres de sensibilité se trouvent bizarrement dissociés et nous n'insisterons pas davantage sur les intoxications aiguës.

Remarquons que pour le système nerveux central il en est comme pour le système nerveux périphérique. La période d'hypéresthésie précède presque toujours la période d'anesthésie, mais la durée relative de ces périodes varie selon le poison et la dose employée.

Remarquons encore que les substances qui agissent sur l'intelligence agissent aussi sur la sensibilité, et réciproquement, que par conséquent ces deux fonctions sont étroitement liées l'une à l'autre, et qu'on ne peut les séparer. Pour les poisons spéciaux au système nerveux, la motricité ne semble atteinte que secondairement, et ses désordres paraissent liés aux troubles sensitifs et intellectuels. Là aussi il y a une remarquable analogie entre les nerfs périphériques et les centres nerveux.

(1) J'ai étudié ces phénomènes psychologiques dans la *Revue des Deux-Mondes*. (15 février et 1er mars 1877) : *Les poisons de l'intelligence.*

En dehors des poisons et des maladies, les troubles de la circulation cérébrale peuvent produire l'anesthésie. Il en est pour les centres nerveux comme pour les nerfs, et le sang est nécessaire à l'exercice intégral de la sensibilité, aussi bien dans les centres qu'à la périphérie. L'anhémie du cerveau produit d'abord une hyperesthésie passagère caractérisée par des vertiges, des bourdonnements d'oreilles, une hyperidéation comparable en tout point à ce qu'on observe dans le chloroforme (1), puis l'anesthésie arrive complète. D'ailleurs cette anhémie du cerveau qui est à la fois la cause et la conséquence de la syncope, est incomplètement connue quant à ses effets, et on la distingue difficilement de la congestion ou de l'hyperhémie.

§ IV. — *Des analgésies de cause centrale, pathologiques.*

La relation qui fait de l'intelligence et de la sensibilité deux fonctions synergiques ne se manifeste nulle part avec plus d'évidence que dans les faits pathologiques; nous allons passer rapidement quelques uns de ces faits en revue.

L'anesthésie a été constatée il y a trente ans, par Du Crosant, dans la paralysie générale (2), non seulement à la période ultime, alors que toutes les fonctions sont profondément troublées, mais dès le début, avant l'appa-

(1) Voy. Fleming. *Anesthésie par la compression des carotides* (*Bull. gén. de thérap.*, t. XLIX, p. 37).
(2) *Revue méd.*, 1846, *Ann. méd. psychol.*, 1846, p. 132.
Michéa. *Gaz. hebd.*, 1856.
Marcé. Th. d'agrég., 1860. *Des altérations de la sensibilité.*
Moreau. Th. inaug. Paris, 1872.

rition de tout autre phénomène soit psychique, soit soma-
tique. Il est vrai que dans la paralysie générale des alié-
nés il y a une encéphalite, et qu'on peut attribuer l'anesthésie à l'altération des circonvolutions cérébrales; mais
dans presque toutes les affections mentales il y a aussi de
l'anesthésie, même quand les lésions organiques, au
moins celles qui sont perceptibles, sont nulles.

La mélancolie avec stupeur (Baillarger) est le type
des affections mentales anesthésiques: il n'y a dans la
mélancolie aucune lésion matérielle des centres. D'ailleurs
son invasion est quelquefois subite. Une terreur brusque,
un accident, un chagrin suffisent pour la produire ; en
même temps que le délire et la dépression survient l'anesthésie, en sorte qu'il n'y a de troubles fonctionnels que
dans la sensibilité et l'intelligence, ces deux troubles étant
liés l'un à l'autre, apparaissant au même moment et dis-
paraissant en même temps. Toutes les fois que le délire de
dépression ou d'excitation augmente, l'insensibilité est plus
complète. En un mot les fonctions sensitives des nerfs
sont sous la dépendance de l'intelligence. De même qu'en
intoxiquant l'encéphale d'une grenouille, on abolit complètement toute sa sensibilité, de même chez les mélancoliques, les troubles intellectuels sidèrent la sensibilité et
l'anéantissent.

Aussi n'est-il guère scientifique d'admettre que l'impas-
sibilité des malades provient, non de l'absence de la douleur,
mais d'une idée délirante de supplice ou d'expiation nécessaires. Il se peut qu'à la vue des appareils qu'on leur
montre pour les effrayer et les forcer à parler, ils éprouvent une vive frayeur, il se peut même que par les excitations violentes qu'on essaie, il sentent un certain ébran-

lement : cet ébranlement n'est pas une douleur. L'idée
délirante est trop puissante pour qu'une diversion quelconque la modifie ; ils ne sont pas assez maîtres d'eux-
mêmes pour réfléchir à leur douleur, et l'état de rêve
dans lequel ils sont plongés est tel que rien ne peut les en
éveiller. Les sensations qu'ils éprouvent ne peuvent être
comparées à celles qu'un homme sain éprouverait à leur
place. Car, à ce compte, il n'y a ni courage ni stoïcisme
qui sauraient résister.

Dans la manie, dans l'hypochondrie, dans la folie né-
vropathique, il y a cette même relation entre l'intelligence
et la sensibilité. Je pourrais citer un nombre infini d'observations ; je me contenterai d'en rapporter une seule.
S......, mariée, âgée de 27 ans, entre à la Salpêtrière le 17
décembre 1875. Elle est agitée, anxieuse, disant qu'elle
souffre énormément, veut se tuer, etc. Dans l'intervalle de
ses crises, elle est manifestement hypochondriaque et dans
un léger état de stupeur mélancolique. Elle ne souffre pas
quand on lui traverse la main avec des épingles ; on peu
la piquer au cou, à la main, à la figure : elle ne répond pas
quand on lui demande si elle en souffre, cependant elle m'a
dit plus tard qu'elle avait senti la piqûre, mais que cela ne
lui avait fait aucun mal. Deux jours après, l'état psychique
est un peu amélioré, la sensibilité est aussi un peu revenue.
Si on la pique légèrement, elle ne dit rien, mais, si on traverse la peau, elle retire vivement la main en disant qu'on
lui fait mal. Dans la nuit suivante, elle eut un accès de
délire silencieux, et prenant une aiguille à tricoter, après
s'être piqué la paroi abdominale en plusieurs endroits, se
l'enfonça dans l'abdomen. Le lendemain matin, le délire
avait un peu diminué, et elle regretta d'elle-même la ten-

tative qu'elle avait faite. On n'osa pas essayer l'extraction, car l'aiguille était enfoncée profondément, et il aurait fallu certainement entamer le péritoine. Les jours
suivants le délire diminua, et en même temps la sensibilité
à la douleur revint; en pressant sur l'aiguille, on provoquait une légère douleur. Pourtant, au dire de S...ff,
l'introduction de l'aiguille ne lui avait fait aucun mal.

Il est vrai que dans beaucoup de cas de manie il n'y a
pas d'altération de la sensibilité; mais la manie n'est pas
la destruction ou l'abolition des facultés intellectuelles :
c'est une perversion du raisonnement plus ou moins systé-
matisé, ce n'est pas la mort même de l'intelligence, comme
dans la démence. L'intelligence est déviée, mais elle est
tout aussi vive : ce n'est donc pas une exception à la règle
que nous avons posée. Cela est si vrai que, dans les cas
de manie chronique avec accès de délire aigu, pendant le
délire, il y a anesthésie complète, et la sensibilité revient
dès que le délire cesse.

Je sais bien que la question est des plus complexes;
comme d'une part l'anesthésie est le résultat des causes les
plus diverses, comme d'autre part les troubles de l'intelligence sont variés à l'infini, il y a un lien qu'il est le plus
souvent difficile de saisir, mais qui se manifeste très-bien
dans certains cas de démence sénile et d'imbécillité. Là
l'intelligence est affaiblie et presque nulle, et la sensibilité
suit son sort. Ce n'est pas de l'anesthésie, c'est de l'hypoesthésie, si je pouvais me permettre un néologisme de plus,
Voici une observation de chacun de ces cas :

Saas, âgée de 16 ans, imbécile, est dans le service de
M. Moreau depuis six ans. Elle répond assez bien aux
questions qu'on lui fait, sait lire l'alphabet, mais ne va

pas au delà. Quand on la pince ou qu'on la pique, elle ne songe pas à retirer sa main. Si cependant on l'approche du poêle pour la brûler, elle la retire vivement, en disant que cela la brûle ; quand on la chatouille, elle indique le doigt qu'on touche ; elle dit qu'on la presse fort, si on lui comprime fortement la main. Mais il faut pour la décider à faire ces réponses l'accabler de questions. Elle ne songe ni à résister, ni à se plaindre, mais elle se sauve dès qu'on a fini l'exploration, et paraît enchantée quand tout est terminé. En l'électrisant, on a beaucoup de peine à lui faire reconnaître qu'elle sent quelque chose. Si on l'électrise avec un très-fort courant d'induction et le balai métallique, elle retire sa main. Si on recommence en lui assujettissant la main, elle ne se débat pas, quelle que soit la force des secousses ; elle ne dit pas que ces secousses lui font du mal, quoique, selon moi, elle les sente. On peut pousser ainsi très-loin l'électrisation. Si on la presse de questions, elle dit que le balai électrique lui fait comme des orties.

Lamy, âgée de 83 ans, est sujette à des attaques mal caractérisées (congestion cérébrale ?). Dans l'intervalle, son intelligence est affaiblie et tout à fait sénile. Elle ne réagit pas quand on la pince, même fortement ; quand on traverse la peau avec une épingle, elle ne dit rien et semble absolument insensible. Cependant, si on la presse de questions : « Oui, dit-elle, vous m'avez piquée, vous m'avez fait du mal. »

Il semble donc que là où l'intelligence est diminuée, la sensibilité a diminué en même temps. Chez les gens faibles d'esprit, les idiots, les imbéciles, la vie est une sorte de rêve mal déterminé. Les sensations sont obscures et peu

nettes, et l'impression qu'elles font aux centres peu durable et peu intense. Chez les mélancoliques et certains
maniaques, une idée fixe empêche, par sa persistance et
sa prédominance, la sensibilité. Souvent une passion
forte produit le même effet. Dans la chaleur du combat,
les combattants ne sentent pas les coups qu'ils reçoivent,
et une douleur qu'on prévoit depuis longtemps, sur laquelle on concentre toute son attention, est bien mieux
sentie qu'une douleur survenant à l'improviste, quand
l'esprit est occupé de toute autre chose (1).

Dans la névrose connue sous le nom de somnambulisme, et spécialement dans le somnambulisme
provoqué, l'analgésie complète est la règle. Mon ami
R..., dont j'ai rapporté ailleurs l'observation (2), était,
lorsqu'il était endormi, complètement insensible. Le
chatouillement des narines et des oreilles n'était plus
désagréable ; je lui ai traversé la peau avec une épingle,
et il n'a senti aucune douleur. Cependant il palpait les
objets, et le tact n'était pas émoussé. Quand il fut réveillé,
il se frotta la main à plusieurs reprises, et se demandait

---

(1) Lucrèce a exprimé cette vérité en beaux vers (De rerum natura,
ib. III, v. 640-655) :

> At quod scinditur et partes discedit in ullas
> Scilicet æternam sibi naturam abnuit esse.
> Falciferos memorant currus abscidere membra,
> Sœpe ita de subito permixta cæde calentis,
> Ut tremere in terra videatur ab artubus id quod
> Decidit abscisum, quum mens tamen atque hominis vis,
> Mobilitate mali non quit sentire dolorem.
> Et semel in pugnæ studio quod dedita mens est
> Corpore reliquo pugnam cœdesque petessit.

(2) *Journ. de l'anat. et de la physiol.*, 1875, t. XI, p. 354.

pourquoi cela le piquait en ce point. Il est clair que dans des cas semblables, l'anesthésie à la douleur est de cause centrale et souvent assez complète pour permettre de pratiquer des opérations. Topham à Londres, Loysel à Cherbourg, Kuhnholtz à Montpellier, Esdaile à Calcutta (1), ont fait de grandes opérations. Guérineau (2) a fait ainsi une amputation de cuisse. Cloquet, Broca, Azam, Follin (3), ont aussi pratiqué des opérations sur des malades hypnotisés; mais c'est un moyen infidèle auquel il ne faudrait songer sérieusement que dans des cas exceptionnels.

Chez les somnambules, on peut aussi provoquer de vives douleurs imaginaires; mais, comme tout est subjectif dans la douleur, ces douleurs imaginaires sont réelles. En effet, quelle différence y a-t-il entre croire souffrir et souffrir? S'imaginer qu'on est malheureux, c'est être malheureux, et il en est de même pour la douleur. Une somnambule à qui je disais que je lui avais coupé le doigt poussait des cris de douleur comme si j'avais réellement fait l'opération. Ne souffrait-elle pas en réalité? Au point de vue psychologique, c'est là un phénomène assez curieux de voir d'une part la sensibilité à la douleur persister, comme sensation subjective, et d'autre part n'être plus éveillée par les excitations ordinaires. C'est comme un aveugle qui aurait des hallucinations de la vue.

Il est encore un point sur lequel je voudrais insister si l'espace et le temps ne me faisaient défaut. Si l'on endort

(1) Cités par Larrey. *Rapport à la Soc. de chir. sur l'éléphantiasis*, 1856.
(2) *Bull. gén. de thérap.*, t. LVII, p. 514 et 548
(3) *Bull. de la Soc. de chir.*, 1860, p. 248 et suiv.

par le somnambulisme une femme ayant des douleurs très-vives, ces douleurs cessent comme dans le sommeil procuré par la morphine ou le chloral. On peut même dire que l'effet est plus surprenant, car la malade conserve toute son intelligence et est étonnée, émerveillée, pour ainsi dire, de ne plus souffrir.

J'ai vu se reproduire le fait d'autant plus souvent qu'en général ce sont surtout des malades que j'ai eu l'occasion d'endormir. Il m'a semblé que les affections utérines chroaniques, hématocèles, métrites, périmétrites, etc., qui pré disposent d'ailleurs à l'hystérie, étaient manifestement soulagées par le somnambulisme répété souvent. J'ai vu à Beaujon une malade atteinte d'hématocèle qui, à l'état de veille, ne pouvait se remuer sur son lit; lorsqu'elle était endormie, elle se levait, et on pouvait lui faire balayer la salle.

Récemment, à la Pitié, j'ai observé une jeune femme (salle Saint-Augustin, nº 6) atteinte aussi d'hématocèle. Elle avait des douleurs atroces, intolérables, qui ne se calmaient qu'imparfaitement avec des doses très-fortes de morphine (4 centigrammes par jour en injections sous-cutanées). Mais lorsqu'elle était plongée dans le somnamqnlisme, toutes ses douleurs disparaissaient ; elle voulait se lever, prétendant qu'elle était guérie. Dans cet état, elle était, d'ailleurs, absolument analgésique, et je pouvais la piquer pour l'injection de morphine sans qu'elle témoignât la moindre douleur.

Je crois pouvoir affirmer que loin de lui nuire, l'hypnotisme lui a été très-utile, et produisait une heureuse sédation de tout le système nerveux surexcité.

Si j'ai rapporté ces faits, c'est que je suis bien convaincu que dans certains cas de surexcitation nerveuse et d'hypéresthésie utérine, comme cela arrive souvent chez les hystériques, le somnambulisme peut être employé avec succès et mérite d'être étudié à ce point de vue par les médecins à l'esprit scientifique.

De toutes les affections nerveuses, l'hystérie est, sans contredit, celle où l'anesthésie se remarque le plus communément. Cette sorte d'anesthésie a été étudiée par un grand nombre d'auteurs (1). Je me bornerai seulement à traiter ce sujet au point de vue des lois générales de la sensibilité.

Il faut probablement rattacher à l'anesthésie hystérique l'anesthésie syphilitique, décrite par Fournier, laquelle a été observée uniquement sur des femmes, et des femmes jeunes, prédisposées à l'hystérie par leur condition sociale.

L'anesthésie hystérique offre l'exemple le plus net des dissociations de la sensibilité : le sens musculaire persiste en dernier lieu, et c'est la sensibilité à la douleur qui disparaît tout d'abord. Comme dans l'hystérie, l'intelligence est toujours affectée, souvent même à l'exclusion de tous les autres organes, et nous retrouvons encore là le lien qui unit la douleur et l'intelligence, de sorte que, quand l'intelligence est pervertie, la sensibilité à la douleur est altérée, et réciproquement.

(1) Lasègue, *Arch. gén. de méd.*, 1864 ; Leudet, *Ibid.*, 1864 ; Decours, Th. inaug. de Paris, 1875 : Lebreton, *ibid.*, 1872 ; Breuillard, *ibid.*, 1870 : Guérin, *ibid.*, 1872 ; Alquier, *ibid.*, 1873. Liégeois, *Rôle des sensations sur les mouvements* (*Bull. de la Soc. debiol.*, 1859, p. 209, et *Mém., ibid.*, p. 261).

Charcot. *Leçons sur les maladies du syst. nerveux* et *Progrès méd.*, années 1874, 1875, *passim.*; Landois et Mosler. *Berlin. Klin. Wochensblatt*, 1868, p. 380.

Un des traits les plus saillants de l'anesthésie hystérique, c'est d'abord l'extrême mobilité des phénomènes. L'anesthésie des hystériques est aussi fantasque que leur caractère. Il semble même qu'elle soit parfois simulée, tant il y a d'irrégularité et d'inattendu dans cette maladie. Bernhardt (1) raconte qu'une hystérique sur qui on voulait faire une expérience avait un point de la surface cutanée anesthésique depuis longtemps. Le jour où on voulut tenter l'expérience (sur le sens musculaire), l'anesthésie avait disparu. Rendu (2) rapporte un fait analogue, et tous les auteurs sont unanimes sur ce point. Une émotion morale, une attaque même très-légère, et passée presque inaperçue d'hystérie convulsive, suffisent pour produire l'insensibilité d'une région très-localisée de la peau.

J'ai vu une petite fille de quatorze ans, prématurément hystérique, car elle n'était pas encore réglée, qui, sous l'influence d'une attaque d'hystérie nocturne, devint du jour au lendemain complètement analgésique dans tout un membre.

En second lieu, l'anesthésie suit une sorte de marche progressive de la périphérie aux centres, et de la surface cutanée des membres à leurs parties profondes. Ce sont les extrémités des doigts, certaines régions de la face dorsale des mains ou des pieds, le cou, le sein, parties évidemment périphériques par rapport à la moelle, qui sont d'abord atteintes. Plus tard, ce sont les articulations plus élevées, les coudes, les poignets, les épaules, etc. Mesnet (3) a fait re-

(1) *Zur Lehre von Muskelsinn* (*Arch. für Psychiatrie*, 1873, p. 632).
(2) Th. d'agrég., 1875, p. 123.
(3) Th. inaug. Paris, 1852. *Des paralysies hystériques*.

marquer que souvent la peau seule était atteinte et que, même dans la peau, ce n'était que la face externe, la face interne restant sensible à la piqûre de l'épingle. N'est-il pas intéressant de voir que l'anesthésie hystérique suit les lois physiologiques del'anesthésie par les centres? En effet, ainsi que Claude Bernard l'a démontré, le nerf sensitif meurt par son extrémité périphérique, aussi bien par celle qui est le plus éloignée de la moelle, que par celle qui est le plus loin de l'axe du membre.

On a accordé une certaine importance à l'anhémie et l'oligohémie qu'on trouve parfois dans les régions anesthésiques (1), et on l'a rattachée aux analgésies qu'on a signalées dans la chlorose, mais cette anhémie n'est peut-être pas assez constante pour qu'on puisse la regarder autrement que comme un épiphénomène de l'anesthésie. C'est d'ailleurs un point qui mériterait encore d'être éclairé par de nouvelles études.

En même temps que leur soudaineté, leur variabilité et leur périphérisme, un autre caractère des anesthésies hystériques est leur extrême indolence. La plupart du temps les malades n'accusent pas ces douleurs prémonitoires qui sont comme la caractéristique des analgésies périphériques. Rien n'est plus rare en effet que les fourmillements, les névralgies, et la période d'hyperesthésie que nous signalions dans la première partie de ce travail pour les analgésies dépendant de lésions nerveuses. La paralysie du sentiment survient chez les hystériques sans fracas, et, malgré l'excitation de leur sensibilité générale et morale, elles n'éprouvent aucun avertissement qui leur annonce

(1) Liégeois. *Loc. cit.*, p. 274. Charcot *Loc. cit.*, p. 303. Bernütz. Art. *Hystérie* du *Dict. de méd. et de chir.*, t. XVIII, p. 235.

les points devant être frappés d'anesthésie. Aussi est-ce un symptôme qu'il faut chercher et qui serait sans doute beaucoup plus fréquemment noté, si on y attachait plus d'importance.

L'hémianesthésie hytérique a acquis une très-grande importance dans ces dernières années par suite des recherches anatomo-pathologiques et expérimentales (1). Ces recherches ont à peu près démontré qu'une destruction expérimentale de la partie postérieure et externe des corps opto-striés (capsule interne, couronne rayonnante de Reil) entraînait la perte de la sensibilité de tout un côté du corps, que les hémorrhagies cérébrales accompagnées d'hémianesthésie avaient leur siége dans cette région, et que les symptômes de l'hémianesthésie hystérique étaient analogues aux symptômes de l'hémianesthésie hémorrhagique.

Peut-être une étude plus complète de ces hémianesthésies consécutives à des hémorrhagies en foyers de l'encéphale rendra-t-elle l'assimilation absolument possible avec l'hémianesthésie hystérique ; peut-être aussi fera-t-on des autopsies d'hystériques hémianesthésiques et trouvera-t-on des lésions centrales, mais on peut admettre maintenant que l'hémianesthésie hystérique est une névrose, et que rien ne prouve qu'il y ait une destruction de la partie supérieure et épanouie des pédoncules cérébraux (2).

(1) Türck. *Ueber die Beziehung gewisses krankheitsherde des grossen Gehirnes zur anesthésie* (*Mém. de l'Acad. des sciences de Vienne*, 1859, p. 191). Veyssières. Th. inaug. Paris. 1875. Raymond, id. 1876. Charcot. *Loc. cit.*, p. 300 et suiv.

(2) On a fait récemment, à la Salpêtrière, l'autopsie de L..., qui a été longtemps hémianesthésique. On n'a rien trouvé dans le cerveau à l'autopsie. Une autre autopsie a été faite ailleurs, paraît-il, et n'a donné aussi aucun résultat.

Au contraire, plusieurs faits semblent plaider contre l'hypothèse d'une lésion des corps opto-striés; c'est d'abord l'immunité absolue du système nerveux moteur, en second lieu la mobilité des phénomènes, en troisième lieu la persistance de certaines sensibilités, l'analgésie étant presque toujours le principal, sinon le seul symptôme.

L'année dernière, grâce à la bienveillance de M. le professeur Charcot, j'ai pu observer dans son service de la Salpêtrière quelques cas fort intéressants d'hémianesthésie hystérique, et l'exploration de la sensibilité électrique de ces malades m'a donné des résultats qui peuvent, je crois, servir à éclairer cette question (1).

En effet sur les malades L**, M**, B** et G**, complètement hémi-anesthésiques l'excitation électrique était parfaitement perçue, et il n'y avait aucune différence entre le côté sain et le côté malade, quels que fussent les points où je mettais les rhéophores.

Discutons les conditions de l'expérience. Il est impossible d'admettre qu'il s'agissait de courants dérivés, car, en électrisant la peau de la main, tandis que les rhéophores ne sont distants que de quelques centimètres, il n'y a pas de dérivation possible allant jusqu'à la moelle.

Il n'est pas non plus exact de dire que l'électricité a fait reparaître la sensibilité, car, après l'expérience, l'analgésie était tout aussi complète qu'auparavant, et les excitations électriques étaient perçues dès le début, aussi bien qu'à la fin.

Enfin la sensibilité profonde était tout aussi abolie que la sensibilité périphérique, la très-forte pression, et des

(1) J'ai publié une note sur ce sujet dans les *Bulletins de la Soc. de biolog.* 1876. *Gaz. méd.* 1876, n° 9.

aiguilles chauffées introduites dans le derme, ne provoquant absolument aucune réaction douloureuse.

Ainsi l'excitation électrique produit de la douleur là où toutes les autres excitations, chaleur, pression, piqûre, contact sont impuissantes. Il n'y a donc que deux hypothèses possibles : ou bien il existe des nerfs spécialement destinés à la transmission électrique, ceux-là étant restés intacts, et la lésion ne portant que sur les autres nerfs ; ou bien les nerfs sont intacts dans tout leur trajet, et s'ils *paraissent* insensibles, c'est par défaut d'un stimulus suffisant ou approprié.

Nous rejetons résolument la première hypothèse : on ne peut croire que la sensibilité électrique ait des conducteurs spéciaux. L'électricité met en jeu tous les nerfs, aussi bien les nerfs de sensibilité générale que les nerfs moteurs, et les nerfs de sensibilité spéciale, et par conséquent on ne peut supposer qu'il existe des nerfs spécialement destinés à transmettre une sensation électrique. Reste donc la seconde hypothèse, c'est-à-dire que, depuis leurs expansions périphériques jusqu'au centre de la douleur, les nerfs ne sont pas interrompus.

Leur altération est réelle cependant, mais c'est une altération fonctionnelle bien différente d'une altération organique, telle qu'une rupture, une striction, ou une section, qui interrompent la continuité du nerf et ne permettent plus le passage du courant nerveux.

D'ailleurs il semble rationnel de ne pas trop séparer l'hémianesthésie hystérique des anesthésies hystériques localisées. Or ces derniers cas, où il n'y a vraisemblablement aucune lésion centrale, ne sont guère qu'une première étape vers l'hémianesthésie, et l'on retrouve dans l'une et l'autre forme de la maladie, la même prédominance de l'analgésie qui l'emporte sur les autres troubles de la sensibilité. L'électrisation a donné à Duchenne (de Boulogne) des résultats thérapeutiques remarquables, importants à étudier au point de vue physiologique (1). Après quelques minutes de faradisation, la région insensible redevient sensible. Il est vrai que pour que la guérison persiste, il faut continuer pendant plusieurs jours le traitement ; il est vrai aussi que certains cas sont absolument rebelles, mais le fait du retour immédiat de la sensibilité n'en est pas moins du plus grand intérêt. Il semble même que l'anesthésie ne soit guérie que dans les points qui ont été en contact avec les rhéophores. Ces faits doivent être mis à côté d'autres faits semblables signalés par Gubler. L'anesthésie des saturnins et des phthisiques, localisée en différents points, est guérie par la faradisation pendant quelques minutes appliquée aux régions insensibles.

Dans ces derniers temps, Burq a insisté sur l'action des métaux appliqués directement sur la peau ; on obtient ainsi, paraît-il, la guérison de toutes les anesthésies hystériques. M. Charcot a confirmé (2) l'exactitude de ces expériences. L'interprétation n'est pas, ce semble, d'une extrême difficulté. Le contact de la peau chargée de sels avec des métaux oxydables provoque un courant électrique qui agit à la fois sur l'innervation et la circulation capillaire des régions anesthésiques.

Il ne faut pas confondre ce retour rapide de l'excitabilité nerveuse par l'électricité avec la conservation de la sensi-

---

(1) *De l'électrisation localisée*, 3ᵉ édit., p. 818 — Vulpian. *Arch. de phys-iol.*, 1875., p. 878. — Grasset. Ibid. 1876, p 764.

(2) *Bull. de la Soc. de biol.*, 1877. *Gaz. médic.*, 1877, p. 25.

Richet.   19

bilité électrique, qui est, ainsi que je l'ai démontré, intacte dans l'hémianesthésie. Ce sont deux faits, sans doute
connexes, mais différents au point de vue physiologique,
en sorte que de tout ce qui précède nous pouvons retenir
ces trois conclusions sur les anesthésies centrales des hystériques :

A. Les anesthésies hystériques sont guéries par la faradisation.

B. Dans les anesthésies hystériques, les nerfs et les
centres demeurent excitables par l'électricité.

C. L'état de la circulation locale joue un rôle inconnu
encore, mais certainement assez important.

Il nous resterait maintenant à expliquer ces différents
phénomènes, et à donner la *théorie* des paralysies hystériques
du sentiment. Quoique la question ne soit peut-être pas
suffisamment mûre pour être résolue, nous pouvons tout
au moins essayer de rattacher les phénomènes pathologiques aux données de la physiologie.

A l'état normal, les centres supérieurs exercent sur les
centres inférieurs et sur les nerfs une sorte d'action mo-
dératrice incontestable (1). Cl. Bernard a montré qu'un nerf
attaché à la moelle était bien moins excitable que ce même
nerf détaché de la moelle (2). Lewisson et Herzen, cités par
Charcot (3), ont établi que sur une grenouille décapitée,
l'excitation par une pression énergique des membres supe-
rieurs empêchait les réflexes des membres inférieurs, et

(1) Setschenoff. *Hemmungs mechanismen für die Reflexthätigkeit.* Berlin,
1863.

Herzen et Schiff. *Expér. sur les centres modérateurs des actions réflexes.*
Turin, 1864.

(2) *Leçons sur le syst. nerveux.*

(3) *Loc. cit.,* p. 338. — Voir aussi Freusberg. *Arrêt des mouvements par
les centres* (*Arch. de Pflüger,* X, p. 174).

réciproquement. Brown-Séquard a développé en maint endroit, avec une ingéniosité remarquable et une grande force de dialectique, la théorie des paralysies par irritation (1). Il serait donc possible qu'il y eût là un phénomène du même ordre, surtout si on considère que l'ovaire est très-souvent hypéresthésié, et semble par l'excitation permanente qu'il envoie à la moelle le point de départ de la maladie.

Il serait possible encore qu'il y eût des centres de perception sensitive, tenant sous leur dépendance les différents nerfs sensibles de l'économie, et pouvant se paralyser isolément, leur paralysie ne s'accusant que par des zones d'anesthésie plus ou moins étendues. L'hémianesthésie serait la paralysie de tout un hémisphère sensitif du cerveau.

Quoi qu'il en soit, l'altération n'est pas une lésion dans le sens anatomique du mot. Le nerf n'est pas mort ; les centres sensitifs d'où dépend ce nerf ne sont pas morts. C'est une sorte de sommeil, d'engourdissement, qu'une excitation appropriée, l'électricité surtout qui est l'excitant le plus énergique de la force nerveuse, dissipe momentanément ou définitivement : toute autre affirmation ne serait qu'une hypothèse prématurée.

Est-il possible par l'examen précis des symptômes de déterminer si la cause de l'anesthésie est centrale ou périphérique ? Ce point serait d'une extrême importance en pathologie et je ne crois pas que ce soit une question insoluble.

Dans les anesthésies de cause périphérique, nous voyons

(1) *Leçons sur le diagnostic et le traitement des paralysies*, passim.

qu'il y a au début une diminution dans la sensibilité tactile superficielle, puis dans la sensibilité tactile profonde, puis dans le sens musculaire, puis dans la sensibilité à la douleur, puis dans la thermoesthésie qui persiste à peu près en dernier lieu. En même temps l'anesthésie est toujours précédée d'une période d'hyperesthésie et de douleurs, laquelle est constante, quoique de durée variable. Au contraire, dans les anesthésies de cause centrale, la sensibilité au contact persiste, alors que la sensibilité à la douleur est abolie. La conservation du toucher qu'on observe fréquemment chez les hystériques, soit anesthésiques par places, soit hémianesthésiques, est une preuve évidente que la conduction nerveuse n'est pas abolie dans les nerfs, et que c'est l'organe de la réception à la douleur qui est altéré dans ses fonctions.

L'exploration électrique peut aussi donner des renseignements précieux : si la sensibilité électrique est conservée, toutes les autres sensibilités étant atteintes, ce n'est pas le nerf, c'est l'encéphale qui est lésé.

Aussi pouvons-nous regarder comme vraie dans la généralité des cas, intoxications du système nerveux central, analgésie hystérique, etc., la loi suivante :

Lorsqu'il y a conservation des sensibilités tactiles, avec analgésie complète, la lésion est centrale.

Si nous établissons qu'au point de vue des impressions sensitives, la moelle épinière est un conducteur, et qu'elle fonctionne à la manière d'un organe périphérique, la réciproque sera vraie et nous pourrons dire :

S'il y a altération des sensibilités tactiles, avec conservation plus ou moins complète de la sensibilité à la douleur, la lésion est périphérique.

Tout récemment, Manouvriez (1) a distingué deux formes de la sensibilité douloureuse : l'une, c'est l'*analgésie*, ou perte de la sensibilité à la douleur immédiate ou provoquée ; l'autre, c'est l'*anodynie*, ou abolition de la sensibilité à la douleur pathologique, consécutive ou spontanée. Il m'a semblé que cette distinction n'était pas suffisamment motivée. En effet, d'une part des malades hystériques ont la peau complètement analgésique, tandis qu'elles éprouvent des douleurs rhumatoïdes dans les membres mêmes dont la périphérie est insensible à la douleur. Cela signifie seulement que la sensibilité tactile superficielle est abolie, tandis que la sensibilité profonde ne l'est pas. D'autre part on peut très-bien rapporter des douleurs à une partie insensible, par l'effet d'une illusion centrale, comme les amputés qui rapportent les douleurs de leur moignon au membre qui a été enlevé. Quant aux cas très-intéressants cités par Manouvriez, dans lesquels une brulûre causait de la douleur au moment de l'inflammation , quand elle n'en avait pas produit au début, je crois que l'explication donnée plus haut de l'hypéresthésie acquise suffit pour expliquer cette bizarrerie apparente.

Aussi tout en reconnaissant l'intérêt qu'il y a à ces recherches, n'établirons-nous pas de distinction physiologique entre l'anodynie et l'analgésie.

Nous ne pouvons passer en revue tous les autres cas de pathologie externe ou interne dans lesquels la sensibilité à la douleur a disparu. Les affections de la moelle, celles du cerveau, les affections générales entraînant une modification dans la nature du liquide sanguin, sont des causes

(1) *Recherches sur les troubles de la sensibilité dans la contracture idiopathique des extrémités.* Paris. Delahaye, 1877.

d'analgésie, tantôt générale, tantôt partielle et à tous les degrés.

La température interne ne semble pas exercer d'action appréciable sur la douleur. J'ai vu des malades, ayant une fièvre traumatique de 40,2, et même 40,8, chez qui la douleur traumatique n'était pas plus développée que chez les opérés apyrétiques. A la vérité, à partir de 40,5 et 41 degrés, l'excès de la fièvre produit le délire, et les manifestations de la sensibilité sont par cela même singulièrement troublées. Mais à 40 degrés ou à 39,5, toutes choses égales d'ailleurs, il n'y a ni anesthésie, ni hyperesthésie. Il semble en être de même pour les températures très-basses. J'ai vu une femme atteinte d'urémie à la suite d'un cancer de l'utérus, et qui n'avait que 30,7 (1); cependant elle sentait parfaitement, et il m'a semblé même qu'elle était plutôt hyperesthésique.

Les anesthésies par les intoxications chroniques ne sont pas rares : le plomb, le sulfure de carbone (2), l'oxyde de carbone (3), l'alcool (4), le tabac (5), l'arsenic, etc.

L'influence de l'inanition sur la douleur serait assez curieuse. Claude Bernard (6) cite l'expérience intéressante de Chossat qui, ayant fait jeûner longtemps une tourterelle,

(1) C'est une des températures les plus basses qu'on ait constatée. Bourneville a trouvé une température de 27,4 chez une urémique (*Bull. de la Soc. de biol.*, juin 1871).

(2) Delpech. *Ann. d'hygiène*, t. XIX. Huguin. Th. in. Paris, 1874.

(3) Laroche. *Des paralysies consécutives à l'empoisonnement par la vapeur de charbon.* Th. in. Paris, 1875.

(4) Juif. *De l'anesthésie alcoolique.* Th. inaug. Paris, 1874. — Magnan. *De l'alcoolisme.* Paris, 1874. — Dagonet. *Ann. méd. psch.*, 1873, t. IX, p. 187.

(5) Masselon. Th. Paris, 1872.

(6) *Leçons de pathol. expérim.*, p. 120.

détermina la mort immédiate par l'excitation d'un nerf
sensitif. Ainsi on la fait mourir en lui pinçant les pattes. Il
est très-probable que c'est une excitation douloureuse. devenue plus intense par suite de l'état pathologique de
l'animal, qui, arrêtant le cœur par un réflexe-d'arrêt, produit la syncope et la mort.

Dans certains cas, notamment dans les anesthésies saturnines, il serait possible que la cause de l'anesthésie fût
d'origine humorale, comme le veut M. Gubler. L'analgésie serait alors la conséquence de l'anémie partielle de la
peau. Ce qui semble confirmer, au moins pour certains
cas, la réalité de cette hypothèse, c'est que, si on frictionne
la peau avec un rubéfiant énergique, l'analgésie disparaît
au bout de quelque temps. A. Robin (1) a vu que le ja-
borandi, au moment où il détermine la congestion de la
peau, laquelle est suivie d'une sueur abondante, fait disparaître les zones d'anesthésie des saturnins.

Dans d'autres cas, plus rares encore, l'anesthesie dispa-
raîtrait sous l'influence d'une émotion. Dagonet (2) cite
un cas dans lequel l'hémianesthésie alcoolique a disparu
tout d'un coup après la lecture d'une lettre (??).

§ V.

Des caractères physiologiques de la douleur.

Après avoir étudié les modifications complexes que les
états divers des nerfs et des centres amènent dans la sen-

(1) Cité par Renaut. Th. d'agrég. Paris, 1875, p. 65, et *Journ. de thérap.*, t. II.
(2) *Loc. cit.*, p. 187.

sibilité à la douleur, il nous reste à étudier cette sensibilité elle-même, envisagée comme un phénomène normal. Autrement dit, quels sont les caractères de la douleur perçue par les centres, en dehors de toute transformation des impressions par l'anesthésie ou l'hyperesthésie ? Je crois pouvoir affirmer que cette question n'a été traitée méthodiquement nulle part : aussi comprendra-t-on facilement que mes observations sur ce sujet ne sont que des faits épars, propres seulement à être utilisés un jour par celui qui voudrait faire sur cette intéressante question un travail d'ensemble

Tout d'abord, nous ferons remarquer qu'entre une perception sensitive et une perception douloureuse, il y a une série de gradations insensibles, en sorte qu'il n'est pas possible de distinguer une perception sensitive forte d'une perception douloureuse faible.

Prenons quelques exemples : si on met la main dans de l'eau à 40 degrés, c'est une perception sensitive ; quelques degrés de plus, la perception commence à devenir désagréable, et à 60 degrés, elle est nettement douloureuse.

Si on presse légèrement la peau, on a une sensation qui n'a rien de pénible ; pour peu qu'on augmente la pression, la sensation ira en augmentant d'intensité et finira par être atrocement douloureuse.

Des courants d'induction interrompus, s'ils sont très-faibles, donnent des secousses qui n'ont rien de désagréable, mais si l'on repousse la bobine, les secousses seront tellement fortes, qu'on ne pourra les supporter sans ressentir une véritable douleur.

Aussi faut-il regarder comme certain que la douleur est le résultat d'une excitation très-forte d'un nerf. Les lois qui régissent la douleur sont donc probablement les mêmes que celles qui régissent la sensibilité.

Il y a cependant, dans la douleur, un fait de plus : c'est la part considérable que les centres nerveux y prennent nécessairement. La douleur est l'ébranlement que donne aux centres une excitation sensitive très-forte, et ce sont les conditions de cet ébranlement qu'il importe de bien préciser.

D'abord c'est un acte cérébral, et à ce titre, il s'accomplit avec lenteur. En effet, dans le cerveau, plus encore peut-être que dans la moelle, le travail se fait lentement et graduellement, comparativement à la rapidité du passage du courant nerveux dans les nerfs.

Rien ne peut mieux montrer cette lenteur extrême des actes cérébraux que l'histoire des syncopes consécutives à une excitation extérieure. Une syncope ne survient pas brusquement ; il faut, pour qu'elle se produise, un espace de temps appréciable, qui mesure la durée du travail cérébral.

J'ai vu, dans le service de M. Verneuil, un malheureux qui est mort en trois jours des suites d'une blessure du péritoine. Il était tombé sur une tige de fer acérée, servant à tarauder les cannes à pêche, et si malheureusement que la lame entra dans le bassin et coupa l'uretère. Au moment de l'accident, il ressentit cependant un choc terrible, il fit plusieurs pas dans la cour qu'il traversa presque tout entière, alla trouver le concierge, et lui dit : « Je suis blessé, » puis il perdit connaissance. A ce propos, M. Verneuil nous racontait l'histoire de ce jeune homme qui, étant légèrement blessé au flanc par une balle partie d'un révolver qu'il essayait d'armer, ne ressentit aucune douleur, et chercha où pouvait être la balle, puis, s'apercevant que sa blouse était trouée, pensa qu'il était peut-être blessé, et seulement alors perdit connaissance.

Quelqu'un passant dans une rue, fut arrêté par la chute d'une énorme pierre qui tomba à ses pieds. Néanmoins, il continua sa route sans éprouver aucune frayeur. A quelques mètres de là, il chancela et fut pris des vertiges et des éblouissements qui précèdent la syncope (1).

Il arrive souvent, que chez les femmes hystériques une contrariété, une offense plus ou moins imaginaire déterminent une attaque convulsive. Or cette attaque ne survient pas brusquement ; il faut quelquefois dix à douze minutes d'intervalle entre l'excitation qui est la cause directe de l'accès, et l'accès lui-même.

La lenteur est aussi bien le fait des actions propres de la moelle que de celles du cerveau. Ainsi récemment Rosenthal a montré que le temps de la *réflexion* dans la moelle était parfois très-considérable, et qu'en tout cas, c'était un espace de temps parfaitement appréciable, pendant que le temps de la conduction nerveuse est en somme plus ou moins négligeable. (2)

Ainsi, pour la perception douloureuse, il faut plus de temps que pour la perception sensitive, c'est une loi générale qu'il est facile de démontrer.

En voici quelques preuves :

1° Beau avait déjà remarqué, il y a près de trente ans, qu'un coup violent au pied détermine d'abord une sensation de contact, et, plus tard seulement, quelques dixièmes

(1) Voy. Verneuil, art. *Commotion* du *Dict. encyclop.*
(2) *Sitzungsber. der phys. med. Societ. zu Erlangen.* 1874 et 1875.

de secondes après, la sensation de douleur. Dans les cas pathologiques, on retrouve encore cette dissociation (1).

2° J'ai fait construire par M. Colin une pince à pression graduée dont les deux mors sont minces et arrondis : on peut ainsi saisir un repli cutané entre les deux mors de la pince. On augmente rapidement la pression jusqu'au moment où on sent la peau pressée assez fortement, puis on laisse la pince en place. Au bout de quelques instants, la douleur, qui n'existait pas d'abord, finit par apparaître. Elle vient graduellement, comme par ondées : à chaque seconde, c'est un élancement douloureux, plus douloureux que le précédent, en sorte que la douleur finit par devenir insupportable. Naturellement, le pression de la pince n'a pas augmenté, c'est la même excitation qui, en s'accumulant, a fini par produire de la douleur.

La seconde preuve que l'on peut donner de l'influence de la durée sur le phénomène douleur, c'est l'effet de l'incision de la peau par le bistouri, la première sensation n'est pas une douleur, c'est un sentiment de froid. Les poëtes de l'antiquité avaient décrit le froid glacial que fait une lame acérée qui pénètre dans la poitrine. Il en est de même pour les blessures moins graves et incisions d'abcès, comme chacun, malheureusement, a sans doute pu en faire l'observation plus ou moins de fois sur soi-même. Ce qu'on sent tout d'abord, c'est le fer qui parait extrêmement froid, puis, au moment où l'incision est finie et le bistouri sort, on a le sentiment d'une cruelle déchirure.

3° Si on plonge la main dans l'eau très-chaude, on pourra

(1) Remak. *Arch. für Psychiatrie*, 1874, t. IV. Voy. aussi les recherches que j'ai publiées dans la *Gaz. méd.*, 1876, nos 33 et 35, sur les sensations des ataxiques et *Bull. de la Soc. de biol.*, 1876.

la maintenir à la rigueur pendant quelque temps, mais au bout d'une demi-minute à une minute, la douleur deviendra intense et on sera forcé de retirer la main.

4° L'influence du froid est identique, non-seulement quand il est appliqué localement, en un point déterminé de la périphérie cutanée, mais même quand il agit sur toute la surface du corps. Ainsi, par exemple, si on sort d'une chambre chauffée pour entrer dans une autre chambre chauffée également, et qu'on ait à traverser un court espace où la température est très-abaissée, on ne ressentira guère le froid qu'au moment où on entrera dans la seconde chambre. La frisson déterminé par l'abaissement de la température ne survient pas sur-le-champ : il faut une nombreuse série d'excitations se succédant et s'accumulant pour produire un effet sensitif d'abord, et plus tard, l'effet réflexe moteur qui en est la conséquence.

A ce propos je ferai remarquer que ce frisson réflexe est déterminé aussi bien par l'impression de la chaleur succédant au froid, que par l'impression du froid succédant à la chaleur. Si pendant que l'on est au bain on plonge la main dans un courant froid pour la mettre ensuite dans l'eau très chaude, on éprouvera un frisson réflexe, et inversement. si après avoir mis la main dans un courant chaud, on la plonge. ensuite dans un courant d'eau froide. Dans l'un et l'autre cas il y a frisson, et frisson succédant à une excitation prolongée, durant au moins quelques secondes.

Si on s'électrise la main ou le bras avec des courants d'induction interrompus assez forts pour être douloureux, on serait tenté de penser que la douleur est instantanée ; mais ce serait une erreur manifeste. En effet le même cou-

rant étant unique ne produit pas de douleur ; la douleur
est produite peut-être par la seconde secousse suivant de
près très la première, peut-être par la troisième; à coup sûr
ce n'est pas par la première, puisque celle-ci, lorsque elle
est isolée, ne produit aucun effet douloureux.

Toutefois, si l'excitation unique est très-intense, il n'y a
pour ainsi dire pas de retard dans la douleur : il en est
comme de la sensibilité perceptive, l'intensité suppléé à la
durée. Cela est vrai pour les secousses d'induction isolées
très fortes. Cela est vrai pour les brûlures, et aussi pour
la pression. Il est possible qu'il y ait un retard réel sur la
sensation, mais cette différence va en diminuant à mesure
que l'excitation nerveuse est plus forte.

De même, quand il y a par suite d'une inflammation intense et d'une névrite radiculaire concomitante, comme
dans les panaris et les anthrax, une hyperesthésie extrème,
la douleur survient bien plus rapidement, et il n'est pas
besoin, pour qu'elle se produise, du temps nécessaire à la
perception de la douleur quand on incise des tissus sains.

Pour résumer cette discussion, nous pouvons regarder
comme démontré que pour la douleur, comme pour la sensibilité, il faut un temps appréciable, que la perception
sensitive est en avance sur la perception douloureuse, et
qu'à mesure que l'excitation va en croissant, le retard de
la perception douloureuse va en diminuant.

Un autre caractère de la douleur, c'est le retentissement
douloureux qui la suit, et qui, selon moi, la constitue
presque tout entière. Voyez un malade à qui l'on fait une
incision. Il crie au moment de l'opération, mais cette opération a duré à peine une seconde, et le malade au moment
où il se plaint devrait avoir cessé de souffrir. Il n'en est

pas ainsi malheureusement. Le patient gémit et se plaint pendant plusieurs minutes de la douleur qu'il a subie. En réalité il la subit encore. Ses contorsions et ses plaintes prouvent que la douleur persiste, et qu'elle n'a pas cessé avec l'incision, comme on le dit banalement. Qu'il dise, « cela m'a fait mal »; rien de plus simple ; car il attribue tout au moment de l'incision, tandis qu'en réalité c'est l'ébranlement nerveux qu'elle a amené qui fait toute la douleur. Supposez qu'une seconde après l'opération il ne souffre pas plus de l'incision, et qu'il ne soit pas plus ébranlé que si on lui avait ouvert un abcès depuis six mois, en réalité il ne serait pas à plaindre, et il ne se plaindrait pas.

Cette suppression de l'ébranlement nerveux, qui est comme le souvenir vivace et cruel de la douleur, et une douleur même, n'est ni un mythe, ni un rêve. Les anesthésiques agissent surtout, au moins dans les premières périodes de leur action, en supprimant ce retentissement douloureux.

Nous ne saurions trop le répéter : supprimer le souvenir de la douleur, c'est supprimer la douleur elle même, non pas peut-être au point de vue mathématique, mais au point de vue physiologique, car l'excitation électrique qui dure moins d'un millième de seconde ne serait rien, quelle que fût son intensité. si la secousse ne produisait pas un ébranlement général beaucoup plus long qu'on ne le croit, et dont on se ressent encore dix minutes après pourvu que la secousse ait été assez forte.

Un troisième point, assurément fort étrange et fort intéressant dans la perception des sensations douloureuses, c'est le contraste entre les gros troncs nerveux et les dernières ramifications cutanées des nerfs. Une brûlure inté-

ressant tout le membre inférieur est évidement plus douloureuse que la brûlure du nerf sciatique, et pourtant c'est
lui seul qui distribue la sensibilité à tout le membre. Au
premier abord, on croirait que c'est quelque chose d'analogue à l'expérience qui consiste à toucher le nerf d'une
grenouille strychnisée sans provoquer de réflexes, tandis
que l'attouchement de la plus petite surface cutanée produit immédiatement un réflexe tétanique très-intense.

Cependant l'assimilation n'est guère possible. En effet,
sur ce même nerf de grenouille strychnisée, si l'on applique un corps chaud, un fer rouge par exemple, on détruit le nerf sans provoquer de réflexes, et cependant il y
aura eu évidement de la douleur.

L'explication de la moindre irritabilité d'un tronc nerveux que de la masse entière de ses expansions terminales,
ou même d'une partie seulement des expansions n'est pas
simple à donner, et c'est une hypothèse que je propose.

Chaque tube nerveux en se terminant dans la peau, est
sensible par lui-même, mais il est aussi sensible par voisinage, de sorte qu'aucun point de la peau n'est insensible.
Par conséquent si on compare la surface de section du
nerf à la surface de la peau, on a un rapport très considérable, comme 1 est à 1000 je suppose : l'excitant étant de 1
par 1 centimètre carré, il y aura 1 d'excitation au nerf et
1000 à l'ensemble de la peau.

Remarquons encore que si l'incision d'un nerf est moins
douloureuse que des incisions multiples de la peau, c'est
peut-être parce que ces incisions de la peau durent quelque temps relativement à la section d'un nerf, et que ces
excitations s'accumulant sans cesse finissent par produire
plus de douleur qu'une incision unique, brusque, telle que

l'incision étant finie, la douleur va en diminuant à partir de ce moment.

Pflüger en étudiant le courant nerveux moteur a vu que le nerf semblait par son action propre renforcer le courant. D'après lui le courant nerveux agit comme une *avalanche*, se renforçant à mesure qu'il chemine dans le nerf. Il est probable qu'il en est ainsi pour le nerf sensitif. Le courant nerveux gagne en intensité, à mesure qu'il s'avance dans le nerf.

Ces trois caractères de la douleur vont tous concourir à nous montrer quelle est la cause même de la douleur. Si l'on excepte les nerfs sensoriels des 1e, 2e, 8e paires crâniennes, tous les nerfs sensitifs sont aptes à produire de la douleur. Il faut pour cela, et il suffit que l'excitation soit très-forte. Au point de vue physiologique, la douleur n'est pas autre chose que la perception d'une excitation forte. Par suite d'une disposition particulière de l'organisme, cette perception a un caractère pénible, désagréable, douloureux. Le sens musculaire, le sens de la température, les sensibilités tactiles, les sensibilités viscérales du grand sympathique, peuvent toutes en s'exagérant devenir des sensibilités à la douleur. La même excitation qui tout à l'heure donnait une sensation simple donnera, si elle s'exagère, une sensation douloureuse : en sorte qu'à un certain degré d'acuité toutes les sensibilités se confondent en une seule, qui retentit avec force et ébranle la conscience.

Il semble que, dans tous les cas, il y ait dans l'encéphale un *centre de la douleur*, centre dont le siége est encore mal déterminé, mais dont on connait les aboutissants. Ce sont les fibres qui vont à la partie postérieure de la capsule interne (Charcot. Türck), en sorte que cette partie étant lé-

sée, il n'y a plus de conduction des excitations périphéri-
ques.Ces fibres sont à la fois les conducteurs des impressions sensitives, tactiles, thermiques, musculaires et des
impressions douloureuses. Au delà, peut-être dans les lobes
occipitaux, il y aurait des centres distincts pour chaque
sensibilité spéciale. Le centre de la douleur serait profondément placé, et opposerait une grande résistance à l'excitation, à l'exemple de certains muscles ne se contractant
que sous l'influence d'excitations fortes ou répétées.

Est il besoin d'ajouter que nous n'attachons pas à cette
dernière hypothèse plus de valeur qu'elle n'en mérite, tant
qu'elle ne sera pas confirmée par des faits expérimentaux?

L'irradiation semble être une des conditions de la douleur. Une douleur très-forte ne reste jamais localisée, et,
retentissant sur l'organisme tout entier, semble augmenter
en étendue à mesure qu'elle augmente en intensité.

C'est avec l'excitation électrique qu'on en donne la démonstration la plus claire. Si on électrise la peau avec des
rhéophores terminés en pointe, il semblera qu'autour de
chaque pointe il y ait un cercle douloureux : à mesure qu'on
augmentera la force des courants, ce cercle paraîtra aller en
augmentant. De même, si on électrise par l'eau, les courants faibles paraîtront rester exactement localisés aux
surfaces excitées; mais pour peu qu'ils soient forts, l'ébranlement est rapporté à une bien plus grande étendue, et on
croit que l'excitation dépasse ses limites réelles, par
exemple va jusqu'au milieu du bras, si on n'excite que la
main.

Pour les douleurs consécutives à des irritations traumatiques, le fait est tout aussi évident : Weir Mitchell (1) dit que dans trois cas de névrite aiguë, il y eut en même temps aggravation en intensité et en étendue jusqu'à ce que la douleur, au lieu d'occuper seulement le nerf primitivement atteint, se fut propagée à toutes les branches du plexus correspondant. C..., blessé au bras, eut une névrite traumatique, et dès le second jour la douleur était venue retentir sur la cinquième paire dù même côté. Les muscles de la nuque étaient raidis et douloureux. Dans les métrites chroniques, la douleur lombaire est la règle, et non seulement la douleur lombaire, mais encore les névralgies sciatiques et crurales de toutes formes. Dans la colique hépatique, c'est la douleur de l'épaule droite, dans la colique néphrétique, la douleur du scrotum, dans les ulcères et les cancers de l'estomac, la douleur dorsale, et dans bien d'autres circonstances, une douleur plus ou moins irradiée qui retentit dans toute la sphère du nerf irrité. Axenfeld (2) a remarqué qu'il existait entre un viscère enflammé et la peau qui le recouvre une sympathie constante, et en effet c'est surtout dans les blessures des viscères innervés par le grand sympathique, que cette irradiation de la douleur est le plus manifeste. Le malade dont le péritoine était blessé, et dont nous parlions plus haut (3), ressentait une douleur atroce dans la région péritonéale. De là cette douleur allait en montant, disait-il, jusqu'au sternum, et gagnait l'épaule droite. Dans toutes les inflammations du péritoine ou de l'intestin, la douleur n'est jamais localisée, elle est rapportée par les patients à tout le ventre.

(1) *Loc. cit.*, p. 65.
(2) *Traité des névroses.*
(3) Voy. p. 296.

Dans les nerfs sensitifs de la vie animale et dans les névralgies, cette irradiation de la douleur semble être aussi la règle. Valleix (1) qui décrit cette forme sous le nom de névralgie *propagée par voie de continuité*, raconte qu'un malade, à la suite d'une contusion du trijumeau, eut une névralgie occipitale, puis cervico-brachiale, puis des nerfs thoraciques. Un autre malade à la suite d'une névralgie du trijumeau eut une névralgie du plexus cervical, puis des nerfs lombaires. Souvent ces propagations se font à distance. Persons a publié deux cas de névralgie du bras consécutive à une névralgie dentaire, et Castle a vu un cas analogue. L'extraction de la dent cariée a guéri la douleur du bras. Gairdner et Brown-Séquard (2) ont vu une névralgie du bras à la suite d'une blessure de la main qui s'est étendue à d'autres parties du corps. Graves (3) cite un cas dans lequel une piqûre de l'annulaire amena quelques jours après l'anesthésie du petit doigt. Evidemment cette anesthésie était la conséquence d'une névrite par irradiation.

Les phénomènes les plus intéressants de l'irradiation sont ces phénomènes sensitifs bizarres qu'on a appelés avec raison *synesthésies*, et qui ne sont autres que des irradiations à distance. Parmi les synesthésies, il en est qui sont normales, il en est d'autres qui sont pathologiques, et dont la cause semble due à une hyperesthésie de la moelle.

Parmi les synesthésies normales (4) une des plus vul-

<hr>

(1) *Loc. cit.* et Leclercq, Th. inaug. Paris, p. 35.

(2) *Leçons sur les vaso-moteurs.*

(3) *Clinical medicine*, t. I, p. 504.

(4) Voir R. Wagner. *Neurologische untersuchungen. Göttingen*, 1854, p. 181. — Bergmann et Leuckart. *Anat. comparée*, p. 506. — Brown Séquard. *Leçons sur les nerfs vaso-moteurs*, trad. franç. — Jensen. *Des perceptions doubles* (*Arch. für Psychiatrie*, t. IV, p. 547). — Gubler. *Bull. de la Soc. de biol.* 1877. et *Gaz. médic* 1877, n° 3.

gaires est cette sensation douloureuse qu'on éprouve dans les dents, par l'audition d'un son strident et aigu. C'est encore cette sensation de constriction dans les tempes par le contact de la glace avec la langue : chez les malheureux, à qui, pour une tumeur linguale, on est forcé de faire la section d'une portion de la langue avec l'écraseur, comme on ne les chloroforme pas, ils éprouvent des douleurs terribles qu'ils rapportent toujours à la région temporale. Deux fois j'ai été témoin de ce fait. Une troisième fois, j'ai vu, dans une staphylorrhaphie, le décollement du voile du palais causer des douleurs atroces dans cette même région temporale. Il est chez quelques personnes des points de la peau qui étant touchés provoquent une sensation tactile en un point très-éloigné. Le contact du voile du palais produit une sensation de nausée et d'anxiété au creux épigastrique. La titillation du conduit auditif externe amène une sensation de chatouillement dans la gorge et provoque la toux. La lumière vive cause une démangeaison dans les narines et l'éternument. etc.

Quant aux synesthésies pathologiques (1), elles sont plus fréquentes et plus explicables. Chez les ataxiques, le fait est, sinon fréquent, au moins quelquefois observé. M. Brodie (2) a vu un rétrécissement de l'urèthre accompagné de claudication et de douleurs dans les pieds, phénomènes qui disparurent après la dilatation de l'urèthre. Weir Mitchell (3) a vu le bâillement provoquer une douleur très-vive dans le moignon du bras gauche d'un amputé. Chez certains amputés de la cuisse, les efforts de

<hr>

(1) Vulpian. Art. *Moelle* du *Dict. encyclop.*, t. VIII, p. 519.
(2) Cité par Brown-Séquard. *Loc. cit.*
(3) *Loc. cit.*

défécation amenaient des douleurs dans le moignon. La miction provoquait aussi des douleurs très-vives. Bernhardt (1) a vu, après une blessure du nerf médian, la piqûre légère du petit doigt amener des douleurs très-vives au coude. (2)

Pour ma part, j'en ai vu un cas des plus nets et tout à fait analogue aux cas rapportés par Mitchell. C'était un malheureux homme, assez âgé, phthisique, et ayant, par suite d'une tuberculose génitale, une uréthro-cystite très-pénible. De plus il avait été amputé du bras gauche, et son moignon était extrêmement douloureux ; le pauvre homme souffrait cruellement, chaque fois qu'il urinait ; et l'urine en passant dans l'urèthre enflammé, déterminait une atroce douleur dans son moignon. Bien que les souffrances qu'il endurait depuis près de deux ans eussent altéré son caractère qui était devenu intolérable, il consentait à me dire comment il souffrait, et il m'a raconté que chaque fois qu'il urinait, il souffrait « des lances de feu » dans son moignon. A plusieurs reprises il m'a confirmé le même fait. C'est là un exemple typique de synesthésie, et l'explication complètement satisfaisante est encore à trouver. Car je ne crois pas admissible qu'on puisse rattacher aux synesthésies les sensations subjectives éprouvées par les amputés dans leur moignon. (3)

Les douleurs que les malades atteints de la pierre ressentent au méat urinaire sont aussi des synesthésies, mais qui ne sont pas tout à fait comparables à celles que nous venons de mentionner. En effet dans les vraies synesthé-

(1) *Neuropathische Beobachtungen. Berl. Klin. Wochensblatt*, 1875.
(2) Voy. aussi Gayet. *Lyon méd.*, juin 1870.
(3) Diculafoy. Th. d'agrég., 1875, p. 33.

sies il y a deux sensations simultanées, perçues par une seule excitation en deux points différents, éloignés l'un de l'autre, et n'ayant pas de rapports anatomiques immédiats. Au contraire, dans la douleur du méat, il y a une excitation viscérale rapportée à une muqueuse voisine. C'est plutôt une illusion perceptive qu'une synesthésie : et c'est quelque chose d'analogue à ce que nous avons appelé le périphérisme. Selon Brown-Séquard ces synesthésies seraient dues à une hypéresthésie spinale.

Une autre modification intéressante de sensibilité à la douleur, c'est celle que Charcot a nommée dysesthésie ; c'est surtout chez les ataxiques qu'on a rencontré ce phénomène : mais on le trouve aussi chez les malades frappés d'une hémorrhagie cérébrale.(1) La malade de Veyssières sentait à peine les pincements les plus énergiques, elle les rapportait à la racine du membre exploré (2). Une malade de Vulpian, atteinte d'hémorrhagie cérébrale, quand on lui pinçait le membre inférieur, souffrait d'un sentiment général de malaise, ayant pour point de départ une sensation pénible à l'oreille. Une autre malade ne sentait d'abord pas une brûlure, c'était un simple contact qui se transformait en une vive et vague douleur (3). A la Salpétrière, j'ai souvent observé des faits semblables. Des malades ne sentent presque pas de douleur au pincement, mais quand on met une boule d'eau chaude sur la jambe, elles ont une sensation pénible, et ne sauraient dire à quelle cause il faut l'attribuer. Chez presque tous les ata-

(1) *Arch. de physiol.* 1873. t. V, p. 722
(2) Veyssières. Th. inaug., p. 16.
(3) *Loc. cit.*, p. 46.

xiques on rencontre des phénomènes analogues plus ou moins marqués, et toujours assez difficiles à constater.

Un autre caractère de la douleur, caractère très-important, et qui domine presque tous les autres au point de vue clinique, c'est l'intermittence.

En étudiant la sensibilité normale nous avons vu qu'une excitation continue et égale déterminait des sensations allant en croissant d'abord, puis ensuite en décroissant graduellement, mais qu'il suffisait d'une interruption très-légère pour laisser revenir rapidement cette sensibilité. (1) De fait, dans les douleurs pathologiques, l'excitation n'est jamais égale et jamais continue, et la multiplicité des causes apporte à l'excitation des modifications incessantes. Pour la douleur consécutive aux plaies et aux opérations, que M. Verneuil propose avec tant de raison d'appeler douleur traumatique, les pansements, les médicaments internes, les complications internes, les complications de la plaie changent tellement les conditions de l'excitation qu'il n'y a pas lieu de s'étonner que la douleur soit dans ces cas là toujours intermittente.

Même lorsque l'irritation est constante, il y a intermittence dans les effets : si une cause permanente agit sur un nerf, la perception sera alternativement douloureuse et non douloureuse. Ainsi les corps étrangers des voies aériennes et de l'œsophage, quoiqu'il soit nécessaire de les regarder comme une cause irritative permanente, produisent des alternatives de spasme avec douleur et de repos

---

(1) L'intermittence dans les phénomènes sensitifs, pour la vue, a été constatée par Helmholtz (*Opt. physiol.*, p. 365. Leipzig, 1867), et pour l'ouïe, par Urbanschitsch (*Centralblatt*. 1875. p. 625).

relatif. Les anévrysmes de l'aorte, les tumeurs qui com
priment les nerfs, agissent de la même manière.

Cette intermittence a une durée très-variable ; tantôt
l'intervalle est très-court, tantôt il est très-long. J'ai observé un malade atteint de lymphosarcôme du cou (salle
Saint-Louis, n° 30) chez qui les nerfs du plexus cervical
étaient soit comprimés, soit envahis par la tumeur. Trois
ou quatre fois par jour, le malheureux était pris d'accès de
douleur épouvantable. Il se dressait sur son lit, poussait
des gémissements, et avait une anxiété respiratoire intense qu'il est permis de rattacher à une lésion du pneumogastrique. Puis au bout de quelques minutes, tous ces
symptômes se calmaient, et il restait dans un état de prostration morne et de frayeur dans l'attente d'un nouvel accès.

Même dans les inflammations simples, la douleur n'est
pas continue. Un de mes amis est sujet à avoir des furon-
cles très-douloureux : quoique'il n'ait jamais eu de fièvre
intermittente, à une époque déterminée de la journée, généralement vers le soir, il est pris de crises douloureuses,
avec hypéresthésie de toute la région voisine, et une exal-
tation générale de la sensibilité, qui est des plus pénibles.
Le sulfate de quinine associé à la morphine a triomphé de
ces symptômes.

Il en est de même pour la douleur traumatique (1), qui
est tantôt intermittente franchement, tantôt seulement
périodique, tantôt rémittente. Ainsi, dans les brûlures
étendues, la douleur ne cesse jamais complétement, mais

(1) Verneuil. *Des névralgies traumatiques secondaires précoces* (*Arch.
gén. de méd.*, nov. et déc. 1874).

quelquefois elle reparait plus vive à certains moments.
J'ai vu un malade atteint de brûlure considérable du dos
par la vapeur, qui souffrait modérément dans la journée,
et qui, toutes les nuits, vers une heure du matin, était
pris de douleurs très-vives et d'insomnie. Mon père cite
le cas d'un jeune homme blessé par une balle, laquelle,
ayant brisé l'os iliaque, avait envoyé une esquille dans le
nerf crural. La névrite de ce nerf donnait lieu à d'atroces
douleurs qui revenaient par accès de quelques minutes
trois ou quatre fois par jour. (1)

Cette intermittence dans les excitations douloureuses
est la règle; et les auteurs en citent des cas nombreux.
Burdel (de Vierzon) rapporte qu'un calcul bronchique
donna lieu à des phénomènes absolument identiques à
ceux de l'intoxication palustre, et qui cessèrent après le
rejet de ce calcul. Trousseau (2) cite plusieurs exemples
d'affections organiques, de cancers de l'utérus, par exemple, où la douleur survenait régulièrement à la même heure.
Dans un cas, ces douleurs retardaient d'une demi-heure
tous les jours, absolument comme certaines fièvres intermittentes anormales.

Dans bien d'autres circonstances, une excitation prolongée et constante donne lieu à des phénomènes intermittents. Des abcès (3), des orchites (4) et spécialement le
passage d'une sonde dans l'urèthre ont donné lieu à

(1) *Anat. méd. chir.*, 4e édit., p. 266.
(2) *Clinique médicale*, 1868, t. II, p. 386.
(3) Griffin. *London med. Gaz.*, 1836, t. XIX, p. 104
(4) Simon. *Med. Zeit.*, 1834, 3e année, p. 201

des affections périodiques qui simulaient à s'y méprendre l'intoxication paludique. La migraine, l'asthme, le hoquet même (1) sont quelquefois intermittents. L'insomnie peut prendre aussi la forme périodique : à certaines heures de la nuit, et toujours les mêmes, surviennent une agitation, une anxiété dont on ne peut se rendre maître : sans qu'il y ait de douleurs ou de fièvre, il y a un véritable accès d'insomnie aussi pénible qu'une maladie. C'est presque une affection pathologique, laquelle est connue plutôt que décrite par les médecins, et souvent appelée par eux, mal à propos d'ailleurs, fièvre nerveuse.

Nous devons ajouter que les lésions de certains viscères paraissent prédisposer à l'intermittence (2).

Aussi ne faut-il pas en présence d'une douleur intermittente, liée soit à une névralgie, soit à une tumeur, soit à une inflammation, admettre sans autres preuves l'existence d'une intoxication paludéenne, comme Jolly a essayé de le faire (3). L'intermittence est due à la perte de l'excitabilité nerveuse par épuisement. Le système nerveux, soit central, soit périphérique, ne peut pas être constamment excitable, quoique l'excitation soit constante. La conséquence est donc un temps d'arrêt, un repos dans la fonction nerveuse comme il y a un repos musculaire après chaque systole du cœur et un repos de toutes les fonctions animales, c'est-à-dire le sommeil, après l'état de veille.

D'ailleurs la fièvre intermittente elle-même ne doit son

(1) Trousseau. *Loc. cit.*, t. III, p. 442.

(2) Grasset. *Cancer de la rate*. Th. Montpellier, 1874, p. 57. — Charcot. *Leçons sur les maladies des vieillards*, p. 24.

(3) *Nouv. biblioth. médic.* juin 1827, t. II et nov. 1828.

caractère d'intermittence qu'au système nerveux, qui réagit à certaines heures fixes et périodiques. L'infection du sang par le miasme paludéen ne disparait pas à certains moments pour reparaître à d'autres. Le sang est constamment infecté, et si les phénomènes d'empoisonnement ne se manifestent que par accès, c'est parce que les effets s'accumulant dans le système nerveux produisent une sorte de décharge finale, qui dure un certain temps pour reparaître le lendemain à la même heure, après l'accumulation d'une nouvelle série d'excitations.

En cela le système nerveux suit toujours la même loi : ce sont toujours des excitations faibles accumulées finissant par produire un effet tardif. Rien ne serait plus intéressant à étudier d'une façon complète que cette question de l'intermittence dans les phénomènes nerveux. Malheureusement, si les documents sont assez nombreux, le travail nécessaire pour les résumer et les coordonner n'a pas été fait.

En tout cas, ce qu'on sait, c'est que les narcotiques associés au sulfate de quinine agissent merveilleusement contre ces manifestations intermittentes de la douleur. C'est un fait remarquable sur lequel mon père et M. Verneuil insistent à chaque instant dans leurs leçons cliniques. Je ne crois pas avoir vu une seule de ces douleurs intermittentes résister à l'action thérapeutique du sulfate de quinine, surtout si on prend soin de l'associer à la morphine et de faire précéder le traitement par l'administration d'un purgatif, ou d'un émèto-cathartique, selon le vieux précepte des médecins du siècle dernier.

§ VI.

Des différentes variétés de douleurs.

On pourrait faire des diverses douleurs deux groupes très-différents selon que la cause est périphérique et centrale.

Les douleurs périphériques sont tantôt spontanées, tantôt traumatiques. Tout ce que nous avons dit jusqu'ici se rapporte aux douleurs périphériques.

Quant aux douleurs centrales, on peut envisager aussi celles qui sont traumatiques, et celles qui sont spontanées.

Le traumatisme des centres nerveux produit-il de la douleur? Autrement dit les centres nerveux sont-ils directement excitables. C'est un point de physiologie qui est loin d'être suffisamment éclairci à l'heure actuelle.

D'abord l'excitation directe des hémisphères cérébraux, de la substance grise des circonvolutions comme des parties blanches sous-jacentes, ne provoque aucune réaction douloureuse. (1) Cette insensibilité des parties qui constituent l'encéphale est complète pour le cerveau et le cervelet. Les corps striés sont inexcitables, d'après Longet (2), comme aussi les couches optiques. Toutefois ce dernier résultat mériterait d'être contrôlé, car il n'est pas en rapport avec les expériences récentes de Veyssières, et l'opi-

---

(1) Flourens. *Recherches sur les propriétés et les fonctions du système nerveux.* Paris. 1824.

(2) *Traité de physiologie,* t. III, p. 394 et p. 391.

nion de Luys (1) qui en fait le siège du sensorium commun.

Dans le mésocéphale au contraire, la sensibilité est très-développée. Les pédoncules cérébelleux inférieurs moyens et supérieurs sont sensibles : la protubérance annulaire surtout, parait, lorsqu'elle est excitée, produire de vives douleurs. Selon Vulpian, elle serait le siége de la douleur et le centre commun des perceptions douloureuses. Le cri déterminé par la dilacération et les excitations mécaniques de cette portion de l'encéphale, ne serait pas un cri réflexe, mais un cri de douleur, ou plutôt une série de cris et de gémissements plaintifs indiquant une perception douloureuse consciente et prolongée (2).

Quant au bulbe même, il est encore douteux d'après Brown-Séquard (3), que les cordons postérieurs soient sensibles, quoique Longet (4) ait affirmé le contraire, et que Vulpian (5) ait appuyé l'opinion de Longet. Quant aux pyramides antérieures, elles sont peut-être excitables (Vulpian). Les pyramides postérieures sont très-sensibles.

Quoi qu'il en soit, il faut distinguer la substance grise de la substance blanche. La substance grise n'est jamais excitable par les agents mécaniques. C'est un point que Flourens et Longet ont parfaitement mis en lumière. La substance grise ne peut sentir que par l'excitation de la substance blanche ou des nerfs qui sont en rapport

---

(1) *Recherches sur le syst. nerveux*, p. 342.
(2) Vulpian. *Leçons sur le syst. nerveux*, p. 540.
(3) *Journ. de la physiol.*, 1858, p. 217.
(4) *Loc. cit.*, p. 377.
(5) *Loc. cit.*

avec elle. Quelques auteurs cependant, Stilling (1), Ala-
doff (2) et Cyon, par exemple, pensent que la substance
grise est directement excitable.

Il en est peut-être autrement de la substance blanche :
mais quoique la question paraisse fort simple, elle est loin
d'être encore éclaircie. En effet la douleur peut tenir à l'excitabilité des racines nerveuses rachidiennes qui traversent
la moelle. Les célèbres expériences de Van-Deen (3) avaient
semblé décider la question sans appel. Van-Deen, après
avoir coupé les racines postérieures, excitait avec des courants faibles les cordons postérieurs, en ayant soin que
l'excitation ne fût pas assez forte pour dériver vers les
racines antérieures ; or, dans ces conditions, il n'y avait ni
mouvement ni douleur, et il en conclut que la substance
blanche de la moelle n'était pas directement excitable ; ces
expériences ont été par différents auteurs, tantôt infirmées (Fick. Engelken), tantôt confirmées, (Guttmann,
Mayer, Huizinga). Chauveau (4), en expérimentant sur des
solipèdes, a appuyé en partie l'opinion de Van-Deen par
des expériences intéressantes. Il a vu que les cordons antérieurs étaient inexcitables, ce que Van-Deen admettait
mais, contrairement à cet auteur, que les cordons postérieurs étaient excitables. Ainsi à l'heure présente la question n'est pas encore résolue.

Toutefois, au point de vue pathologique, cette inexcitabi-
lité de la moelle ne saurait être regardée comme un fait

---

(1) *Untersuch. uber die functionen des Rückenmarks.* Leipzig, 1842.
(2) *Bull. de l'Acad. des sciences de Saint-Pétersbourg*, 1870, t. XV
p. 15.
(3) *Froriep's notizen*, 1843, p. 323.
(4) *Journ. de Brown-Séquard*, 1861. p. 29.

avéré. En effet, dans les myélites, soit aiguës, soit chroniques, il y a un cortége terrible de sensations douloureuses. Peut-être la moelle enflammée est-elle excitable quand la moelle saine ne l'est pas ? Peut-être l'inflammation porte-t-elle aussi bien sur les racines postérieures que sur les cordons postérieurs ? En tout cas, il est certain que dans les myélites, il y a des douleurs intenses, prenant toutes les formes, et plus spécialement la forme fulgurante, comme si des étincelles, des éclairs traversaient un membre, comparables à une secousse électrique plus ou moins violente.

Quant à l'excitabilité du cerveau, elle paraît à peu près nulle. Si, dans l'encéphalite, on rencontre quelquefois des douleurs très-vives, la cause en est probablement dans la méningite qui complique presque toujours les inflammations du cerveau.

La douleur d'origine périphérique a un aspect tout différent.

Deux cas peuvent se présenter selon que l'excitation vient des organes innervés par le grand sympathique, ou des organes innervés par les nerfs rachidiens, en somme des viscères d'une part, et d'autre part de la peau et des membres.

La douleur qui vient du grand sympathique a deux caractères principaux, sa diffusion, et l'anxiété générale qui l'accompagne.

Pour la douleur venant du grand sympathique, nous pourrions prendre de nombreux exemples, la colique hépatique, la colique néphrétique, les plaies du péritoine, de l'intestin, l'angine de poitrine, l'ulcère de l'estomac, les contractions de l'utérus dans l'accouchement, l'étranglement interne, etc.; or, dans les douleurs de l'étranglement interne, que nous pouvons considérer comme types de douleurs venant du grand sympathique, la douleur s'irradie à tout l'abdomen. Elle est atroce, déchirante, mais malgré son extrème acuité, il est impossible au malade de préciser l'endroit où il souffre. Tout le ventre est devenu sensible. La peau du ventre même est hyperesthésiée : enfin la douleur monte jusqu'à l'épaule et à la région sternale : en un mot, la douleur de l'intestin est aussi vague que les sensations tactiles perçues par l'intestin, et tout le système ganglionnaire abdominal sensitif semble prendre part à l'irritation d'un seul de ses filets. Ainsi, intensité, irradiation, obscurité de la sensation douloureuse, tels sont les premiers caractères de cette douleur, caractères qu'on peut résumer en un seul : la *diffusion*.

Cette diffusion de la douleur qui vient du grand sympathique se montre très-nettement aussi dans la péricardite. Selon Wertheimer (1), il y aurait deux causes à la douleur, la névralgie phrénique et la douleur résultant de l'inflammation du péricarde. Cette dernière est diffuse, obscure, et s'accompagne d'une grande anxiété précordiale.

Le second caractère, c'est l'anxiété et l'angoisse. Nonseulement le patient souffre, mais il a une sensation indescriptible que l'on ne peut mieux exprimer que par le mot d'angoisse. Il semble, suivant l'expression d'un ancien auteur, que les *opérations de la nature soient suspendues*. Cette excitation sensitive agit avec une telle énergie sur les centres récepteurs que la sensibilité

(1) Th. de Paris, 1876. *De la douleur dans la péricardite.*

générale est presque anéantie et que tout effort de volonté
ou de courage est impossible. L'individu est dans une
dépression profonde dont rien ne peut le tirer. Toutes les
excitations douloureuses des viscères innervés par le grand
sympathique ou le pneumogastrique, qui, à certains égards,
ressemble au grand sympathique, amènent le même résultat : une anxiété extrême suivie d'une dépression plus ou
moins complète des forces morales et physiques.

D'ailleurs la douleur venant du grand sympathique a
aussi le caractère d'intermittence très-nettement accentué,
plus nettement peut-être que pour les douleurs venant de
l'excitabilité des autres nerfs. (1).

La douleur qui a son point de départ dans l'irritation
des nerfs de la sensibilité générale a des caractères que
nous avons étudiés plus haut, et n'offre rien de spécial. Les
inflammations, les névralgies, les traumatismes, soit acci-
dentels, soit opératoires, en sont la cause la plus ordinaire.
Ainsi que M. Verneuil le fait remarquer avec raison (2),
la douleur traumatique est un phénomène des plus importants, et qui devrait être étudié tout comme l'hémorrhagie traumatique. Il distingue la douleur traumatique primitive, c'est-à-dire celle qui suit immédiatement la blessure, et la douleur traumatique secondaire qui peut être
regardée comme une véritable névralgie. C'était une question qu'il m'avait conseillé d'étudier avec détail. Mais
malheureusement je me suis laissé entraîner à essayer de
remplir un cadre beaucoup trop vaste, et je ne pourrai

(1) Durget. Th. inaug., 1846, p. 6 et suiv.
(2) *Des névralgies traumatiques secondaires précoces* (**Arch. gén. de
méd.,** nov. 1874).

Richet.   21

traiter la douleur traumatique avec tous les développe-
ments qu'elle comporte.

Un premier point qui frappe tout d'abord dans les phénomènes primitifs du traumatisme, c'est que la douleur
n'est pas en rapport avec l'étendue et la gravité de la blessure. Une légère brûlure avec de l'eau un peu chaude fait
plus souffrir au début qu'une fracture de cuisse par une
balle. La balle peut détruire de gros troncs nerveux, c'est à
peine si le blessé ressent autre chose qu'un *coup de bâton*.
Weir Mitchell qui insiste sur ce fait (1), dit que les soldats
inactifs blessés ressentent plus de douleur que les soldats
engagés dans la mêlée. Il dit même que sur 56 cas de
blessure de nerfs qu'il a observés, dans deux cas seulement il y a eu douleur aiguë. Il cite plusieurs observations (2), et entre autres celle de ce charpentier (3), qui à la
bataille de Bull-Run, pendant qu'il chargeait son fusil,
reçut une balle qui lui déchira au niveau du coude le médian et le cubital. Il pensa qu'un camarade venait de le
frapper par manière de plaisanterie. En même temps les
doigts de la main se fléchirent avec force et serrèrent le
fusil et la baguette. Les douleurs ne commencèrent que le
second jour.

Larrey raconte qu'un soldat, ayant la cuisse emportée
par un boulet, tomba par terre, et s'imagina qu'il avait mis
le pied dans un trou.

Les broiements et dilacérations de membres par des ma-
chines et des engrenages passent aussi quelquefois presque

(1) *Loc. cit.*, p. 153.
(2) Obs. XXXVIII, p. 237, obs. XXXV, p. 207.
(3) P. 324.

inaperçus. J'ai vu un garçon de seize ans dont le pouce avait été pris dans une machine et qui ne fut averti de sa blessure que parce qu'il se sentait le bras attiré : ce n'est qu'un quart d'heure après qu'il commença à souffrir. Mon père a eu récemment à l'Hôtel-Dieu un employé de la pharmacie centrale, qui eut aussi la main attirée dans un engrenage. Il se sentit le bras tiré en avant et, comme il ne souffrait pas, il s'arcbouta sur la machine et retira avec force sa main à moitié broyée.

Récemment j'ai vu à la Pitié un cas assez rare, je pense, dans nos climats, de blessure par un tigre. Un audacieux, en se promenant au Jardin des Plantes devant la cage du tigre royal, eut l'imprudence de lui caresser la patte qui dépassait les barreaux. En un clin d'œil l'animal avait saisi entre ses deux griffes la main de l'homme ; celui-ci fut pris d'une vive terreur, mais n'éprouva pas de souffrances : il fit un violent effort et retira sa main lacérée et ensanglantée. Il ne commença à souffrir qu'une demi-heure après, quand il eut lavé sa plaie. Un autre malade eut la main broyée par un pilon de forge : mais ce violent traumatisme fut à peine douloureux, c'était, me dit-il, comme s'il avait été *un peu pincé*.

On a cherché à expliquer ces faits, et on a écrit en anglais le mot français de choc (shock), comme si cette transformation était une explication péremptoire. En somme, dire qu'un choc violent suspend l'action nerveuse au lieu de la mettre en jeu, c'est dire qu'on n'a aucune explication plausible à donner. Il n'en est pas moins vrai que le fait subsiste et qu'il est nécessaire de le connaître.

Il faut rapprocher aussi de ces faits ces brûlures intenses, qui ne déterminent pas de douleur immédiate. Les auteurs du Compendium citent le fait d'un homme qui mettant le pied dans un ruisseau de fonte en fusion, ne sentit rien du tout, et retira sans aucune douleur son pied complètement calciné.

Dans la plupart des cas de plaie, la douleur est très-vive, et elle va en croissant pendant quelques minutes, puis quand elle a atteint son maximum d'intensité, elle va en décroissant régulièrement pendant plusieurs heures, et quoiqu'il y ait, selon la constitution des malades, de nombreuses exceptions, elle a à peu près complètement disparu au bout de quatre à six heures ; il ne reste plus qu'un vague sentiment de tension et de pesanteur.

S'il ne survient pas de complications, c'en est fait de la douleur, et elle ne revient plus. De même qu'une hémorrhagie primitive, lorsqu'elle a été une fois arrêtée, n'est pas suivie d'une autre hémorrhagie, de même la douleur primitive n'est généralement pas suivie d'une douleur secondaire. Cependant dans un grand nombre de cas la douleur secondaire apparaît, soit le deuxième, soit le troisième jour, soit même quelques jours plus tard (1). J'ai vu dans un cas le retour des règles, dans un autre cas la perturbation de l'état atmosphérique par un violent orage être la cause directe de cette douleur secondaire. Quelquefois c'est une émotion morale, la fatigue, une imprudence qui permet l'impression du froid sur la plaie, un effort musculaire exagéré : cependant bien souvent il est impossible de lui assigner une autre cause qu'un état diathésique du malade, état encore inconnu et que nous ne pou-

____

(1) Voy. le Mémoire de Verneuil (*Arch. gén. de méd.*, nov. 1874).

vons guère expliquer d'une manière satisfaisante. Une malade de M. Verneuil, opérée à plusieurs reprises d'une tumeur récidivante de l'aine, chaque fois qu'elle est opérée, éprouve des douleurs très-vives vers le troisième ou le quatrième jour. M. Verneuil en parle dans son mémoire de 1874 (Obs. ii). Je l'ai revue cette année à la Pitié : elle a été opérée de nouveau et a eu encore une névralgie secondaire.

Comme toutes les autres douleurs, ces douleurs sont intermittentes et spécialement nocturnes. A quoi faut-il attribuer cette prédilection des douleurs, quelle qu'en soit la cause, pour les dernières heures de la nuit? Tous les médecins ont reconnu, et cherché sans succès à l'expliquer, que la douleur apparaissait en général vers onze heures ou minuit et disparaissait aux premières lueurs de l'aube.

Une malade (Salle St-Augustin n° 7), amputée à la partie inférieure de la jambe, fut mise dans le pansement ouaté. Le premier jour elle souffrit peu, mais cinq jours après l'opération, elle fut prise de douleurs très-vives, d'élancements qui l'auraient fait crier, si elle ne s'était retenue, et qui revenaient toutes les nuits à la même heure. Pourtant elle n'avait ni tubercules, ni fièvres intermittentes, ni syphilis.

Nous nous sommes déjà expliqué sur le phénomène de l'intermittence : quant à la *nocturnité* des douleurs, peut-être est-il rationnel de l'attribuer à l'absence de causes de distraction, à la solitude, et au silence, qui font que le malade a tout loisir pour songer à son mal et y tourner toute sa sensibilité.

Enfin, je mentionnerai un dernier point très-important; c'est que la fièvre traumatique simple, si elle n'est compliquée ni d'érysipèle, ni de lymphangite, n'amène pas de retentissement douloureux dans la plaie.

Au contraire, la pyohémie grave est accompagnée quelquefois de vives douleurs. Toutefois il faut faire une restriction très-importante. Les septicémies aiguës, rapidement infectieuses, abolissent complètement la sensibilité, et jettent promptement le malade dans une sorte de prostration typhique, qui le rend insensible à toutes les irritations extérieures. De même les alcooliques n'ont pas de douleurs après un traumatisme. Ils sont dans une sorte de béatitude bête, disant toujours que tout va bien, en dépit des complications, phlegmons, érysipèles, abcès qui surviennent dans leurs blessures. Aussi dans des cas semblables importe-t-il de réserver toujours le pronostic, et de se méfier de l'absence complète de douleurs et de la satisfaction exagérée du malade.

D'ailleurs, pour bien comprendre la douleur traumatique simple, rien ne vaut la lecture des observations d'opérations. Presque toujours, quand l'observation est complète, la douleur se trouve mentionnée et décrite. Je vais me contenter de résumer deux ou trois observations qu'on peut considérer comme des types.

R..., (Salle St-Augustin n° 3), amputée du sein pour une tumeur cancéreuse, après le chloroforme, a des douleurs très-vives, des élancements et une sensation douloureuse qu'elle compare à de l'eau bouillante. Cette douleur disparaît au bout de trois heures, et cesse à peu près complètement. Le lendemain elle a une température de 38.4; le surlendemain de 39,2; mais n'eprouve aucune autre douleur que des picotements pendant le pansement à l'acide phénique.

X.., (Salle St-Louis n° 29), châtré pour un sarcôme du testicule, éprouve des élancements très-vifs pendant deux heures après l'opération. Le soir (douleur traumatique secondaire précoce), il souffre beaucoup dans la cuisse du côté droit (1). Le cordon est endolori et très-sensible au toucher. Le lendemain survient la fièvre traumatique, mais les douleurs ont cessé. L'endolorissement du cordon persiste cependant et ne disparaît qu'au bout de six jours.

X..., (Salle St-Augustin n° 17), opérée d'un myxôme de la main et anesthésiée localement par l'anémie combinée à la réfrigération, souffre à peine deux heures. Le lendemain elle ne souffre pas, mais le soir elle voit revenir ses règles et dans la nuit souffre extrêmement : il lui semble que « les chiens la rongent. » La douleur s'irradie dans le bras qui est très-douloureux. Le lendemain matin la douleur a à peu près disparu, mais reparait le soir vers six heures, et est arrêtée immédiatement par une injection sous-cutanée de morphine. Le surlendemain la morphine est moins active. Au bout de quelques jours la morphine, associée au sulfate de quinine, a dissipé la névralgie.

Ainsi, en dehors de toute cause pathologique, telle que l'anhémie, la congestion, la névralgie d'un nerf, la douleur est provoquée par des agents mécaniques ou chimiques qui détruisent le tissu nerveux ; mais à toutes ces causes de douleurs, il faut en ajouter une autre, encore des plus obscures. Je veux parler de la douleur musculaire, phéno-

---

(1) Weir Mitchell, *loc. cit.*, p. 149, décrit avec précision une région de la cuisse dans laquelle s'irradie toujours la douleur du testicule. C'est une sorte de synesthésie pathologique constante.

mène dont nous ignorons à peu près absolument la cause intime. Les recherches nombreuses des physiologistes nous ont appris qu'un muscle en se contractant (1), avait une température plus élevée par suite des combustions qui s'opèrent dans l'intimité de ses tissus. Selon Ranke, il se ferait de l'acide lactique (sarcolactique), et on a pensé que c'était cet acide lactique qui produisait la sensation de fatigue musculaire en excitant directement les extrémités terminales des nerfs sensibles des muscles (2). On a même essayé expérimentalement de produire la sensation de fatigue en injectant de l'acide lactique dans les artères musculaires. Mais si l'on est arrivé à amener la parésie ou la paralysie musculaire, il me paraît impossible de savoir si on a réellement produit cette douleur spéciale qui est la conséquence de l'exercice prolongé d'un muscle. Tout récemment Preyer en faisant (3) prendre à des malades du lactate de sodium, ou en leur injectant de légères doses de ce sel dans le tissu cellulaire, a, paraît-il, produit chez eux un état analogue au sommeil naturel.

Nous avouerons toutefois que la théorie de la douleur musculaire produite par l'accumulation de l'acide lactique est loin de nous satisfaire. Que se passe-t-il en effet quand un muscle est fatigué par suite de contractions répétées ? La contraction devient impossible, presque dou-

---

(1) V. Cl. Bernard. *Revue scientif.*, 1871-72, p. 1064 et suiv.

(2) Voir Sachs. *Des nerfs sensibles des muscles* (*Arch. für An. u. Phys. de Reichert*, 1875. — Volkmann. *Arch. für An. u. Phys.* 1860, p. 705.

(3) *Schlaff durch Ermüdungstoff hervorgerufen* (*Centralblatt*, 1875, p. 377).

loureuse. Mais à l'état de repos il n'y a pas de douleur immédiate.

La douleur survient plus tard. En effet, après un exercice du corps qui nécessite le fonctionnement exagéré de certains groupes musculaires qui restent en général plus ou moins inactifs, après le patin, l'escrime, l'équitation, etc., on n'éprouve aucune douleur musculaire, mais vingt-quatre et quarante-huit heures après, et même souvent plus, tous les muscles qui ont fonctionné à l'excès sont devenus comme des cordes douloureuses, très-sensibles au toucher, et dont toute contraction exagère la sensibilité. Que pensent de ce fait les partisans de l'acide lactique, et reste-t-il encore dans un muscle des traces de l'acide lactique qu'il a produit soixante-douze heures auparavant?

En somme cette douleur produite par la fatigue, analogue en tout point, ainsi que je le sais trop bien par ma propre expérience, au rhumatisme musculaire, est un phénomène encore inexpliqué, et auquel je ne puis rien trouver d'analogue. Il est tout aussi inconnu que les autres manifestations de la sensibilité musculaire.

Il est encore un autre phénomène douloureux propre au muscle, et qui se manifeste dans certaines conditions, je veux parler de la douleur dans les contractures et dans les crampes.

M. le professeur Gubler (1), qui a fait sur ce sujet un travail très-important, admet qu'une excitation motrice

(1) *Journ. de thérap.*, 1875. *De la cinésialgie, passim.* Voy. aussi la note que j'ai publiée dans la *France médicale*, 1874, *Traitement du tour de reins par l'électricité.*

partant des centres pour aller à la périphérie, si elle est plus intense que le mouvement produit, peut se réfléchir par les nerfs sensitifs de la périphérie vers les centres, en provoquant de la douleur. Cette hypothèse est très-ingénieuse : elle est peut-être vraie, mais elle n'est pas assez solidement démontrée pour qu'on puisse l'accepter sans faire de grandes réserves.

En tout cas, cette contracture, ce spasme des muscles, soit passager, soit continu, portant sur les muscles à fibres lisses ou les muscles à fibres striées, joue un grand rôle dans la plupart des phénomènes douloureux. Les plaies des sphincters orbiculaires des paupières, des lèvres, de l'anus, etc., et les gerçures du mamelon ne sont si douloureuses que parce qu'à la douleur traumatique vient s'ajouter la contraction des muscles qui entourent la plaie. Il est très-vraisemblable que dans les coliques soit néphrétiques, soit hépatiques, le spasme des vaisseaux biliaires ou des uretères ne soit pour une grande part dans l'intensité des phénomènes douloureux.

Pendant l'accouchement, les *douleurs* sont surtout produites par les contractions utérines. Dans les fractures, la contraction musculaire augmente singulièrement la souffrance des malades, pour les fractures de côtes principalement, et plusieurs fois j'ai calmé les douleurs des malades par l'électrisation des parois thoraciques au niveau de la fracture. Lorsqu'il n'y a pas de fracture et que toute la douleur est la contracture, comme dans cette affection dont la cause anatomique est ignorée et qu'on appelle vulgairement tour-de-reins, l'électricité est un moyen héroïque qui guérit presque instantanément ; le seul symptôme de cette affection paraissant être la douleur.

C'est probablement à la contracture de l'iris qu'il faut rattacher le phénomène si pénible de la photophobie. Certains auteurs, et en particulier Velpeau, attribuent la photophobie au contact irritant de l'air sur des ulcérations superficielles de la cornée. Mais comme, dans beaucoup de cas, il n'y a pas d'ulcération, comme aussi le contact de l'air, s'il n'y a pas de lumière, ne produit pas de douleur, il est probable que la vraie cause de la douleur est la lumière. Or la lumière n'agit très-vraisemblablement que sur la rétine et de là, par un réflexe très-direct, sur l'iris et le muscle ciliaire. Cependant cette explication n'est pas encore bien satisfaisante puisqu'il y a photophobie même sans iritis, simplement lorsqu'un corps étranger de très-petit volume est en contact avec la cornée. Je crois donc qu'il est permis de dire d'une part que la cause ultime de la douleur musculaire est encore inconnue ; et d'autre part qu'il serait nécessaire de mieux étudier la photophobie pour en donner une théorie plausible (1). L'irritation des nerfs de la cornée par la lumière (Cl. Bernard) semble être encore l'opinion la plus vraisemblable (2), quoique ce soit le seul exemple encore connu de nerfs périphériques de la sensibilité générale influencés par les rayons lumineux.

Je ne dirai que quelques mots du chatouillement et de la démangeaison qui, à mon sens, ne sont que des modifications particulières de la douleur.

Brown-Séquard (3) a tenté de faire du chatouillement

(1) L'hypothèse de Rabuteau (*Bull. de la Soc. de biol.*, 1874, p. 238) n'explique rien au point de vue physiologique.

(2) Legrand. Th. inaug. Paris, 1875. *Physiologie de la Ve paire crânienne.*

(3) *Journ. de la physiol.*, t. VI, p. 611.

(pallesthésie) une sensibilité spéciale. A ce compte, il faudrait en faire une aussi pour la démangeaison, qui ressemble au chatouillement à ce point, que souvent ces deux sensibilités se confondent, et que l'analyse physiologique a une certaine peine à les séparer.

Bien plus, ces deux sensibilités, par une série de gradations imperceptibles, se confondent avec l'algesthésie : un chatouillement très-fort est une vraie douleur, et une démangeaison très-forte cause une irritation insupportable. En ce moment, à la Pitié, je vois un malade atteint d'ostéite du pied avec fistule. Aux bords de la plaie, il éprouve, dit-il, une douleur extrême : tantôt c'est une cuisson, tantôt un *grattement*, tantôt une démangeaison, tantôt un chatouillenent, et il se sert indifféremment de toutes ces expressions pour indiquer ce qu'il ressent. En tous cas, c'est un prurit douloureux qui ne diffère des autres douleurs que par certaines modifications dans la perception. Un autre malade dont la main avait été mordue par un cheval, se plaignait de chatouillements et de démangeaisons qui le faisaient, disait-il, beaucoup souffrir.

Le caractère principal, pour ne pas dire le seul caractère spécifique de ces deux sensibilités, c'est qu'elles sont rapportées à un point déterminé de la peau et qu'elles exigent impérieusement une révulsion appliquée au même point. Elles semblent être produites par une excitation légère, mais répétée, et qui, par le fait même de sa répétition et de son accumulation dans les centres, devient insupportable. Là où une excitation forte aurait produit de la douleur, une excitation faible et superficielle produit du chatouillement et de la démangeaison ; c'est en somme

un diminutif de la douleur, une sorte de douleur incomplète, et si quelquefois ces sensibilités produisent du plai-
sir, cela tient à certaines conditions psychiques. D'ailleurs
on ne doit guère en être surpris, la différence entre le plai-
sir et la douleur n'étant pas aussi bien caractérisée qu'on
pourrait le croire tout d'abord.

Ce qu'il y a de certain, c'est que c'est une conséquence
de l'hypéresthésie des nerfs. Dans les observations de
Brown-Séquard, sauf deux exceptions (?), il y avait pallesthésie coïncidant avec l'abolition de la sensibilité
générale. Toutes les fois qu'il y avait hypéresthésie à la
douleur, il y avait aussi hypéresthésie au chatouillement.
Quant à la démangeaison, on l'observe très-fréquemment
dans toutes les inflammations de la peau, même dans les
phlegmons. Dans les névralgies, le moindre contact produit
un chatouillement pénible, et quelquefois une vive démangeaison porte le malade à gratter les parties douloureuses.
Les vieilles cicatrices, les kéloïdes, sont le siége d'un prurit rebelle qu'il est souvent difficile d'apaiser. En général
la démangeaison et le chatouillement sont des sensations
qui accompagnent la régénération d'un nerf. La croyance
populaire qui considére comme un signe favorable et
un commencement de cicatrisation, la démangeaison dans
une plaie, est très-bien justifiée : cette démangeaison coïncide avec une hypéresthésie à la douleur plus ou moins
vive, laquelle est très-marquée dans certaines cicatrices.

J'ai constaté l'existence de cette sensibilité rapportée
aux organes périphériques, mais siégeant évidemment
dans les troncs nerveux. Il s'agit d'un homme de 51 ans,
amputé il y a dix-huit mois, par M. Verneuil, de la
cuisse. Il a un moignon régulier dont il souffre peu, seu-

lement il y éprouve de temps à autre des bouffées de chaleur et des démangeaisons très-vives ; « quelquefois, me
dit-il, cela me démange à la jambe que je n'ai plus, et
involontairement je porte la main à ma jambe de bois
pour la gratter (1). »

Dans d'autres cas, j'ai vu cette sensibilité conservée
quand il y avait anesthésie tactile. Ainsi souvent, sur les
moignons d'amputés, aux points mêmes où il y a anesthésie tactile, le malade éprouve des chatouillements
très-pénibles.

Un autre caractère des sensations de démangeaison et
de chatouillement, c'est un certain degré de diffusion ; en
cela elles ressemblent encore à la douleur. Le soulagement qu'une révulsion mécanique apporte à une démangeaison n'est pas complet tout d'abord; le point gratté n'est
plus excitable, mais tout autour de lui la démangeaison
reparaît, insaisissable pour ainsi dire, et renaissant en un
point, à mesure qu'elle s'éteint dans un autre.

Enfin nous remarquerons que certaines substances introduites dans le sang peuvent donner des démangeaisons
très-vives : ainsi parfois la morphine, l'arsenic (2), la belladone (3), l'aconitine (4). Dans les affections catarrhales des

(1) J'ai en outre retrouvé chez ce malade la sensation particulière que
Guéniot (*Journ. de la physiol.*, t. IV), a décrite. Il lui semblait que son
pied se rapprochait graduellement du moignon (voir aussi Rizet, *Gaz. méd.*,
1861, p. 293).

(2) Rabuteau. *Elém. de toxicologie*, 2ᵉ édit., p. 137.

(3) Schroff. *Ueber Belladona, Atropin und Daturin : Preuss. Vereinszei-
tung*, 1853, nᵒˢ 35 et 36.

(4) Gubler. *Comment. du Codex*, p. 613. — Hirtz. Art. *Aconitine* du
Dict. de méd.

voies biliaires, dans l'ictere simple, le prurit de la peau est un phénomène constant.

Earl et Wigl, cités par Rabuteau (1), ayant pris 60 centigrammes de ciguë, sentirent leurs jambes fléchir et éprouvèrent une sensation de fourmillement dans la peau. La codéine, à la dose de 15 centigrammes, a donné à Rabuteau (2) des démangeaisons dans les membres et une certaine fatigue musculaire.

Dans un cas d'Evans (3), chez la même personne, trois grossesses ont amené chaque fois un prurit général insupportable.

Dans les affections centrales du système nerveux, ces sensations subjectives sont fort rares ; cependant on les rencontre quelquefois. Dagonet (4) dit que dans l'alcoolisme chronique il y a souvent des démangeaisons intenses, que les malades attribuent à des poux et à la vermine, une sensation vraie devenant le point de départ d'une idée délirante. Pour ma part, j'en ai vu un cas semblable chez un paralytique général au début. Il croyait être *dévoré par les poux*. En réalité, il n'avait que des démangeaisons intolérables. Selon Brown-Séquard (5), l'anémie de la moelle produirait du chatouillement, ce qui est évidemment une des formes de l'hyperesthésie.

Ce n'est pas indifféremment sur tous les points du corps que se porte la démangeaison. Il semble qu'il y ait des lieux d'élection, par exemple le cuir chevelu, le périnée, le

(1) *Elém. de thérap.*, p. 481
(2) *Loc. cit.*, p. 518.
(3) *American Journ. of med. science*, CXXXVII, p. 139.
(4) *Ann. méd psychol.*, 1873, t. IX, p. 187.
(5) *Leçons sur le diagnostic des paralysies*. Paris, 1865, 2e édit , p. 207.

scrotum, les aisselles, la face interne des cuisses, les narines, l'orifice du conduit auditif, etc., et en général les
parties d'une sensibilité à la douleur très-vive, et d'une
sensibilité tactile assez obscure. Quant au chatouillement,
on le produit surtout à la face plantaire des pieds, là où
l'épiderme est très-épais, et où la sensibilité tactile superficielle est loin d'être parfaite.

Quant à la différence existant entre la démangeaison et
le chatouillement, elle est plus difficile à décrire qu'à comprendre, en tous cas il y a une différence dans l'excitation
qui les produit Pour la démangeaison, la cause est physiologique, c'est une modification dans l'innervation de
telle ou telle partie de la peau. Pour le chatouillement, la
cause est extérieure, c'est l'excitation superficielle par un
corps extérieur, qui frotte légèrement le tégument externe,
mais, pour que cette sensation soit perçue, il faut des conditions psychiques de réceptivité toutes particulières.

§ VII.

Du traitement de la douleur.

Ainsi la douleur se retrouve partout, à chaque instant,
et sous toutes les formes. Heureusement, la thérapeutique,
qui est plus ou moins illusoire pour la plupart des maladies, est ici d'une efficacité incontestable. La science
médicale a rendu à l'humanité ce service, le plus grand
qu'on puisse attendre d'elle, c'est de modérer et presque
de supprimer toute douleur physique et d'empêcher, sinon
qu'elle commence à apparaître, au moins qu'elle

se prolonge pendant assez de temps pour être insup
portable.

D'abord il n'y a plus de douleur dans les opérations ;
quelque longue, quelque pénible qu'elle soit, le chloroforme n'est jamais contre-indiqué. Les opérations sur les
yeux, les autoplasties les plus délicates du voile du palais
peuvent se faire avec le chloroforme. L'anesthésie locale
rendra aussi de très-grands services, en sorte que, pour ce
qui concerne la douleur opératoire, le problème est résolu.
Il est peu probable qu'on parvienne à supprimer absolument toute chance de mort dans l'anesthésie, car un poison assez violent pour paralyser le sentiment ne peut pas
être inoffensif. Cependant les accidents dans l'anesthésie
deviennent de plus en plus rares.

Quant aux accouchements, la chloroformisation est un
bienfait inestimable, et je ne comprends pas pourquoi la
pratique ne s'en généralise pas en France. On ne peut que
rire du sentimentalisme mystique qui le fait repousser
par certains accoucheurs (1).

La douleur inflammatoire est facilement combattue.
D'une part les saignées, d'autre part les narcotiques et les
révulsifs, sont des moyens puissants, qui, ménagés avec
art, doivent presque toujours triompher du mal.

Quant aux douleurs centrales ou périphériques liées aux
névralgies, aux traumatismes, aux empoisonnements, aux
affections générales graves, elles peuvent être victorieuse-
ment combattues, d'abord par les médications qui guéris-
sent la maladie elle-même, ensuite par les narcotiques et
les révulsifs.

(1) Cazeaux. *Traité des accouchements.*

Richet.   22

Comment agit la révulsion ? Il est probable qu'il en est de la sensibilité à la douleur comme de la sensibilité normale : une excitation est beaucoup moins sentie si un autre point du corps est excité en même temps, que si cette première excitation est seule, et si toute l'attention converge vers elle. Un vésicatoire, un sinapisme ont sans doute sur une douleur profonde une influence analogue. De plus les révulsifs agissent sur la circulation vaso-motrice et peuvent changer d'une manière favorable les conditions d'afflux sanguin, lequel a, comme on le sait, tant d'influence sur l'excitabilité nerveuse.

Parmi les narcotiques, l'opium est au premier rang; c'est un médicament héroïque, et sans contestation l'agent le plus précieux de la thérapeutique. Les injections sous-cutanées de morphine constituent un véritable progrès de la médication narcotique et sont devenues d'un usage général.

En somme, les malades qu'on ne peut pas soulager avec l'opium font l'exception, et une exception beaucoup plus rare qu'on ne le pense. D'ailleurs, à défaut de la morphine, le bromure de potassium, le chloral, l'éther, fournissent de précieuses ressources, et souvent leur indication est formelle. L'électricité, les bains prolongés, l'hydrothérapie peuvent aussi être employés avec succès; enfin le sulfate de quinine a une action anti-algésique tellement puissante que pour les douleurs névralgiques il faudrait presque le placer sur le même rang que l'opium.

D'autres substances peuvent aussi être regardées comme des narcotiques, le bromure de sodium (1), l'acide cyanhydrique à dose presque infinitésimale, l'éther et le chlo-

____

(1) Rabuteau. *Elém de thérap*, p. 608.

roforme à petites doses. La liste en serait inépuisable et
n'offrirait guère d'intérêt.

CONCLUSIONS ET RÉSUMÉ.

Parvenu au terme de cette longue étude, dans laquelle
malheureusement je n'ai pu éviter ni une certaine confusion, ni une certaine obscurité, je crois qu'il sera utile de
résumer brièvement les principaux faits que j'ai essayé
de mettre en lumière.

Le système nerveux central, représenté par l'encéphale
et la moelle, est en rapport avec des nerfs centrifuges ou
moteurs, et des nerfs centripètes ou sensitifs. L'excitation
des nerfs sensitifs provoque une perception, comme l'excitation des nerfs moteurs un mouvement : mais par
l'étude attentive des lois de la perception, comparées aux
lois du mouvement, on découvre une analogie merveil-
leuse entre ces deux fonctions : tandis que la fonction du
nerf est une simple transmission, la fonction, soit des
centres nerveux, soit des muscles, est un travail, un dé-
gagement de force qui dure pendant un temps relativement prolongé. La conséquence de cette durée, aussi bien
que de l'inertie des masses mises en jeu, fait que les excitations accumulent leurs effets, et que le travail produit
est en raison directe non-seulement de l'intensité de l'excitation, mais de la fréquence et du nombre de ces mêmes
excitations. Aussi pour des excitations répétées et égales

entre elles, le moment de la perception est d'autant plus retardé que leur intensité est plus faible et d'autant plus rapide que cette intensité est plus grande. Quant à la persistance dans les centres d'une excitation unique, elle est en raison directe de l'intensité de cette excitation.

Quoi qu'il en soit, l'excitation du système nerveux central est provoquée par l'excitation du nerf. Or, un nerf sensitif, comme aussi probablement un nerf moteur, est excité par un changement brusque dans ses conditions d'existence. C'est ainsi que les substances chimiques, les agents physiques, les excitations mécaniques provoquent un courant nerveux. Ce courant nerveux, dont la seule manifestation extérieure est un changement dans l'état électrique du nerf, ne peut être assimilé à un courant électrique : sa vitesse est beaucoup moins grande, puisqu'elle ne dépasse pas 60 mètres par seconde ; d'ailleurs elle exige l'intégrité histologique du nerf, condition qui serait inutile si le courant nerveux était un courant électrique. Chez les ataxiques, la vitesse du courant nerveux dans la moelle n'est pas constante; elle diffère suivant l'intensité de l'excitation. La compression d'un nerf diminue la vitesse du courant nerveux, et cette vitesse à l'état normal paraît être plus considérable pour le nerf sensitif que pour le nerf moteur. Le sens du courant n'est pas le même pour le nerf moteur et le nerf sensitif, au moins quant à ses effets. Pour le nerf moteur, le sens est vers le muscle ; pour le nerf sensitif, vers le cerveau. Cependant, si dans les gros troncs, sensitifs, le sens du courant est nettement déterminé, à mesure qu'on s'éloigne des centres, il semble que le courant se propage de plus en plus dans les deux sens, en sorte qu'à la périphérie tout se passe comme si la propagation

se faisait également vers le haut et vers le bas. C'est ce qu'on doit appeler la sensibilité récurrente. Cette sensibilité récurrente est très-marquée pour les racines rachidiennes, mais elle n'est pas moins évidente pour les nerfs sensitifs de la périphérie.

Il est extrêmement probable que les excitations mécaniques portées sur la peau sont renforcées par un appareil périphérique (corps de Pacini, Vater, Krause, etc.). Si l'on veut savoir quels sont les effets de l'excitation des troncs nerveux eux-mêmes, il faut recourir, soit à l'analyse physiologique, par l'exploration électrique par exemple, soit à l'analyse pathologique des nombreux cas dans lesquels des troncs nerveux volumineux ont été lésés ; on voit alors que suivant les degrés de l'excitation il y a :

1° L'engourdissement ;

2° Le fourmillement ;

3° Le scintillement ;

4° La douleur fulgurante.

Ces phénomènes sont des phénomènes purement subjectifs, des sensations affectives qui ne nous donnent aucune notion sur les objets extérieurs. Pour qu'il y ait perception des objets extérieurs, il faut le concours de l'appareil de renforcement périphérique. Les bouffées de froid et de chaleur, de démangeaison, de chatouillement. les sensations de crampes musculaires peuvent aussi provenir de l'excitation directe des troncs nerveux. L'existence de l'appareil nerveux tégumentaire placé à la périphérie est démontrée par ce fait que la sensibilité cutanée est mise en jeu par des excitations qui seraient insuffisantes pour éveiller la sensibilité du tronc nerveux lui-même

Les appareils conducteurs ou percepteurs de la sensibilité peuvent être lésés de diverses manières, leur excitabilité étant diminuée, éteinte ou exagérée. La cause de l'anesthésie ou de l'hypéresthésie est centrale ou périphérique, en comprenant par périphérie tout ce qui n'est pas l'axe encéphalo-médullaire.

L'hypéresthésie périphérique, telle qu'on l'observe dans les névralgies et les inflammations, ne porte jamais sur la sensibilité tactile : elle ne porte que sur les différentes formes de l'excitabilité des troncs nerveux. Souvent cette hyperesthésie est portée à un tel point que l'excitation la plus légère devient une excitation douloureuse. Les tissus primitivement insensibles acquièrent par l'inflammation une sensibilité exquise, les tissus fibreux, par exemple. De même un nerf enflammé est beaucoup plus sensible à la douleur qu'un nerf sain.

Lorsque un nerf sensitif meurt, il meurt de la périphérie aux centres, et, pour un membre, des extrémités à la racine, et des parties superficielles aux parties profondes : quelle que soit la cause de la mort d'un nerf sensitif, l'anesthésie, qui en est la conséquence dernière, est toujours précédée d'une période d'hypéresthésie plus ou moins passagère. En outre, les différentes sensibilités se paralysent isolément. En général c'est la finesse du toucher qui périt tout d'abord, car l'anesthésie tactile est la conséquence nécessaire de l'hyperesthésie douloureuse d'un nerf, le toucher exigeant, pour être parfait, qu'il n'y ait pas d'excitabilité exagérée. La sensibilité à la douleur disparait ensuite, puis le sens musculaire, et la sensibilité à la chaleur. Toutefois, cet ordre de disparition des propriétés nerveuses est loin d'être constant.

En étudiant chez la grenouille les effets de l'anhémie sur la sensibilité, j'ai vu que le nerf sensitif mourait avant le nerf de mouvement et avant le muscle. Sur l'homme, en appliquant l'appareil de Silvestri (bande d'Esmarch), on constate le même phénomène, c'est-à-dire la mort de la sensibilité précédant la mort de la motilité. Chez les grenouilles empoisonnées avec de la strychnine, de manière à rendre manifestes les plus légères sensations, c'est la sensibilité aux excitants électriques qui meurt en dernier lieu. Chez l'homme, il semble que ce soit plutôt la sensibilité aux excitants thermiques. Mais la période d'anesthésie est toujours précédée d'une période d'hyperesthésie.

La compression, l'anhémie, la commotion, le froid produisent des effets d'hyperesthésie passagère, bientôt suivie d'anesthésie définitive. Bien d'autres causes pathologiques agissent encore sur les nerfs sensitifs, en particulier les névrites, soit des gros troncs, soit des ramuscules terminaux (névrite interstitielle), qui, dans quelques cas, après une période d'hyperesthésie longue et pénible, amènent une anesthésie plus ou moins complète.

Les substances chimiques agissent aussi sur l'excitabilité des nerfs. Même à travers la peau intacte, il se fait une sorte d'absorption lente, qu'on pourrait appeler absorption interstitielle, par laquelle des corps dissous ou réduits en poussière impalpable, peuvent agir sur la périphérie des nerfs, sans qu'il y ait pénétration dans la circulation générale. Toutes les substances anesthésiques locales agissent de cette manière, laquelle est essentiellement différente de l'anesthésie toxique de cause centrale. Cette anesthésie locale est une sorte de destruction chimique du nerf, et toutes les substances caustiques sont des anesthésiques locaux. En combinant l'anesthésie locale par l'éther à la compression et à l'anhémie, on a un moyen sûr pour obtenir une anesthésie locale suffisant à la pratique chirurgicale.

Quoique la science n'ait pas éclairci ce point fondamental, il y a très-probablement à la périphérie des nerfs une action de l'oxygène de l'air sur l'état fonctionnel de ces nerfs. Aussi la privation d'oxygène, par les moyens variés que la pratique a mis en usage, est-elle un agent anesthésique puissant. L'appareil ouaté, les bains prolongés, les douches d'acide carbonique, les applications de collodion n'agissent pas autrement : ces moyens sont utiles, non-seulement dans les cas de plaies, mais encore pour les inflammations dans lesquelles la peau est intacte, car il s'établit certainement des échanges gazeux entre l'air extérieur et le réseau circulatoire du derme.

Les nerfs qui se rendent à l'axe cérébro-spinal peuvent être classés d'après leurs fonctions en trois groupes : le premier groupe comprend les nerfs *sensoriels* qui donnent des sensations spéciales, et, par une excitation forte, ne produisent pas de douleurs; le second groupe comprend les nerfs *sensitifs* proprement dits, qui, par une excitation forte, produisent de la douleur, qui donnent une perception nette, et, nous mettant en rapport avec les objets extérieurs, règlent les mouvements musculaires ; le troisième groupe est constitué par les nerfs sensitivo-sympathiques qui viennent des viscères, nous donnent des sensations fort longues, à peine perçues, et sont à l'état normal peu ou point sensibles à la douleur

Comme, dans la nature, il n'y a pas de classification

établie entre les diverses fonctions, on trouvera admissible l'existence de nerfs intermédiaires, les glosso-pharyngien et lingual, entre le premier et le deuxième groupe, le pneumogastrique, entre le deuxième et le troisième. Dans ce travail, nous n'avons étudié que les fonctions des nerfs du deuxième groupe (nerfs sensitifs proprement dits), c'est-à-dire ce qu'on appelle communément la sensibilité générale.

Les nerfs sensitifs sont en rapport avec des parties déterminées du cerveau. Comme tout nous porte à croire que l'action d'un nerf est toujours identique à elle-même, et que cet organe est un simple fil de transmission, la spécificité des sensations tiendra non à la nature de l'excitation, mais à la fonction du centre sensitif excité ; autrement dit, l'excitation d'un centre sensitif spécial provoquera une sensation spéciale. Cette hypothèse est assurément permise, aujourd'hui qu'on a démontré l'existence de centres moteurs spéciaux pour chaque action musculaire synergique.

Cela posé, si nous considérons les sensations transmises aux centres par les nerfs sensitifs de la sensibilité générale, nous pouvons en créer trois classes bien distinctes.

La première classe comprendra les sensibilités particulières, éveillant immédiatement une action réflexe nettement déterminée, et provoquant dans les centres une perception de nature spéciale : ce sont des sensibilités *motrices*. Elles sont locales, provoquées par l'excitation des nerfs de la région, et tiennent très-probablement à l'excitabilité de certains centres sensitifs, liés étroitement à des centres moteurs correspondants. Nous avons compris dans ce groupe les dix sensations suivantes : volupté, respiration, bâillement, éternûment, toux, déglutition, clignement, vomissement, défécation, miction.

La seconde classe comprendra les sensibilités liées à une excitation modérée des nerfs sensitifs, et amenant une notion du monde extérieur. Ces sensibilités donnent une perception nette de l'excitation, et elles constituent par leur ensemble le sens du toucher : nous les appellerons sensibilités *perceptives*.

Ces sensibilités perceptives peuvent elles-mêmes se subdiviser ainsi, et probablement cette division répond à des conducteurs spéciaux.

Sensibilité *musculaire*, répondant à une double excitation physiologique, à la périphérie, excitation par la contraction des muscles, et dans les centres, excitation par la mise en jeu des centres moteurs des muscles, centres juxtaposés aux centres sensitifs.

Sensibilité *thermique*, répondant à une excitation physique.

Sensibilité *tactile*, provoquée par une excitation mécanique, et ainsi subdivisée :

> Sensibilité superficielle.
> Sensibilité dermique.
> Sensibilité profonde (sens de la pression des anciens auteurs).

La troisième classe comprend les sensibilités *affectives*, c'est-à-dire la douleur, avec ses deux modifications (chatouillement et démangeaison). Le caractère de la sensibilité à la douleur est qu'elle peut être éveillée par l'excitation démesurée d'un nerf sensitif quelconque. Aussi, si les sensibilités des deux premières classes sont trop vivement surexcitées, y a-t-il douleur, c'est-à-dire une sensation spéciale qui ne nous avertit que de l'état de nos organes, et ne nous donne aucune notion perceptive.

La douleur est donc une fonction des centres, et j'ai essayé de l'étudier le plus complètement possible.

Lorsqu'il y a hypéresthésie d'un nerf, la sensibilité à la douleur est exaltée. Que si l'excitation du nerf se prolonge, il s'ensuivra une hypéresthésie qui gagnera graduellement les troncs même de ce nerf (hypéresthésie par propagation), puis les nerfs voisins (hypéresthésie par irradiation), puis le système sensitif médullaire, puis le système sensitif encéphalique (hypéresthésie générale), et finira par produire des désordres dans la raison.

D'ailleurs, il existe un rapport étroit entre la sensibilité et l'intelligence, et tous les poisons de l'intelligence portent aussi leur action sur l'appareil sensitif de l'axe cérébro-spinal, l'alcool, le chloroforme, etc., il n'en est pas comme pour lesnerfs, et la période d'hypéresthésie ne précède pas toujours l'anesthésie. Le rapport étroit qui existe entre lasensibilité et l'intelligence est aussi manifeste dans les cas pathologiques; toutes les fois que l'intelligence est lésée, il y a des désordres plus ou moins étendus de lasensibilité à la douleur et réciproquement.

C'est surtout dans l'hystérie qu'il y a analgésie, avec conservation du sens du toucher et de toutes les sensibilités motrices ou perceptives. Aussi l'intégrité du sens du toucher, quand la sensibilité à la douleur est abolie, permet-elle de diagnostiquer hardiment une lésion plus ou moins matérielle dans les organes centraux, puisque la lésion des organes périphériques entraine d'abord l'anesthésie du toucher.

Si on cherche les caractères physiologiques de la douleur, on verra que l'un de ess caracteres, c'est la lenteur de la perception douloureuse, en sorte qu'il faut en général, pour la produire, une excitation de longue durée ; et que la perception sensitive précédera la perception douloureuse. Il se passe là un phénomène analogue au phénomène général de la perception ; mais le travail des centres nerveux, étant plus considérable pour une douleur que pour une sensation, exige par cela même ou un temps plus long, ou des excitations plus fortes.

Une autre conséquence de cette lenteur de la perception douloureuse, c'est que la douleur, lente à se produire, persiste aussi longtemps, et cet ébranlement prolongé des centres nerveux est, non pas seulement la suite de la douleur, mais la douleur même.

Les autres caractères moins constants de la douleur, sont l'irradiation et l'intermittence, qui rentrent aussi dans les lois générales de la sensibilité. La douleur peut venir encore de l'excitation du grand sympathique, dans ce cas elle a des caractères particuliers, une diffusion et une anxiété dans tout l'organisme, ainsi qu'une angoisse profonde qui plonge le malade dans une sorte d'adynamie invincible.

Dans certains cas d'excitation très-forte d'un nerf, comme par un traumatisme violent, il n'y a pas de douleur. Le fait, quelque étrange qu'il puisse paraître, est constant et fréquemment observé. La douleur qui est la conséquence d'une plaie, d'une blessure, d'une opération, est la douleur *traumatique*, qui n'est influencée ni par la fièvre, ni par les changements de température. La douleur primitive dure environ une à quatre heures après la blessure, et à partir de ce moment elle disparaît pour toujours : dans certains cas la douleur reparait aux deuxième, troisième ou quatrième jour (douleur traumatique secondaire) sous l'influence de l'inflammation ou de la névrite de la plaie.

Quant aux agents qui produisent de la douleur, ils sont les mêmes que ceux qui excitent les nerfs, de sorte que l'excitation démesurée d'un nerf sensitif quelconque produira de la douleur. C'est ou un changement d'état brusque et violent dans un nerf, ou bien un changement graduel et répété dont les effets vont s'accumuler dans les centres. Quoi qu'il en soit, il semble qu'il y ait dans l'encéphale un *centre de la douleur*, ne pouvant être atteint que par l'excitation trop intense des nerfs qui arrivent au cerveau par la moelle ou le bulbe.

TABLE DES MATIÈRES

INTRODUCTION   7
PREMIÈRE PARTIE. — De la sensibilité comme fonction des nerfs.   12
Chap. I. — De la paire nerveuse et de la sensibilité récurrente. .   12
Chap. II. — De l'excitabilité des nerfs sensitifs et du courant
nerveux sensitif.   37
Chap. III. — Des effets du courant nerveux sensitif.   59
Chap. IV. — Des anesthésies, des analgésies et des hypoalgésies
périphériques   74
  § 1. — Lésion des troncs nerveux.   76
  § 2. — Contact avec les substances stupéfiantes   87
  § 3. — Action du froid.   118
  § 4. — Action de l'anhémie.   130
  § 5. — Des anesthésies liées à des lésions des nerfs ou à des
  lésions de la peau.   149
Conclusions.   154
DEUXIÈME PARTIE. — De la sensibilité comme fonction des centres.   157
Chap. I. — Des lois de la sensibilité.   157
  § 1. — Des variations de la sensibilité suivant l'excitabilité.   167
  § 2. — Des variations de la sensibilité suivant le nombre,
  la fréquence et l'intensité des excitations. . . , ...   173
Conclusions.   195
Chap. II. — Des différentes variétés de la sensibilité générale. . .   198
  § 1. — Des sensibilités motrices.   207
  § 2. — De la sensibilité tactile et de ses différentes formes.   216
Chap. III. — De la sensibilité à la douleur   233
  § 1. — Des signes de la douleur   235
  § 2. — De l'influence de l'état des nerfs sur la douleur et de
  l'influence de la douleur sur le système nerveux.   243
  § 3. — Des analgésies de cause centrale, provoquées. . . .   257
  § 4. — Des analgésies de cause centrale, pathologiques. . .   267
  § 5. — Des caractères physiologiques de la douleur   287
  § 6. — Des différentes variétés de douleurs.   308
  § 7. — Du traitement de la douleur   328
CONCLUSIONS ET RÉSUMÉ.   331

A. Parent, imprimeur de la Faculté de Médecine, rue Mr-le-Prince, 31.

www.ingramcontent.com/pod-product-compliance
Lightning Source LLC
LaVergne TN
LVHW050307060726
842525LV00002B/442